建筑结构施工与绿色监理

刘小光 韩保江 张文辉 主编

吉林科学技术出版社

图书在版编目（CIP）数据

建筑结构施工与绿色监理 / 刘小光，韩保江，张文
辉主编 . -- 长春：吉林科学技术出版社，2019.12
ISBN 978-7-5578-6398-2

Ⅰ . ①建… Ⅱ . ①刘… ②韩… ③张… Ⅲ . ①建筑结
构－工程施工②建筑工程－监理工作 Ⅳ . ① TU74
② TU712.2

中国版本图书馆 CIP 数据核字（2020）第 000739 号

建筑结构施工与绿色监理

主　　编	刘小光　韩保江　张文辉	
出 版 人	李 梁	
责任编辑	端金香	
封面设计	刘 华	
制　　版	王 朋	
开　　本	185mm×260mm	
字　　数	420 千字	
印　　张	18.75	
版　　次	2019 年 12 月第 1 版	
印　　次	2019 年 12 月第 1 次印刷	
出　　版	吉林科学技术出版社	
发　　行	吉林科学技术出版社	
地　　址	长春市福祉大路 5788 号出版集团 A 座	
邮　　编	130118	
发行部电话 / 传真	0431—81629529　　81629530　　81629531	
	81629532　　81629533　　81629534	
储运部电话	0431—86059116	
编辑部电话	0431—81629517	
网　　址	www.jlstp.net	
印　　刷	北京宝莲鸿图科技有限公司	
书　　号	ISBN 978-7-5578-6398-2	
定　　价	75.00 元	

前　言

　　建筑工程是为新建、改建或扩建房屋建筑物和附属构筑物设施所进行的规划、勘察、设计和施工、竣工等各项技术工作和完成的工程实体以及与其配套的线路、管道、设备的安装工程。也指各种房屋、建筑物的建造工程，又称建筑工作量。这部分投资额必须兴工动料，通过施工活动才能实现。而近几年来，我国的经济建设飞速发展，特别是国家通过扩大国内基础设施建设来拉动国内经济增长的背景下，建筑企业获得一个难得的发展机遇。国内的许多建筑企业充分解读相关政策，在市场中不断拓展企业的发展领域和技术水平。

　　除此之外，发展绿色建筑也是我国建筑业逐渐转变的模式，在建筑活动以及建筑物全生命周期实现节能、节水、节材，高效利用资源，最低限度的影响环境，实现建筑工程可持续发展。因此，在建筑工程施工过程中，很有必要进行绿色建筑监理，从而保证建筑工程过程的科学性和可持续性。

　　因此，本文主要从十章内容对建筑结构施工与绿色监理进行详细的阐述，内容全面。希望对相关工作人员有一定的帮助。

目　录

第一章　土方工程 ………………………………………………… 1

第一节　土的种类和性质 ……………………………………… 1

第二节　土方施工 ……………………………………………… 4

第三节　土方施工机械 ……………………………………… 20

第四节　排水、降水与防水 ………………………………… 26

第二章　地基与基础工程 ……………………………………… 36

第一节　地基处理与加固 …………………………………… 36

第二节　条形基础施工 ……………………………………… 43

第三节　桩基础施工 ………………………………………… 47

第三章　砌体工程 ……………………………………………… 55

第一节　砌体材料 …………………………………………… 55

第二节　砌体施工工艺 ……………………………………… 68

第三节　脚手架 ……………………………………………… 76

第四节　砌筑工程垂直运输设施 …………………………… 84

第四章　钢筋混凝土工程 ……………………………………… 101

第一节　模板工程 …………………………………………… 101

第二节　钢筋工程 …………………………………………… 110

第三节　混凝土工程 ………………………………………… 115

第五章　预应力混凝土工程 …………………………………… 122

第一节　预应力混凝土及其分类 …………………………… 122

第二节　预应力锚具 ………………………………………… 123

第三节　先张法施工 ………………………………………… 127

第四节　后张法施工 ………………………………………… 132

第六章　结构吊装工程 ········ 138

第一节　起重机械 ········ 138

第二节　索具设备 ········ 144

第三节　装配式钢筋混凝土单层工业厂房结构吊装 ········ 146

第七章　钢结构工程 ········ 151

第一节　钢结构构件的加工制作 ········ 151

第二节　钢结构构件焊接 ········ 159

第三节　螺栓连接 ········ 169

第四节　钢结构构件的防腐与涂饰 ········ 177

第五节　钢结构吊装 ········ 180

第八章　防水工程 ········ 191

第一节　屋面防水工程 ········ 191

第二节　地下防水工程 ········ 196

第九章　装饰工程 ········ 200

第一节　楼地面装饰施工 ········ 200

第二节　墙柱体表面装饰施工 ········ 205

第三节　天棚施工 ········ 212

第四节　门窗工程施工 ········ 214

第五节　涂料、油漆和裱糊施工 ········ 219

第十章　建设工程绿色监理 ········ 226

第一节　建设工程质量控制 ········ 226

第二节　建设工程进度控制 ········ 230

第三节　建设工程投资控制 ········ 236

第四节　监理招投标及合同管理 ········ 249

第五节　风险控制及安全管理 ········ 259

第六节　项目信息管理及监理资料 ········ 280

结　语 ········ 293

第一章 土方工程

第一节 土的种类和性质

一、土的种类及鉴别

按土开挖的难易程度将土分为松软黏土、普通土、坚土、砂砾坚土、软石、次坚石、坚石、特坚硬石等八类。

松土和普通土可直接用铁锹开挖，或用铲运机、推土机、挖土机施工；坚土、砂砾坚土和软石要用镐、撬棍开挖，或预先松土，部分用爆破的方法施工；次坚石、坚石和特坚硬石一般要用爆破方法施工。

表 1-1　土的工程分类与现场鉴别方法

土的分类	土的名称	可松性系数		现场鉴别方法
		Ks	K's	
一类土（松软黏土）	砂，亚砂土，冲积砂土层，种植土，泥炭（淤泥）	1.08 ~ 1.17	1.01 ~ 1.03	能用锹、锄头挖掘
二类土（普通土）	亚黏土，潮湿的黄土，夹有碎石、卵石的砂，种植土，填筑土及亚砂土	1.14 ~ 1.28	1.02 ~ 1.05	用锹、锄头挖掘，少许用镐翻松
三类土（坚土）	软及中等密实黏土，重亚黏土，粗砾石，干黄土及含碎石、卵石的黄土、亚黏土，压实的填筑土	1.24 ~ 1.30	1.04 ~ 1.07	要用镐，少许用锹、锄头挖掘，部分用撬棍
四类土（砂砾坚土）	重黏土及含碎石、卵石的黏土，粗卵石，密实的黄土，天然级配砂石，软泥灰岩及蛋白石	1.26 ~ 1.32	1.06 ~ 1.09	整个用镐、撬棍，然后用锹挖掘，部分用楔子及大锤
五类土（软石）	硬石炭纪黏土，中等密实的页岩、泥灰岩、白垩土，胶结不紧的砾岩，软的石灰岩	1.30 ~ 1.45	1.10 ~ 1.20	用镐或撬棍、大锤挖掘，部分使用爆破方法开挖

土的分类	土的名称	可松性系数		现场鉴别方法
		K_s	K'_s	
六类土（次坚石）	泥岩，砂岩，砾岩，坚实的页岩，泥灰岩，密实的石灰岩，风化花岗岩，片麻岩	1.30 ~ 1.45	1.10 ~ 1.20	用爆破方法开挖，部分用风镐
七类土（坚石）	大理岩，辉绿岩，玢岩，粗、中粒花岗岩，坚实的白云岩、砂岩、砾岩、片麻岩、石灰岩，风化痕迹的安山岩、玄武岩	1.30 ~ 1.45	1.10 ~ 1.20	用爆破方法开挖
八类土（特坚硬石）	安山岩，玄武岩，花岗片麻岩，坚实的细粒花岗岩、闪长岩、石英岩、辉长岩、辉绿岩、玢岩	1.45 ~ 1.50	1.20 ~ 1.30	用爆破方法开挖

二、土性质

（一）土的含水量

土的含水量：土中水的质量与固体颗粒质量之比的百分率。

$$W = \frac{m_1 - m_2}{m_2} \times 100\% = \frac{m_W}{m_s} \times 100\%$$

式中　　m_1 —含水状态土的质量，kg；

　　　　m_2 —烘干后土的质量，kg；

　　　　m_W —土中水的质量，kg；

　　　　m_s —固体颗粒的质量，kg。

土的含水量随气候条件、雨雪和地下水的影响而变化，对土方边坡的稳定性及填方密实程度有直接影响。

（二）土的天然密度和干密度

土的天然密度：在天然状态下，单位体积土的质量。它与土的密实程度和含水量有关。

土的天然密度按下式计算：

$$\rho = \frac{m}{V}$$

式中　　ρ —土的天然密度，kg/m³；

　　　　m —土的总质量，kg；

　　　　V —土的体积，m³。

干密度：土的固体颗粒质量与总体积的比值，用下式表示：

$$\rho_\mathrm{d} = \frac{m_\mathrm{s}}{V}$$

式中　　　ρ_d——土的干密度，$\mathrm{kg/m^3}$；

　　　　　m_s——固体颗粒质量，kg；

　　　　　V——土的体积，$\mathrm{m^3}$。

在一定程度上，土的干密度反映了土的颗粒排列紧密程度。土的干密度越大，表示土越密实。土的密实程度主要通过检验填方土的干密度和含水量来控制。

（三）土的可松性系数

土的可松性：天然土经开挖后，其体积因松散而增加，虽经振动夯实，仍然不能完全复原，土的这种性质称为土的可松性。

土的可松性用可松性系数表示，即

$$K_\mathrm{s} = \frac{V_2}{V_1}$$

$$K_\mathrm{s}' = \frac{V_3}{V_1}$$

式中　　　K_s、K_s'——土的最初、最终可松性系数；

　　　　　V_1——土在天然状态下的体积，$\mathrm{m^3}$；

　　　　　V_2——土挖出后在松散状态下的体积，$\mathrm{m^3}$；

　　　　　V_3——土经压（夯）实后的体积，$\mathrm{m^3}$。

土的最初可松性系数 K_s 是计算车辆装运土方体积及挖土机械的主要参数；土的最终可松性系数是计算填方所需挖土工程量的主要参数。

（四）土的渗透性

土的渗透性：是指土体被水透过的性质。土的渗透性用渗透系数表示。

渗透系数：表示单位时间内水穿透土层的能力，以 m/d 表示；它同土的颗粒级配、密实程度等有关，是人工降低地下水位及选择各类井点的主要参数。

第二节　土方施工

一、人工挖土

（一）范围

工艺标准适用于一般工业及民用建筑物、构筑物的基坑（槽）和管沟等人工挖土。

（二）施工准备

1. 主要机具

尖、平头铁锹、手锤、手推车、梯子、铁镐、撬棍、钢尺、坡度尺、小线或20号铅丝等。

2. 作业条件

（1）土方开挖前，应摸清地下管线等障碍物，并应根据施工方案的要求，将施工区域内的地上、地下障碍物清除和处理完毕。

（2）建筑物或构筑物的位置或场地的定位控制线（桩），标准水平桩及基槽的灰线尺寸，必须经过检验合格，并办完预检手续。

（3）场地表面要清理平整，做好排水坡度，在施工区域内，要挖临时性排水沟。

（4）夜间施工时，应合理安排工序，防止错挖或超挖。施工场地应根据需要安装照明设施，在危险地段应设置明显标志。

（5）开挖低于地下水位的基坑（槽）、管沟时，应根据当地工程地质资料，采取措施降低地下水位，一般要降至低于开挖底面的50cm，然后再开挖。

（6）熟悉图纸，做好技术交底。

（三）操作工艺

1. 工艺流程

确定开挖的顺序和坡度→沿灰线切出槽边轮廓线→分层开挖→修整槽边→清底。

2. 坡度的确定

（1）在天然湿度的土中，开挖基坑（槽）和管沟时，当挖土深度不超过下列数值的规定，可不放坡，不加支撑。

1）密实、中密的砂土和碎石类土（充填物为砂土），1.0m。

2）硬塑、可塑的黏质粉土及粉质黏土，1.25m。

3）硬塑、可塑的黏土和碎石类土（充填物为黏性土），1.5m。

4）坚硬的黏土，2.0m。

（2）超过上述规定深度，在5m以内时，当土具有天然湿度，构造均匀，水文地质条件好，且无地下水，不加支撑的基坑（槽）和管沟，必须放坡。边坡最陡坡度应符合表1-2的规定。

根据基础和土质以及现场出土等条件，要合理确定开挖顺序，然后再分段分层平均开挖。

表1-2　各类土的边坡坡度

		边坡坡度（高：宽）		
		坡顶无荷载	坡质有静载	坡顶有动载
1	中密的砂土	1：1.00	1：1.25	1：1.50
2	中密的碎石类土（充填物为砂土）	1：0.75	1：1.00	1：1.25
3	硬塑的轻亚黏土	1：0.67	1：0.75	1：1.00
4	中密的碎石类土（充填物为黏性土）	1：0.50	1：0.67	1：0.75
5	硬塑的亚黏土、黏土	1：0.33	1：0.50	1：0.67
6	老黄土	1：0.10	1：0.25	1：0.33
7	软黏土（经井点降水后）	1：1.00	—	—

（3）开挖各种浅基础，如不放坡时，应先沿灰线直边切出槽边的轮廓线。

1）浅条形基础

一般黏性土可自上而下分层开挖，每层深度以60cm为宜，从开挖端都逆向倒退按踏步型挖掘。碎石类土先用镐翻松，正向挖掘，每层深度，视翻土厚度而定，每层应清底和出土，然后逐步挖掘。

2）浅管沟

与浅的条形基础开挖基本相同，仅沟帮不切直修平。标高按龙门板上平往下返出沟底尺寸，当挖土接近设计标高时，再从两端龙门板下面的沟底标高上返50cm为基准点，拉小线用尺检查沟底标高，最后修整沟底。

3）开挖放坡的坑（槽）和管沟时，应先按施工方案规定的坡度，粗略开挖，再分层按坡度要求做出坡度线，每隔3m左右做出一条，以此线为准进行铲坡。深管沟挖土时，应在沟帮中间留出宽度80cm左右的倒土台。

4）挖大面积线基坑时，沿坑三面同时开挖，挖出的土方装入手推车或翻斗车，由未开挖的一面运至弃土地点。

（4）开挖基坑（槽）或管沟，当接近地下水位时，应先完成标高最低处的挖方，以便在该处集中排水。开挖后，在挖到距槽底50cm以内时，测量放线人员应配合抄出距槽底50cm平线；自每条槽端部20cm处每隔2～3m，在槽帮上钉水平标高小木橛。在挖至接近槽底标高时，用尺或事先量好的 50cm 标准尺杆，随时以小木橛上平，校核槽底标高。最后由两端轴线（中心线）引桩拉通线，检查距槽边尺寸，确定槽宽标准，据此修整槽帮，最后清除槽底土方，修底铲平。

（5）基坑（槽）管沟的直立帮和坡度，在开挖过程和敞露期间应防止塌方，必要时应加以保护。

在开挖槽边弃土时，应保证边坡和直立帮的稳定。当土质良好时，抛于槽边的土方（或材料）应距槽（沟）边缘 0.8m 以外，高度不宜超过 1.5m。在柱基周围、墙基或围墙一侧，不得堆土过高。

（6）开挖基坑（槽）的土方，在场地有条件堆放时，一定留足回填需用的好土，多余的土方应一次运至弃土处，避免二次搬运。

（7）土方开挖一般不宜在雨季进行。否则工作面不宜过大。应分段、逐片的分期完成。

雨季开挖基坑（槽）或管沟时，应注意边坡稳定。必要时可适当放缓边坡或设置支撑。同时应在坑（槽）外侧围以土堤或开挖水沟，防止地面水流入。施工时，应加强对边坡、支撑、土堤等的检查。

（8）土方开挖不宜在冬期施工。如必须在冬期施工时，其施工方法应按冬施方案进行。

采用防止冻结法开挖土方时，可在冻结前用保温材料覆盖或将表层土翻耕耙松，其翻耕深度应根据当地气候条件确定，一般不小于 0.3m。

开挖基坑（槽）或管沟时，必须防止基础下的基土遭受冻结。如基坑（槽）开挖完毕后，有较长的停歇时间，应在基底标高以上预留适当厚度的松土，或用其他保温材料覆盖，地基不得受冻。如遇开挖土方引起邻近建筑物（构筑物）的地基和基础暴露时，应采用防冻措施，以防产生冻结破坏。

（四）质量标准

（1）柱基、基坑、基槽和管沟基底的土质必须符合设计要求，并严禁扰动。

（2）允许偏差项目，见表 1-3。

表 1-3　基坑、管沟外形尺寸允许偏差值

项次	项目	允许偏差（mm）	检验方法
1	标高	+0 ~ 50	用水准仪检查
2	长度、宽度	-0	用经纬仪、拉线和尺量检查
3	边坡偏陡	不允许	观察或用坡度尺检查

（五）成品保护

1. 对定位标准桩、轴线引桩、标准水准点、龙门板等，挖运土时不得碰撞，也不得坐在龙门板上休息。并应经常测量和校核其平面位置、水平标高和边坡坡度是否符合设计要求。定位标准桩和标准水准点，也应定期复测检查是否正确。

2. 土方开挖时，应防止邻近已有建筑物或构筑物、道路、管线等发生下沉或变形。必要时，与设计单位或建设单位协商采取防护措施，并在施工中进行沉降和位移观测。

3. 施工中如发现有文物或古墓等，应妥善保护，并应立即报请当地有关部门处理后，方可继续施工。如发现有测量用的永久性标桩或地质、地震部门设置的长期观测点等，应加以保护。在敷设地上或地下管道、电缆的地段进行土方施工时，应事先取得有关管理部门的书面同意，施工中应采取措施，以防损坏管线。

（六）应注意的质量问题

1. 基底超挖

开挖基坑（槽）或管沟均不得超过基底标高。如个别地方超挖时，其处理方法应取得设计单位的同意，不得私自处理。

2. 软黏土地区桩基挖土应防止桩基位移

在密集群桩上开挖基坑时，应在打桩完成后，间隔一段时间，再对称挖土；在密集桩附近开挖基坑（槽）时，应事先确定桩基位移的措施。

3. 基底未保护

基坑（槽）开挖后应尽量减少对基上的扰动。如基础不能及时施工时，可在基底标高以上留出 0.3m 厚土层，待做基础时再挖掉。

4. 施工顺序不合理

土方开挖宜先从低处进行，分层分段依次开挖，形成一定坡度，以利排水。

5. 开挖尺寸不足

基坑（槽）或管沟底部的开挖宽度，除结构宽度外，应根据施工需要增加工作面宽度。如排水设施、支撑结构所需的宽度，在开挖前均应考虑。

6. 基坑（槽）或管沟边坡不直不平

基底不平，应加强检查，随挖随修，并要认真验收。

二、机械挖土

（一）范围

工艺标准适用于工业和民用建筑物、构筑物的大型基坑（槽）、管沟以及大面积平整场地等机械挖土。

（二）施工准备

1. 主要机具

（1）挖土机械有：挖土机、推土机、铲运机、自卸汽车等。

（2）一般机具有：铁锹（尖、平头两种）、手推车、小白线或 20 号铅丝和钢卷尺以及坡度尺等。

2. 作业条件

（1）土方开挖前，应根据施工方案的要求，将施工区域内的地下、地上障碍物清除和处理完毕。

（2）建筑物或构筑物的位置或场地的定位控制线（桩）、标准水平桩及开槽的灰线尺寸，必须经过检验合格；并办完预检手续。

（3）夜间施工时，应有足够的照明设施；在危险地段应设置明显标志，并要合理安排开挖顺序，防止错挖或超挖。

（4）开挖有地下水位的基坑槽、管沟时，应根据当地工程地质资料，采取措施降低地下水位。一般要降至开挖面以下 0.5m，然后才能开挖。

（5）施工机械进入现场所经过的道路、桥梁和卸车设施等，应事先经过检查，必要时要进行加固或加宽等准备工作。

（6）选择土方机械，应根据施工区域的地形与作业条件、土的类别与厚度、总工程量和工期综合考虑，以能发挥施工机械的效率来确定，编好施工方案。

（7）施工区域运行路线的布置，应根据作业区域工程的大小、机械性能、运距和地形起伏等情况加以确定。

（8）在机械施工无法作业的部位和修整边坡坡度、清理槽底等，均应配备人工进行。

（9）熟悉图纸，做好技术交底。

（三）操作工艺

1. 工艺流程

确定开挖的顺序和坡度、分段分层平均下挖、修边和清底。

2. 坡度的确定

（1）在天然湿度的土中，开挖基础坑（槽）、管沟时，当挖土深度不超过下列数值规定时，可不放坡，不加支撑。

1）密实、中密的砂土和碎石类土（充填物为砂土），1.0m。

2）硬塑、可塑的黏质粉土及粉质黏土，1.25m。

3）硬塑、可塑的黏土和碎石类土（充填物为黏性土），1.5m。

4）坚硬性黏土，2.0m。

（2）超过上述规定深度，在 5m 以内时，当土具有天然湿度、构造均匀、水文地质条件好，且无地下水，不加支撑的基坑（槽）和管沟，必须放坡。

（3）使用时间较长的临时性挖方边坡坡度，应根据工程地质和边坡高度，结合当地同类土体的稳定坡度值确定。

（4）挖方经过不同类别土（岩）层或深度超过 10m 时，其边坡可做成折线形或台阶形。

（5）城市挖方因邻近建筑物限制，而采用护坡桩时，可以不放坡，但要有护坡桩的施工方案。

3. 开挖基坑（槽）或管沟时，应合理确定开挖顺序、路线及开挖深度

（1）采用推土机开挖大型基坑（槽）时，一般应从两端或顶端开始（纵向）推土，把土推向中部或顶端，暂时堆积，然后再横向将土推离基坑（槽）的两侧。

（2）采用铲运机开挖大型基坑（槽）时，应纵向分行、分层按照坡度线向下铲挖，但每层的中心线地段应比两边稍高一些，以防积水。

（3）采用反铲、拉铲挖土机开挖基坑（槽）或管沟时，其施工方法有两种：

1）端头挖土法

挖土机从基坑（槽）或管沟的端头以倒退行驶的方法进行开挖。自卸汽车配置在挖土机的两侧装运土。

2）侧向挖土法

挖土机一面沿着基坑（槽）或管沟的一侧移动，自卸汽车在另一侧装运土。

（4）挖土机沿挖方边缘移动时，机械距离边坡上缘的宽度不得小于基坑（槽）或管沟深度的 1/2。如挖土深度超过 5m 时，应按专业性施工方案来确定。

4. 土方开挖宜从上到下分层分段依次进行，随时做成一定坡势，以利泄水

（1）在开挖过程中，应随时检查槽壁和边坡的状态。深度大于 1.5m 时，根据土质变化情况，应做好基坑（槽）或管沟的支撑准备，以防坍陷。

（2）开挖基坑（槽）和管沟，不得挖至设计标高以下，如不能准确地挖至设计基底标高时，可在设计标高以上暂留一层土不挖，以便在抄平后，由人工挖出。

（3）暂留土层：一般铲运机、推土机挖土时，为 20cm 左右；挖土机用反铲、正铲和拉铲挖土时，为 30cm 左右为宜。

（4）在机械施工挖不到的土方，应配合人工随时进行挖掘，并用手推车把土运到机械挖到的地方，以便及时用机械挖走。

5. 修帮和清底

在距槽底设计标高 50cm 槽帮处，抄出水平线，钉上小木橛，然后用人工将暂留土层挖走。同时由两端轴线（中心线）引桩拉通线（用小线或铅丝），检查距槽边尺寸，确定槽宽标准，以此修整槽边。最后清除槽底土方。

（1）槽底修理铲平后，进行质量检查验收。

（2）开挖基坑（槽）的土方，在场地有条件堆放时，一定留足回填需用的好土；多余的土方，应一次运走，避免二次搬运。

6. 雨、冬期施工

（1）土方开挖一般不宜在雨季进行，否则工作面不宜过大，应逐段、逐片分期完成。

（2）雨期施工在开挖基坑（槽）或管沟时，应注意边坡稳定。必要时可适当放缓边坡坡度，或设置支撑。同时应在坑（槽）外侧围以土堤或开挖水沟，防止地面水流入。经常对边坡、支撑、土堤进行检查，发现问题要及时处理。

（3）土方开挖不宜在冬期施工。如必须在冬期施工时，其施工方法应按冬施方案进行。

（4）采用防止冻结法开挖土方时，可在冻结以前，用保温材料覆盖或将表层土翻耕耙松，其翻耕深度应根据当地气温条件确定。一般不小于 30cm。

（5）开挖基坑（槽）或管沟时，必须防止基础下基土受冻。应在基底标高以上预留适当厚度的松土。或用其他保温材料覆盖。如遇开挖土方引起邻近建筑物或构筑物的地基和基础暴露时，应采取防冻措施，以防产生冻结破坏。

（四）质量标准

1. 保证项目

柱基、基坑、基槽、管沟和场地的基土土质必须符合设计要求，并严禁扰动。

2. 允许偏差项目

（五）成品保护

1. 对定位标准桩、轴线引桩、标准水准点、龙门板等，挖运土时不得撞碰，也不得在龙门板上休息。并应经常测量和校核其平面位置、水平标高和边坡坡度是否符合设计要求。定位标准桩和标准水准点也应定期复测和检查是否正确。

2. 土方开挖时，应防止邻近建筑物或构筑物，道路、管线等发生下沉和变形。必要时应与设计单位或建设单位协商，采取防护措施，并在施工中进行沉降或位移观测。

3. 施工中如发现有文物或古墓等，应妥善保护，并应及时报请当地有关部门处理，方可继续施工。如发现有测量用的永久性标桩或地质、地震部门设置的长期观测点等，应加以保护。在敷设地上或地下管线、电缆的地段进行土方施工时，应事先取得有关管理部门的书面同意，施工中应采取措施，以防止损坏管线，造成严重事故。

（六）应注意的质量问题

1. 基底超挖

开挖基坑（槽）管沟不得超过基底标高。如个别地方超挖时，其处理方法应取得设计单位的同意，不得私自处理。

2. 基底未保护

基坑（槽）开挖后应尽量减少对基土的扰动。如遇基础不能及时施工时，可在基底标高以上预留 30cm 土层不挖，待做基础时再挖。

3. 施工顺序不合理

应严格按施工方案规定的施工顺序进行土方开挖施工，应注意宜先从低处开挖，分层、分段依次进行，形成一定坡度，以利排水。

4. 施工机械下沉

施工时必须了解土质和地下水位情况。推土机、铲运机一般需要在地下水位 0.5m 以上推铲土；挖土机一般需要在地下水位 0.8m 以上挖土，以防机械自重下沉。正铲挖土机挖方的台阶高度，不得超过最大挖掘高度的 1.2 倍。

5. 开挖尺寸不足，边坡过陡

基坑（槽）或管沟底部的开挖宽度和坡度，除应考虑结构尺寸要求外，应根据施工需要增加工作面宽度，如排水设施、支撑结构等所需的宽度。

6. 雨季施工

基槽、坑底应预留 30cm 土层，在打混凝土垫层前再挖至设计标高。

三、基土钎探

（一）范围

工艺标准适用于建筑物或构筑物的基础、坑（槽）底基土质量钎探检查。

（二）施工准备

1. 材料及主要机具

（1）砂：一般中砂。

（2）主要机具

1）人工打钎：一般钢钎，用直径 φ22 ~ 25mm 的钢筋制成，钎头呈 60° 尖锥形状，钎长 1.8 ~ 2.0m；8 ~ 10 磅大锤。

2）机械打钎：轻便触探器（北京地区规定必用）。

3）其他：麻绳或铅丝、梯子（凳子）、手推车、撬棍（拔钢钎用）和钢卷尺等。

2. 作业条件

（1）基土已挖至基坑（槽）底设计标高，表面应平整，轴线及坑（槽）宽、长均符合设计图纸要求。

（2）根据设计图纸绘制钎探孔位平面布置图。如设计无特殊规定时，可按要求执行。

（3）夜间施工时，应有足够的照明设施，并要合理地安排钎探顺序，防止错打或漏打。

（4）钎杆上预先画好30cm横线。

3. 操作工艺

（1）工艺流程

放钎点线、就位打钎、拔钎、灌砂、记录锤击数、检查孔深。

（2）按钎探孔位置平面布置图放线；孔位钉上小木桩或洒上白灰点。

（3）就位打钎

1）人工打钎：将钎尖对准孔位，一人扶正钢钎，一人站在操作凳子上，用大锤打钢钎的顶端；锤举高度一般为50～70cm，将钎垂直打入土层中。

2）机械打钎：将触探杆尖对准孔位，再把穿心锤会在钎杆上，扶正钎杆，拉起穿心锤，使其自由下落，锤距为50cm，把触探杆垂直打入土层中。

（4）记录锤击数。钎杆每打入土层30cm时，记录一次锤击数。钎探深度如设计无规定时，一般按要求执行。

（5）拔钎：用麻绳或铅丝将钎杆绑好，留出活套，套内插入撬棍或铁管，利用杠杆原理，将钎拔出。每拔出一段将绳套往下移一段，依此类推，直至完全拔出为止。

（6）移位：将钎杆或触探器搬到下一孔位，以便继续打钎。

（7）灌砂：打完的钎孔，经过质量检查人员和有关工长检查孔深与记录无误后，即可进行灌砂。灌砂时，每填入30cm左右可用木棍或钢筋棒捣实一次。灌砂有两种形式，一种是每孔打完或几孔打完后及时灌砂；另一种是每天打完后，统一灌砂一次。

（8）整理记录：按钎孔顺序编号，将锤击数填入统一表格内。字迹要清楚，再经过打钎人员和技术员签字后归档。

（9）冬、雨期施工

1）基土受雨后，不得进行钎探。

2）基土在冬季钎探时，每打几孔后及时掀盖保温材料一次，不得大面积掀盖，以免基土受冻。

（四）质量标准

1. 保证项目

钎探深度必须符合要求，锤击数记录准确，不得作假。

2. 基本项目

（1）钎位基本准确，探孔不得遗漏。

（2）钎孔灌砂应密实。

（五）成品保护

钎探完成后，应做好标记，保护好钎孔，未经质量检查人员和有关工长复验，不得堵塞或灌砂。

（六）应注意的质量问题

1. 遇钢钎打不下去时，应请示有关工长或技术员：取消钎孔或移位打钎。不得不打，任意填写锤数。

2. 记录和平面布置图的探孔位置填错

（1）将钎孔平面布置图上的钎孔与记录表上的钎孔先行对照，有无错误。发现错误及时修改或补打。

（2）在记录表上用色铅笔或符号将不同的钎孔（锤击数的大小）分开。

（3）在钎孔平面布置图上，注明过硬或过软的孔号的位置，把枯井或坟墓等尺寸画上，以便设计勘察人员或有关部门验槽时分析处理。

四、人工回填土

（一）范围

工艺标准适用于一般工业和民用建筑物中的基坑、基槽、室内地坪、管沟、室外肥槽及散水等人工回填土。

（二）施工准备

1. 材料及主要机具

（1）土：宜优先利用基槽中挖出的土，但不得含有有机杂质。使用前应过筛，其粒径不大于50mm，含水率应符合规定。

（2）主要机具有：蛙式或柴油打夯机、手推车、筛子（孔径40～60mm）、木耙、铁锹（尖头与平头）、2m靠尺、胶皮管、小线和木折尺等。

2. 作业条件

（1）施工前应根据工程特点、填方土料种类、密实度要求、施工条件等，合理地确定填方土料含水率控制范围、虚铺厚度和压实遍数等参数；重要回填土方工程，其参数应通过压实试验来确定。

（2）回填前应对基础、箱形基础墙或地下防水层、保护层等进行检查验收，并且要办好隐检手续。其基础混凝土强度应达到规定的要求，方可进行回填土。

（3）房心和管沟的回填，应在完成上下水、煤气的管道安装和管沟墙间加固后，再进行。并将沟槽、地坪上的积水和有机物等清理干净。

（4）施工前，应做好水平标志，以控制回填土的高度或厚度。如在基坑（槽）或管沟边坡上，每隔3m钉上水平板；室内和散水的边墙上弹上水平线或在地坪上钉上标高控制木桩。

（三）操作工艺

1. 工艺流程

基坑（槽）底地坪上清理、检验土质、分层铺土、耙平、夯打密实、检验密实度、修整找平验收。

2. 填土前应将基坑（槽）底或地坪上的垃圾等杂物清理干净；肥槽回填前，必须清理到基础底面标高，将回落的松散垃圾、砂浆、石子等杂物清除干净。

3. 检验回填土的质量有无杂物，粒径是否符合规定，以及回填土的含水量是否在控制的范围内；如含水量偏高，可采用翻松、晾晒或均匀掺入干土等措施；如遇回填土的含水量偏低，可采用预先洒水润湿等措施。

4. 回填土应分层铺摊，每层铺土厚度应根据土质、密实度要求和机具性能确定。一般蛙式打夯机每层铺土厚度为200～250mm；人工打夯不大于200mm。每层铺摊后，随之耙平。

5. 回填上每层至少夯打三遍，打夯应一夯压半夯，穷夯相接，行行相连，纵横交叉。并且严禁采用水浇使土下沉的所谓"水夯"法。

6. 深浅两基坑（槽）相连时，应先填夯深基础；填至浅基坑相同的标高时，再与浅基础一起填夯。如必须分段填夯时，交接处应填成阶梯形，梯形的高宽比一般为1∶2。上下层错缝距离不小于1.0m。

7. 基坑（槽）回填应在相对两侧或四周同时进行。基础墙两侧标高不可相差太多，以免把墙挤歪；较长的管沟墙，应采用内部加支撑的措施，然后再在外侧回填土方。

8. 回填房心及管沟时，为防止管道中心线位移或损坏管道，应用人工先在管子两侧填土夯实；并应由管道两侧同时进行，直至管项0.5m以上时，在不损坏管道的情况下，方可采用蛙式打夯机夯实。在抹带接口处，防腐绝缘层或电缆周围，应回填细粒料。

9. 回填土每层填土夯实后，应按规范规定进行环刀取样，测出干土的质量密度；达到要求后，再进行上一层的铺土。

10. 修整找干：填土全部完成后，应进行表面拉线找平，凡超过标准高程的地方，及时依线铲平；凡低于标准高程的地方，应补土夯实。

11. 雨、冬期施工

（1）基坑（槽）或管沟的回填土应连续进行，尽快完成。施工中注意雨情，雨前应及时夯完已填土层或将表面压光，并做成一定坡势，以利排除雨水。

（2）施工时应有防雨措施，要防止地面水流入基坑（槽）内，以免边坡塌方或基土遭到破坏。

（3）冬期回填土每层铺土厚度应比常温施工时减少20%～50%；其中冻土块体积不得超过填土总体积的15%；其粒径不得大于150mm。铺填时，冻土块应均匀分布，逐层压实。

（4）填土前，应清除基底上的冰雪和保温材料；填土的上层应用未冻土填铺，其厚度应符合设计要求。

（5）管沟底至管顶0.5m范围内不得用含有冻土块的土回填；室内房心、基坑（槽）或管沟不得用含冻土块的土回填。

（6）回填土施工应连续进行，防止基土或已填土层受冻，应及时采取防冻措施。

（四）质量标准

1. 保证项目

（1）基底处理，必须符合设计要求或施工规范的规定。

（2）回填的土料，必须符合设计或施工规范的规定。

（3）回填土必须按规定分层夯实。取样测定夯实后土的干土质量密度，其合格率不应小于90%，不合格的干土质量密度的最低值与设计值的差，不应大于0.08g/cm³，且不应集中。环刀取样的方法及数量应符合规定。

2. 允许偏差项目

表1-4　回填土工程允许偏差

序号	项目	允许偏差（mm）	检验方法
1	顶面标高	+0～50	用水准或拉线尺量检查
2	表面平整度	20	用2m靠尺和楔形尺量检查

（五）成品保护

1. 施工时，对定位标准桩、轴线引桩、标准水准点、龙门板等，填运土时不得撞碰，也不得在龙门板上休息。并应定期复测和检查这些标准桩点是否正确。

2. 夜间施工时，应合理安排施工顺序，设有足够的照明设施，防止铺填超厚，严禁汽车直接倒土入槽。

3. 基础或管沟的现浇混凝土应达到一定强度，不致因填土而受损坏时，方可回填。

4. 管沟中的管线，肥槽内从建筑物伸出的各种管线，均应妥善保护后，再按规定回填土料，不得碰坏。

（六）应注意的质量问题

1. 未按要求测定土的干土质量密度

回填土每层都应测定夯实后的干土质量密度，符合设计要求后才能铺摊上层土。试验报告要注明土料种类、试验日期、试验结论及试验人员签字。未达到设计要求部位，应有处理方法和复验结果。

2. 回填土下沉

因虚铺土超过规定厚度或冬季施工时有较大的冻土块，或夯实不够遍数，甚至漏夯，坑（槽）底有有机杂物或落土清理不干净，以及冬期做散水，施工用水渗入垫层中，受冻膨胀等造成。这些问题均应在施工中认真执行规范的有关各项规定，并要严格检查，发现问题及时纠正。

3. 管道下部夯填不实

管道下部应按标准要求填夯回填土，如果漏夯不实会造成管道下方空虚，造成管道折断而渗漏。

4. 回填土夯压不密

应在夯压时对干土适当洒水加以润湿；如回填土太湿同样夯不密实呈"橡皮土"现象，这时应将"橡皮土"挖出，重新换好土再予夯实。

五、机械回填土

（一）范围

工艺标准适用于工业及民用建筑物、构筑物大面积平整场地、大型基坑和管沟等回填土。

（二）施工准备

1. 材料及主要机具

（1）碎石类土、砂土（使用细砂、粉砂时应取得设计单位同意）和爆破石碴，可用作表层以下填料。它最大粒径不得超过每层铺填厚度的 2/3 或 3/4（使用振动碾时），含水率应符合规定。

（2）黏性土应检验其含水率，必须达到设计控制范围，方可使用。

（3）盐渍土一般不可使用。但填料中不含有盐晶、盐块或含盐植物的根茎，并符合《土方与爆破工程施工及验收规范》附表 1.8 的规定的盐渍土则可以使用。

（4）主要机具

1）装运土方机械有：铲土机、自卸汽车、推土机、铲运机及翻斗车等。

2）碾压机械有：平碾、羊足碾和振动碾等。

3）一般机具有：蛙式或柴油打夯机、手推车、铁锹（平头或尖头）、2m 钢尺、20 号铅丝、胶皮管等。

2. 作业条件

（1）施工前应根据工程特点、填方土料种类、密实度要求、施工条件等，合理地确定填方土料含水量控制范围、虚铺厚度和压实遍数等参数；重要回填土方工程，其参数应通过压实试验来确定。

（2）填土前应对填方基底和已完工程进行检查和中间验收，合格后要做好隐蔽检查和验收手续。

（3）施工前，应做好水平高程标志布置。如大型基坑或沟边上每隔1m钉上水平桩橛或在邻近的固定建筑物上抄上标准高程点。大面积场地上或地坪每隔一定距离钉上水平桩。

（4）确定好土方机械、车辆的行走路线，应事先经过检查，必要时要进行加固加宽等准备工作。同时要编好施工方案。

（三）操作工艺

工艺流程：基坑底地坪上清理、检验土质、分层铺土、分层碾压密实、检验密实度、修整找平验收。

1. 填土前，应将基土上的洞穴或基底表面上的树根、垃圾等杂物都处理完毕，清除干净。

2. 检验土质，检验回填土料的种类、粒径，有无杂物，是否符合规定，以及土料的含水量是否在控制范围内；如含水量偏高，可采用翻松、晾晒或均匀掺入干土等措施；如遇填料含水量偏低，可采用预先洒水润湿等措施。

3. 填土应分层铺摊，每层铺土的厚度应根据土质、密实度要求和机具性能确定。或按表1-5选用。

表 1-5 填土每层的铺土厚度和压实遍数

压实机具	每层铺土厚度（mm）	每层压实遍数（遍）
平碾	200 ~ 300	6 ~ 8
羊足碾	200 ~ 350	8 ~ 16
振动平碾	600 ~ 1500	6 ~ 8
蛙式柴油式打夯机	200 ~ 250	3 ~ 4

4. 碾压机械压实填方时，应控制行驶速度，一般不应超过以下规定：

平碾：2km/h 羊足碾：3kW/h

振动碾：2km/h

5. 碾压时，轮（夯）迹应相互搭接，防止漏压或漏夯。长宽比较大时，填土应分段进行。每层接缝处应做成斜坡形，碾迹重叠。重叠0.5 ~ 1.0m左右，上下层错缝距离不应小于1m。

6. 填方超出基底表面时，应保证边缘部位的压实质量。填土后，如设计不要求边坡修整，宜将填方边缘宽填0.5m；如设计要求边坡修平拍实，宽填可为0.2m。

7. 在机械施工碾压不到的填土部位，应配合人工推土填充，用蛙式或柴油打夯机分层夯打密实。

8. 回填土方每层压实后，应按规范规定进行环刀取样，测出干土的质量密度，达到要求后，再进行上一层的铺土。

9. 填方全部完成后，表面应进行拉线找平，凡超过标准高程的地方，及时依线铲平；凡低于标准高程的地方，应补土找平夯实。

10. 雨、冬期施工

（1）雨期施工的填方工程，应连续进行尽快完成；工作面不宜过大，应分层分段逐片进行。重要或特殊的土方回填，应尽量在雨期前完成。

（2）雨期施工时，应有防雨措施或方案，要防止地面水流入基坑和地坪内，以免边坡塌方或基土遭到破坏。

（3）填方工程不宜在冬期施工，如必须在冬期施工时，其施工方法需经过技术经济比较后确定。

（4）冬期填方前，应清除基底上的冰雪和保温材料；距离边坡表层 1m 以内不得用冻土填筑；填方上层应用未冻、不冻胀或透水性好的土料填筑，其厚度应符合设计要求。

（5）冬期施工室外平均气温在 -5℃以上时，填方高度不受限制；平均温度在 -5℃以下时，填方高度不宜超过表 1-6 的规定。但用石块和不含冰块的砂土（不包括粉砂）、碎石类土填筑时，可不受表内填方高度的限制。

表 1-6 冬期填方高度限制

平均气温（℃）	填方高度（m）
-5 ~ -10	4.5
-11 ~ -15	3.5
-16 ~ -20	2.5

（6）冬期回填土方，每层铺筑厚度应比常温施工时减少20% ~ 25%，其中冻土块体积不得超过填方总体积的 15%；其粒径不得大于 150mm。铺冻土块要均匀分布，逐层压（夯）实。回填土方的工作应连续进行，防止基土或已填方土层受冻。并且要及时采取防冻措施。

（四）质量标准

1. 保证项目

（1）基底处理必须符合设计要求或施工规范的规定。

（2）回填的土料，必须符合设计要求或施工规范的规定。

（3）回填土必须按规定分层夯压密实。取样测定压实后的干土质量密度，其合格率不应小于 90%；不合格的干土质量密度的最低值与设计值的差，不应大于 0.08g/cm³，且不应集中。环刀取样的方法及数量应符合规定。

2. 允许偏差项目

（五）成品保护

1. 施工时，对定位标准桩、轴线控制极、标准水准点及龙门板等，填运土方时不得碰撞，也不得在龙门板上休息。并应定期复测检查这些标准桩点是否正确。

2. 夜间施工时，应合理安排施工顺序，要有足够的照明设施。防止铺填超厚，严禁用汽车直接将土倒入基坑（槽）内。但大型地坪不受限制。

3. 基础或管沟的现浇混凝土应达到一定强度，不致因回填土而受破坏时，方可回填土方。

（六）应注意的质量问题

1. 未按要求测定土的干土质量密度

回填土每层都应测定夯实后的干土质量密度，符合设计要求后才能铺摊上层土。试验报告要注明土料种类，试验日期、试验结论及试验人员签字。未达到设计要求的部位，应有处理方法和复验结果。

2. 回填土下沉

因虚铺土超过规定厚度或冬期施工时有较大的冻土块，或夯实不够遍数，甚至漏夯，基底有机物或树根、落土等杂物清理不彻底等原因，造成回填土下沉。为此，应在施工中认真执行规范的有关规定，并要严格检查，发现问题及时纠正。

3. 回填土夯压不密实

应在夯压时对干土适当洒水加以润湿；如回填土太湿同样夯不密实呈"橡皮土"现象，这时应将"橡皮土"挖出，重新换好土再予夯压实。

4. 在地形、工程地质复杂地区内的填方，且对填方密实度要求较高时，应采取措施（如排水暗沟、护坡桩等），以防填方土粒流失，造成不均匀下沉和坍塌等事故。

5. 填方基土为杂填土时，应按设计要求加固地基，并要妥善处理基底下的软硬点、空洞、旧基以及暗塘等。

6. 回填管沟时，为防止管道中心线位移或损坏管道，应用人工先在管子周围填土夯实，并应从管道两边同时进行，直至管顶 0.5m 以上，在不损坏管道的情况下，方可采用机械回填和压实。在抹带接口处，防腐绝缘层或电缆周围，应使用细粒土料回填。

7. 填方应按设计要求预留沉降量，如设计无要求时，可根据工程性质、填方高度、填料种类、密实要求和地基情况等，与建设单位共同确定（沉降量一般不超过填方高度的 3%）。

第三节 土方施工机械

一、概述

土方工程施工包括挖、运、填、压四个内容，其施工方法可采用人力施工，也可用机械化或半机械化施工。这要根据场地条件、工程量和当地施工条件决定。在规模较大，土方较集中的工程中，采用机械化施工较经济；但对工程量不大，施工点较分散的工程或因受场地限制，不便采用机械施工的地段，应该用人力或半机械化施工。

机械开挖常用机械有：推土机、铲运机、单斗挖土机（包括正铲、反铲、拉铲、抓铲等）、多斗挖掘机、装载机等。推土机是土石方工程施工中的主要机械之一，它由拖拉机与推土工作装置两部分组成。其行走方式由履带式和轮胎式两种，传动系统主要采用机械传动和液力机械传动，工作装置的操纵方法分液压操纵与机械传动。

铲运机在土方工程中主要用来铲土、运土、铺上、平整和卸土等工作。铲运机对运行的道路要求较低，适应性强，投入使用准备工作简单，具有操纵灵活、转移方便与行驶速度较快等优点。因此，使用范围较广，如筑路、挖湖、堆山、平整场地等等均可使用。铲运机按其行走方式分有拖式铲运机和自行式铲运机两种；按铲斗的操纵方式区分，有机械操纵（钢丝绳操纵）和液压操纵两种。

挖掘机按行走方式分履带式和轮胎式两种；按传动方式分机械传动和液压传动两种。斗容量有 0.1、0.2、0.4、0.5、0.6、0.8、1.0、1.6、2.0m³ 等多种。根据工作装置不同，有正铲、反铲，机械传动挖掘机还有拉铲和抓铲，使用较多的为正铲，其次为反铲。拉铲和抓铲仅在特殊值况下使用。

装载机按其行走方式分履带式和轮胎式两种：按工作方式有周期工作的单斗式装载机和连续工作的链式与轮斗式装载机。有的单斗装载机背端还带有反铲。土方工程主要使用单斗铰接式轮胎装载机，它具有操作轻便、灵活、转运方便、快速，维修较易等特点。

（一）土方机械的选择与合理配置

土方机械的选择，通常应根据工程特点和技术条件提出几种可行性方案，然后进行技术经济分析比较，选择效率高、综合费用低的机械进行施工，一般选用土方施工单价最小的机械。在大型建筑项目中，土方工程量很大，而当时现有的施工机械的类型及数量常常有一定的限制，此时必须将现有机械进行统筹分配，以使施工费用最小。一般可以用线性规划的方法来确定土方施工机械的最优分配方案。

1. 当地形起伏不大、坡度在 20° 以内、挖填平整土方的面积较大、土的含水量适当、平均运距短（一般在 1km 以内）时，采用铲运机较为合适；如果土质坚硬或冬季冻土层厚度超过 100 ~ 150mm 时，必须由其他机械辅助翻松再铲运。当一般土的含水量大于 25% 或黏土含水量超过 30% 时，铲运机要陷车，必须将水疏干后再施工。

2. 地形起伏大的山区丘陵地带，一般挖土高度在 3m 以上，运输距离超过 1000m，工程量较大且集中，一般可采用正（反）铲挖掘机配合自卸汽车进行施工，并在弃土区配备推土机平整场地。当挖土层厚度在 5 ~ 6m 以上时，可在挖土段的较低处设置倒土漏斗，用推土机将土推入漏斗中，并用自卸汽车在漏斗下装土并运走。漏斗上口尺寸为 3.5m 左右，由钢框架支承，底部预先挖平以便装车，漏斗左右及后侧土壁应加以支护。也可以用挖掘机或推土机开挖土方并将土方集中堆放，再用装载机把土装到自卸汽车上运走。

3. 开挖基坑时，如土的含水量较小，可结合运距、挖掘深度，分别选用推土机、铲运机或正铲（或反铲）挖掘机配以自卸汽车进行施工。当基坑深度在 1 ~ 2m、基坑不太长时，可采用推土机；长度较大、深度在 2m 以内的线状基坑，可采用铲运机；当基坑较大、工程量集中时，可选用正铲挖掘机。如地下水位较高，又不采用降水措施，或土质松软，可能造成机械陷车时，则采用反铲、拉铲或抓铲挖掘机配以自卸汽车施工较为合适。移挖作填以及基坑和管沟的回填，运距在 60 ~ 100m 以内时可用推土机。

（二）土方机械与运土车辆的配合

当挖掘机挖出的土方需用运土车辆运走时，挖掘机的生产率不仅取决于本身的技术性能，而且还取决于所选的运输机具是否与之协调。由于施工现场工作面限制、机械台班费用等原因，一般应以挖土机械为主导机械，运输车辆应根据挖土机械性能配套选用。

为了使主导机械挖掘机充分发挥生产能力，应使运土车辆的载重量与挖掘机的斗容量保持一定的倍数关系，需有足够数量的车辆以保证挖掘机连续工作。从挖掘机方面考虑，汽车的载重量越大越好，可以减少等车待装时间，运土量大；从汽车方面考虑，载重量小，台班费便宜，然而车辆数量增加；载重量大，台班费贵，但车辆数量小。一般情况下，载重量宜为每斗土重的 3 ~ 5 倍。

二、推土机

操作灵活，运行方便，需工作面小，可拍土、运土，易于避让，行驶速度快，应用广泛。

（一）工作特点

1. 推平。

2. 运距 100m 内的堆土（效率最高为 60m）。

3. 开挖浅基坑。

4. 推送松散的硬土、岩石。

5. 回填、压实。

6. 配合铲运机助铲。

7. 牵引。

8. 下坡坡度最大 35 度，横坡最大为 10 度，几台同时作业，前后距离应大于 8m。

（二）辅助机械

土方挖后运出需配备装土、运土设备；

推拉三~四类土，应用松土机预先翻松。

适用范围：

1. 推 Ⅰ ~ Ⅳ 类土。

2. 找干表面，场地平整。

3. 短距离挖移作填，回填基坑（槽）、管沟并压实。

4. 开往深不大于 1.5m 的基坑（槽）。

5. 填筑高 1.5m 内的路基、堤坝。

6. 拖羊足碾。

7. 配台挖土机从事集中土方、清理场地、修路开道等。

三、铲运机

操作简单灵活，不受地形限制，不需特设道路，准备工作闻单，能独立工作，不需其他机械配合能完成铲土、运土、卸土、填筑、压实等工序，行驶速度快，易于转移；需用劳力少，动力少，生产效率高。

（一）作业特点

1. 大面积整平。

2. 开挖大型基坑、沟渠。

3. 运距 800 ~ 1500m 内的挖运土（效率最出为 200 ~ 350m）。

4. 填筑路基、堤坝。

5. 回填压实土方。

6. 坡度控制在 20° 以内。

（二）辅助机械

开挖坚土时需用推土机助铲，开招三、四类土宜先用松土机预先翻松 20 ~ 40cm；自行式铲运机用轮胎行驶，适合于长距离，但开挖亦须用助铲。

（三）适用范围

1. 开挖含水率 27% 以下的 Ⅰ ~ Ⅳ 类土。

2. 大面积场地平整、压实。

3. 运距 800m 内的挖运土方。

4. 开挖大型基坑(槽)、管沟,填筑路基等。但不适于烁石层、冻土地带及沼泽地区使用。

四、正铲挖掘机

装车轻便灵活,回转速度快,移位方便;能挖掘坚硬土层,易控制开挖尺寸,工作效率高。

(一)作业特点

1. 开挖停机面以上土方。

2. 工作面应在 1.5m 以上。

3. 开挖高度超过挖土机挖掘高度时,可采取分层开挖。

4. 装车外运。

(二)辅助机械

土方外运应配备自卸汽车,工作面应有推土机配合平土、集中土方进行联合作业。

(三)适用范围

1. 开挖含水量不大于 27% 的 Ⅰ～Ⅳ 类土和经爆破后的岩石与冻土碎块。

2. 大型场地整平土方。

3. 工作面狭小区较深的大型管沟和基槽路堑。

4. 独立基坑。

5. 边坡开挖。

五、反铲挖掘机

操作灵活,挖土。卸土均在地面作业,不用开运输道。

(一)作业特点

1. 开挖地面以下深度不大的土方。

2. 最大挖土深度 4～6m,经济合理深度为 1.5～3m。

3. 可装车和两边甩土、堆放。

4. 较大较深基坑可用多层接力挖土。

(二)辅助机械

土方外运应配备自卸汽车,工作面应有推土机配合推到附近堆放。

（三）适用范围

1. 开挖含水量大的Ⅰ~Ⅲ类的砂土或黏土。

2. 管沟和基槽。

3. 独立基坑。

4. 边坡开挖。

六、拉铲挖掘机

可挖深坑，挖掘半径及卸载半径大，操纵灵活性较差。

（一）作业特点

1. 开挖停机面以下土方。

2. 可装车和甩土。

3. 开挖掘面误差较大。

4. 可将土甩在基坑（槽）两边较远处堆放。

（二）辅助机械

上方外运需配备自卸汽车．推土机，创造施工条件。

（三）适用范围

1. 挖掘Ⅰ~Ⅲ类土，开挖较深较大的基坑（槽）、管沟。

2. 大量外界土方。

3. 填筑路基、堤坝。

4. 挖掘河床。

5. 不排水挖取水中泥土。

七、抓铲挖掘机

钢绳牵拉灵活性较差，工效不高，不能挖掘坚硬土；可以装在简易机械上工作，使用方便。

（一）作业特点

1. 开挖直井或沉井土方。

2. 可装车或甩上。

3. 排水不良也能开挖。

4. 吊杆倾斜角度应在45°以上，距边坡应不小于2m。

（二）辅助机械

土方外运时，按运距配备自卸汽车。

（三）适用范围

1. 土质比较松软，施工面较狭窄的深基坑、基槽。
2. 水中挖取土，清理河床。
3. 桥基、桩孔挖土。
4. 装卸散装材料。

八、装载机

操作灵活，回转移位方便、快速；可装卸土方和散料，行驶速度快。

（一）作业特点

1. 开挖停机面以上土方。
2. 轮胎式只能装松散土方，履带式可装较实土方。
3. 松散材料装车。
4. 吊运重物，用于铺设管道。

（二）辅助机械

土方外运按运距配备自卸汽车，作业面需经常用推土机平整并推送土方。

（三）适用范围

1. 外运多余土方。
2. 履带式改换挖斗时，可用于开挖。
3. 装卸土方和散料。
4. 松散土的表面剥离。
5. 地面平整和场地清理等工作。
6. 回填土。
7. 拔除树根。

第四节　排水、降水与防水

一、基坑降水

（一）基坑降水的目的

基坑降水的目的是为了给基坑的土方开挖和地下结构的施工创造无水作业条件，以降低土体的含水率，提高土体的抗剪强度及稳定性，防止土体在开挖过程中发生纵向滑坡。由于降水后下部承压含水层的水位高度降低，故而可防止基坑底板管涌、突涌及基底回弹隆起等现象的发生。

（二）降水分析

根据其赋存介质的类型，工程沿线地下水主要有两种类型：一是第四系地层中的孔隙潜水，主要赋存于冲洪积砾砂层和残积砾（砂）质黏土层中；另一类为基岩裂隙（构造裂隙）水，主要赋存于强、中等风化带及断裂构造裂隙中，略具承压性。

基坑降水必须遵循"浅层疏干、深层降压"原则，浅埋富水层以疏干为主，深层承压水降压后以抽排为主。降水井主要按降压井和疏干井两种方式设置。

（三）降水方案的选择

在车站设计施工图中，设计单位已根据工程地质情况进行了降水设计，包括降水井的平面布置及数量。以往的工程经验大多数采用深井井点降水方案。

基岩开挖深度超过 5m 时采用大口径管井降水，开挖深度不足 5m 时则采用轻型井点和明槽集水井排水。

为确保土方施工及内部结构施工过程中的安全，在基坑开挖前 20 天进行井点降水，确保水位在基坑底以下 1m，以便进行基坑开挖施工。

（四）管井布置

管井降水采用大口径井管，结合真空深井降水，在坑内地基加固后在进行。

1. 降压井计算公式（按承压非完整井计算）

总水量　　　　　　　　$Q = 2.73k \times m \times s / [(\lg R)/ra + a]$

式中　　　k —承压水含水层的渗透系数（m/d）；

m —承压水含水层的厚度；

s —时间（s）；

R —影响半径（m）;

ra —引用半径（m）;

a —非完整调整系数，a=[lg（1+0.2m/ra）]×（m-1）/l;

l —降水井深入含水层的深度。

2. 布井方式和间距

（1）布井方式

在主线、匝道为坑内"之"字形布置，在竖井段沿坑内布置。

（2）间距

布井间距根据开挖深度确定，其原则是依据设计规范要求进行。

3. 井结构

降水管井由实管、滤管、过滤层、黏土层组成，过滤器为钢制材料，其长度据实采用。坑内降水井点的剖面布置。

（五）降水井施工

1. 施工工艺流程

准备施工→测量定位→钻机就位→定位安装→开孔→下护口管→钻进→成孔后冲孔换浆（稀释泥浆）→吊放井管→回填过滤粗砂→过滤层上口封堵→洗井。

2. 降水井的形式

一般在基坑内设置降水井，包括降压井和疏干井，在基坑外设置水位观测井。

（六）降水运行

1. 试运行

（1）试运行之前，准确测定各井口和地面高程、静止水位，然后，开始试运行，以检查抽水设备、抽水与排水系统能否满足降水要求。

（2）降水井在成井施工阶段边施工边抽水，即完成一口投入使用一口，力争在基坑开挖前将基坑内地下水降到基坑底开挖面以下1.00m深。水位降到设计深度后，即暂停抽水，观测井内的恢复水位。

（3）试运行时，观测井的出水量和水位下降值，以验证抽水量与下降能否满足降水设计的要求。

2. 降水运行

（1）基坑内的降水在基坑开挖前15天进行，做到能及时降低基坑中地下水位。

（2）降水运行过程中，对各停抽的井及时做好水位观测工作，及时掌握井内水位变化情况。

（3）降水运行期间，值班人员认真做好各项质量记录，做到准确、齐全。

（4）降水运行过程中，及时对降水运行记录进行分析整理，绘制图表，以合理指导降水工作，提高降水运行效果。

（七）质量保证措施

1. 施工前期准备

（1）选择适合于工程任务的能如期完成且满足降水技术要求的洗井、降水的机械设备。

（2）安设排水管道与集水坑。基坑开挖过程中，注意对管井观测井、监测点的保护。

（3）施工前，对全体施工人员及管理人员做好施工技术交底工作，特别对施工的关键节点加强管控。

2. 降水运行技术措施

（1）做好基坑内的明排水准备工作，以便基坑开挖时遇降雨能及时基坑内的积水抽干。

（2）降水运行开始阶段是降水工程的关键阶段，为保证在开挖时及时将地下水降至开挖面以下，在洗井过程中，洗完一口即投入一口，尽可能提前抽水。

（3）降水设备（主要是潜水泵与真空泵）在施工前及时做好调试工作，确保降水设备在降水运行阶段运转正常。

（4）工地现场要备足抽水泵，并配备一定数量的备用泵。使用的抽水泵要做好日常保养工作，发现坏泵立即修复，无法修复的及时更换。

（5）降水工作与开挖施工密切配合，根据开挖的顺序、开挖的进度等情况及时调整降水井的运行数量。根据信息化的降水要求，按不同基坑深度等级、同一基坑不同开挖深度，合理的开启水泵，在保证地下水位始终低于开挖深度1m的前提下，尽量减少抽水量，在保证开挖顺利的同时，减少环境变化等负面影响。

（6）降水运行阶段，如遇电网停电，立即启动自发电网，以保证施工顺利进行。

3. 深井降水施工技术要求

（1）规范要求，井点出水含沙量应小于 1/50000 ~ 1/100000。

（2）砂滤层的砂必须严格按照设计要求选择，一般为 $\Phi 2 \sim 5mm$ 的清洁石英圆砾。

（3）孔壁垂直度应控制在 1/200，以保证滤管外有足够厚的砂层。

（4）井管平面位置偏差不宜大于 20cm，井管管顶高程偏差不大于 10cm。井管应垂直位于管孔中央，吊装时轻起轻放，井管不得碰到孔壁。

（5）经管焊接要求严实，没有渗漏和砂眼。

（八）监理控制要点

1. 组织专业监理人员学习熟悉地质资料，图纸，施工规范，验收规程等技术文件，提出书面意见，参加设计交底，技术质量安全会议，制定详细的监理细则。

2. 详细审核施工方提交的组织设计；严格审查施工总包的质量管理和质保体系的建立、健全和实施。

3. 对施工单位的安全生产责任制、安全生产保证体系进行检查审核，并督促其建立完善。对施工单位在施工过程中制定的各项安全技术措施进行检查、审核，并对其具体的实施情况进行监理。

4. 依照安全生产的法规、规定、标准及监理合同要求，督促协调施工单位从管理入手，全面在施工中执行各种规范，对可能发生的事故，采取预防措施，实施施工全过程的安全生产。及时制止和纠正各种违章作业，对发现各种隐患，督促其整改。对其重大隐患和问题有权责令施工单位停工整改。

5. 对施工单位施工机械设备的数量、性能、检修证及特种工种作业人员操作证等进行审核、监督，确保机械设备的正常运转，消除安全隐患。

二、场地排水

（一）排水系统的分类

1. 自然排水系统

施工现场施工占地面积较大、高低落差较小的场地，为满足排水需要，施工前对现有场地内标高进行全面测量后，根据测量结果修筑排水设施，使雨水能够沿地面纵坡自然排水。

2. 强制排水系统

施工现场强制排水主要为基坑内排水：因基坑高度低于现场地坪标高，故在基坑上口设置砖砌挡水坎防止雨水冲刷基坑侧壁或浸泡基坑。另在基坑底周边设置 300×300 排水沟，并在最低处设置集水坑，由潜水泵从集水坑抽排至基坑顶部排水系统后，由地面排水系统经处理后排出。

（二）排水方案的选择

施工期间现场排水可以根据水体类别及具体区域位置制定排水方案来解决。

1. 施工期间收集汇总的雨水直接经一级沉淀池处理后，根据区域位置就近排入市政雨水管网。

2. 施工期间收集汇总的雨水直接经一级沉淀池处理后，根据区域位置就近排入市政雨水管网。

3. 生活雨、污水采用雨、污分流的方式布管，集中汇总收集、处理达标后利用高差自由排放至雨、污水管道。生活污水采用现场砌筑化粪池，通过池化后排入城市管网内，化粪池内的沉淀物定期请环卫部门抽排。

4. 在现场修筑各类排水设施时，根据场地施工安排、施工区域划分、排水类别、周边市政雨、污水管道接驳井位置，统一规划、合理地进行施工现场排水布置。接驳井及雨、污水管道具体位置制定施工现场排水设施布置图。

（三）排水施工

根据工程地质、水文地质数据及附近类似工程经验，为最大限度地减少对周边建筑物受到的影响，地下车站基坑一般采用明沟集排水。为此，可在基坑内设置排水沟，排水沟每隔 20 ~ 30m 设置一个 ϕ800mm 的集水井，集水井底低于水沟底 0.8m，集水井内的水应随集随排。

基坑周边设截水沟与集水井，防止地表水流入基坑，基坑外刷坡并用混凝土护面，每隔 25m 左右设置一个集水井，使基坑内渗水与施工废水汇入其中，再用水泵抽入地表沉淀池，经沉淀后排入市政排水系统。边挖边加深截水沟和集水井，保持沟底低于基坑底不少于 0.5m，集水井底低于沟底不少于 0.5m。

每个集水井配备 1 台水泵，保证做到随集随排，严禁排出的水回流入基坑，备用水泵不少于两个，另外在雨季施工时配备足够的排水设施，以备发生突发事件时使用。

三、结构防水

遵循"以防为主，刚柔结合，多道防线，因地制宜，综合治理"的原则，采取与其相适应的防水措施。

确立钢筋混凝土结构自防水体系，并以此作为系统工程对待。即以结构自防水为根本，加强钢筋混凝土结构的抗裂防渗能力，改善钢筋混凝土结构的工作环境，进一步提高其耐久性，同时以诱导缝、施工缝、变形缝等接缝防水为重点，辅之以附加防水层加强防水。

（一）防水混凝土

1. 选择合适的水泥、骨料、砂和水

水泥、砂、石子和水为混凝土的主要组成材料。抗渗混凝土要根据工程所需要的不同抗渗标号的要求配制。由水泥和砂子的用量及其比值决定水泥砂浆的密实度，水泥砂浆除满足黏结和填充外，还要求在骨料周围形成包裹层，将粗骨料充分隔离开，使之互不接触并保持均匀、合理的间距。这样，混凝土才具有较高的抗渗性能。

2. 控制混凝土的水灰比和塌落度

混凝土抗渗性能的好坏，关键在一定水灰比限值内有足够的、合乎质量要求的水泥砂浆，能将粗骨料充分包裹起来，并使之成为不接触的隔离体。水灰比的影响对硬化后混凝土孔隙的大小数量起决定作用，直接影响混凝土结构的密实度。在满足水泥完全水化及湿润砂石所需水量前提下，水灰比越小，混凝土密实度越好，但水灰比过小，导致施工操作困难，反而使混凝土不密实。反之水灰比过大，剩余水分多，蒸发后留下的毛细孔径越粗，渗水可能性越大。实践证明，防水混凝土最大水灰比不宜超过 0.6。

在适宜的水灰比和砂率均确定的条件下，混凝土的塌落度与抗渗性有着密切的关系。塌落度越大，骨料沉降越强烈，当粗骨料沉降趋于稳定后，水泥砂浆还在继续下沉，一部分游离水绕过骨料上升到混凝土拌和物表面，形成外部泌水，另一部分水聚积在粗骨料下面而被一层水膜半粗骨料同水泥砂浆隔开，形成内部泌水。在混凝土硬化过程中，这些多余的游离水逐渐蒸发，其泌水通路在混凝土内部形成毛细孔道，粗骨料下面形成沉降缝隙，使其抗水性下降，在混凝土施工中，普通抗渗混凝土的塌落度控制在 30 ~ 50cm 之间。

3. 混凝土的施工质量和施工缝的处理

在混凝土施工过程中，由于施工人员操作不当，造成混凝土渗漏。混凝土质量要求模板支护严密、不漏浆，混凝土振捣充分等，不能给工程质量留下隐患，引起混凝土的渗漏。

在防水工程施工过程中，难免会留下施工缝，在处理施工缝时不能粗心大意，要严格按照规范的规定处理，以免在施工缝处留下隐患，产生漏水。一般情况下，施工缝采用后浇带的方法提高抗渗性能。后浇带是一种刚性接缝方法，适用于不宜留置柔性变形缝的结构和后期变形趋于稳定的结构部位。在施工中，后浇带可与施工缝结合成一体。加强混凝土的养护，特别是加强早期养护工作，可以减少混凝土的干缩，加强抗渗性能。

4. 防水混凝土控制措施

（1）按照设计要求，主体结构采用防水混凝土，混凝土抗渗等级为满足设计要求。施工中的各环节都应严格遵循施工及验收规范和操作规程的规定进行施工。

（2）浇筑混凝土的基面上不得有明水，否则应进行清理，避免带水作业。模板应平整，并且有足够的刚度和强度，接缝部位严密不漏浆，固定模板的螺栓不得穿过混凝土结构。

（3）混凝土搅拌应均匀，入泵塌落度宜控制在 $140 \pm 20mm$，出厂塌落度与入模塌落度差值应小于 30mm。混凝土应振捣密实，灌注混凝土的自落高度不应超过 2m，否则应采取措施，分层灌注时，每层厚度不宜超过 300mm。为减少初期开裂和温度收缩裂缝应限制水泥用量，控制水胶比（水：水泥＋掺合料）≤ 0.45。严格控制混凝土的入模温度，夏季高温季节施工时，尽量利用夜间施工，混凝土的内外温差值不大于 25℃。

（4）防水混凝土的养护对其抗渗性能影响极大，特别是早期湿润养护更为重要，一般在混凝土进入终凝（浇筑的后 4 ~ 6h）即应覆盖，浇水湿润养护不少于 21 天。因为在湿润条件下，混凝土内部水分蒸发缓慢，不致形成早期失水，有利于水泥水化，特别是浇筑后前 14 天，水泥硬化速度快，强度增长几乎可达 28 天标准强度的 80%，由于水泥充分水化，其生成物将毛细孔堵塞，切断毛细通路，并使水泥石结晶致密，混凝土强度和抗渗性均能很快提高；14 天以后，水化速度逐渐变慢，强度增长亦趋缓慢，虽然继续养护依然有益，但对质量的影响不如早期大，所以应注意前 14 天的养护。顶、底板应尽量采用蓄水养护，侧墙采用保水的覆盖层进行养护，保水养护时间应为 10 天，混凝土的整体养护时间应不少于 14 天。

（5）浇筑混凝土的自落高度不得超过 2.0m，否则应使用串筒、溜槽或溜管等工作进行浇筑，以防产生石子堆积，影响质量。

（6）在结构中若有密集管群，以及预埋件或钢筋稠密之处，不易使混凝土浇捣密实时，应改用相同抗渗等级的细石混凝土进行浇筑，以保证质量。

（7）防水混凝土应采用机械振捣，不应采用人工振捣。机械振捣能产生振幅不大、频率较高的振动，使骨料间的摩擦力、粘附力降低，水泥砂浆的流动性增加，由于振动而分散开的粗骨粒在沉降过程中，被水泥砂浆充分包裹，形成具有一定数量和质量的砂浆包浆包裹层，同时挤出混凝土拌和物中的气泡，以增强密实性和抗渗性。

（二）卷材防水层

车站结构采用全包防水做法，结构柔性防水层一般采用 4mm 厚单层聚酯高聚物改性沥青类铺设反粘防水卷材。

1. 卷材防水层质量控制措施

（1）混凝土垫层和围护桩（墙）表面不得有明水，否则应进行堵漏处理，待基层表面无明水时，再施做找平层。基面应洁净、平整、坚实，不得有疏松、起砂、起皮现象。

（2）找平层表面应平整，其平整度用 2m 靠尺进行检查，直尺与基层的间隙不超过 5mm，且只允许平缓变化。所有阴角部位均采用 1：2.5 水泥砂浆倒角，阴角可做成 50×50mm 的倒角，阳角采用水泥砂浆圆顺处理，R ≥ 20mm。

（3）顶板结构混凝土浇筑完毕后，应采用木抹子反复收水压实，使基层表面平整（其平整度用 2m 靠尺进行检查，直尺与基层的间隙不超过 5mm，且只允许平缓变化）、坚实、无明水、起皮、掉砂、油污等不良现象存在。

（4）基层表面的突出物从根部凿除，并在凿除部位用聚氨酯密封膏刮平压实；当基层表面出现凹坑时，先将凹坑内酥松表面凿除后用高压水清洗，待槽内干燥后，用聚氨酯密封膏填充压实。

2. 工程质量控制标准

（1）卷材防水层所用材料必须符合设计及规范要求。

（2）卷材防水层的施工工艺及其在转角、变形缝、穿墙管道等处的细部做法均须符合设计和施工工艺要求。

（3）卷材防水层的基层应牢固，基面应洁净、平整，不得有空鼓、松动、起砂和脱皮现象，基层阴阳角处应做成圆弧形或钝角。

（4）卷材防水层的搭接缝应黏（焊）结牢固，密封严实，不得有褶皱、翘边和空鼓等缺陷。

（5）卷材的长短边搭接宽度均不得小于 100mm。

（三）涂膜防水层质量控制标准

1. 涂膜防水层所用材料及配合比必须符合设计及规范要求。

2. 涂膜防水层及其转角处、变形缝、穿墙管道等细部做法均须符合设计要求。

3. 涂抹防水层的基层应牢靠，涂膜防水层的平均厚度应符合设计要求，最小厚度不得小于设计厚度的 95%。

（四）细部构造防水

1. 施工缝的设置

根据设计要求及防裂角度出发，不能连续将结构整体浇筑完成，必须先选定适当的部位设置施工缝。

根据规范施工缝的位置应设置在结构受剪力或弯矩最小且便于施工的部位的规定，结合一般工程结构实际情况，墙体水平施工缝留置 4 道：第一道，底板八字上角以上 20cm；第二道，中板以下 20cm；第三道，中板以上 50cm；第四道，顶板以下 20cm。

2. 变形缝的设置

（1）变形缝是由于结构不同刚度、不均匀受力及考虑到砼结构胀缩而设置的允许变形的结构缝隙，它是防水处理、也是结构外防水中的关键环节。

（2）变形缝采用中埋式可注浆橡胶止水带和背贴式止水带、接水盒及双组分聚硫嵌缝膏进行加强防水处理。中埋式可注浆橡胶止水带和背贴式止水带采用现场硫化对接接头，接头部位抗拉强度不得低于母材强度的 80%。

（3）侧墙和顶板同时需要在结构内表面预留凹槽，设置镀锌钢板接水盒。

（4）中埋式注浆止水带的施工：

1）注浆止水带的注浆导管引出间距 6 ~ 8m，引出位置需便于后期注浆操作，注浆导管应进行临时封堵，避免后期施工过程中异物进入堵塞注浆管。

2）注浆导管宜在结构内穿行一段距离后再引出，即注浆导管引出位置应距变形缝 30 ~ 40cm。

3）施工缝钢边橡胶止水带在变形缝止水带的侧面应与变形缝预留接头现场硫化连接形成封闭整体，如无预留接头，应在施工缝钢边橡胶止水带端头与注浆止水带侧面对接，然后在钢边橡胶止水带的端头缠绕一圈 10×20mm 的遇水膨胀橡胶腻子型止水条。

4）注浆止水带的安装方法见施工缝钢边橡胶止水带部分。

（5）变形缝处的混凝土灌注与振捣：竖向止水带两边混凝土要加强振捣，保证缝边混凝土自身密实，同时将止水带与混凝土表面的气泡排出。水平向止水带下充满混凝土并充分振捣后，剪断固定止水带的铁丝，放平止水带并压出少量混凝土浆，然后浇筑止水带上部混凝土，振捣上部混凝土时要防止止水带变形。

3. 诱导缝的设置

诱导缝的设置：诱导缝间距一般为二跨，局部为三跨。诱导缝处的防水同样比较薄弱。诱导缝的施工应根据设计图纸为依据。

4. 工程质量控制标准

（1）细部构造所用止水带、遇水膨胀橡胶腻子止水带、遇水膨胀止水胶、预埋注浆管和接缝密封材料等必须符合设计及规范要求。

（2）变形缝、施工缝、后浇带、穿墙管、桩头和立柱、通道接口、预埋件等细部构造做法，均须符合设计及规范要求，严禁有渗漏。

（3）中埋式止水带和背贴式止水带的中心线应与施工缝、变形缝中心线重合，止水带应固定牢靠、平直，不得扭曲。

（4）穿墙管止水环与主管或翼环与套管应连续满焊，并作防腐处理。

（5）接缝处混凝土表面应密实、洁净、干燥。密封材料应嵌填严密、黏结牢固，不得有开裂、鼓包和下塌现象。

（五）施工缝和诱导缝的区别

施工缝是指由于结构施工要分段浇注而留下的缝隙，在地下结构中考虑到要进行防水，所以施工缝处要预埋止水带，常见的施工缝有水平和垂直两种．两段结构合拢后并没有真正缝隙。

诱导缝是考虑结构变形和沉降而在结构设计时必须设置的缝隙，诱导缝隙兼做伸缩缝和沉降缝的作用，在地下工程中诱导缝处钢筋不但要特殊配置而且还要加中埋和外贴式止水带。

诱导缝与施工缝的区别是，在设计的诱导缝位置上埋设止水带和裂缝诱导物，减少30% ~ 50% 的纵向配筋，施工时保持混凝土连续浇筑。

诱导缝与施工缝可以在功能上重合为一，此时新老混凝土面不需要进行凿毛处理（视为裂缝诱导措施）。当纵向拉应力大到一定程度时，此缝拉开而释放混凝土结构纵向内应力，免于在其他部位开裂。但诱导缝的设置要保证整个车站具有足够的强度和刚度。

（六）监理控制要点

1. 组织监理工程师，对防水设计图纸进行审核，充分理解设计理念，掌握车站主体结构防水技术要求。

2. 审核施工单位申报的防水施工方案，专业监理工程师审核后，报总监理工程师审批签认。

3. 审核防水专业分包单位资质。核查分包单位的营业执照、企业资质等级证书、专业许可证、安全生产许可证、岗位证书、安全协议、施工合同等。

4. 要求施工单位按有关规定对主要原材料进行复试，并将复试结果及材料备案资料、出厂质量证明等随《工程物资进场报验表》报项目监理部签认。对进场材料按规定进行见证取样试验。

5. 编制结构防水施工监理实施细则，申报总监理工程师审批确认。

第二章　地基与基础工程

第一节　地基处理与加固

一、冻结法

（一）起源

冻结法最早用于俄国金矿开采，1880 年德国人彼茨舒提出了人工冻结法原理，1883 年将这个原理首先用于人工冻结法凿井。冻结法施工技术起始于人工天然冻结，人们最初利用天然冻土开挖底下基础，后来有了人工制冷技术，人们才开始利用人工制冷技术来冻结含水土层，含水土层被冻结成冻土并达到一定的强度，人们利用冻土的结构掩护进行基坑施工。现在已广泛应用于地铁、深基坑、矿井建设等工程中。我国自 1955 年首次在开滦林西风井采用冻结法以来，主要应用于煤矿井筒特殊法施工，现已施工了 500 多个冻结井筒约 90km。已完工的山东龙固副井冲积层厚 567.7m，冻结深度 650m，为国内之最。目前正在施工的郭屯主、副风井冻结深度已 702m。这 50 年中，我国人工制冷冻结技术经历了引进、推广、改进和发展几个阶段，其中具有代表性的工程主要有安徽潘三东风井、河南陈四楼主副井、山东济西主副井以及龙固副井。

上述井筒的建成标志着我国冻结凿井技术已达到国家先进水平，当然也遇到了无数的困难。其中，两淮施工中经常遇到的冻结管断管，井壁破裂漏水，甚至淹井等事故，不仅危及井筒施工安全，还大大推迟了工期，经济损失重教训是深刻的，但也激励了几代工程技术人员的攻关积极性，为此，完成了多项重大科研项目，从而也获得了国家和省部级多项科研进步奖、无数工程技术人员增长了才干，成为高级工程师，有的还获得国务院政府津贴。

（二）基本原理

冻结施工法是常用的施工方法之一，使用制冷技术使地层中的水冻结，将天然岩土冻结成冻土，从而把不稳定的台水土体固化，形成具有一定厚度的冻结结构体——冻结礁。当结构体具有相当的强度，可以抵抗周围的水土压力，隔绝地下水，形成封闭的不透水帐幕，地下工程于是可在冻结壁的保护下进行施工。它具有以下特点：

1. 有效隔绝地下水。其抗渗透性能是其他任何方法不能相比的，对于含水量大于10%的任何含水、松散，不稳定地层均可采用冻结法施工技术。

2. 冻土帷幕的形状和强度可视施工现场条件，地质条件灵活布置和调整，冻土强度可达 5 ~ 10MPa，能有效提高工效。

3. 冻结法施工对周围环境无污染，无异物进入土壤，噪音小。冻结结束后，冻土墙融化，不影响建筑物周围地下结构。

4. 冻结施工用于桩基施工或其他工艺平行作业。能有效缩短施工工期。采用冻结法施工。冻土帷幕能满足受力要求，需下沉庞大的钢护筒。也无需大吨位钻机，解决了起重设备能力不足的困难，降低了施工难度；而且能有效地隔绝地下水，实现桩基干处施工。减小大直径桩浇注水下混凝土的风险；同时，能有效提高工效，比常规方法施工方法节约工程成本。

（三）设计计算

我国冻结法凿井的主要地层为冲积层。冻结壁的设计是指满足砂性土的强度和黏性土中变形要求的厚度。其厚度计算主要是根据地压、冻土热学和力学性质、井筒掘进直径、段高和裸露时间以及井壁结构与工艺等，实际上由于冻土热学和力学的耦合计算的影响因素很多，一般采取热学与力学分别计算和相互检验的方法。在深井黏土层中冻结壁的厚度与强度，往往是造成许多重大事故的主要原因，因为黏性土强度低，流变特性显著，而过去的设计中很少考虑到。浅井常用拉麦公式和多姆克公式，均是按平面应变力学模型来计算的，同时也都没有考虑到冻土的流变特性（即与时间有关这一特征），对于深井中应采用苏联维亚诺夫和扎列茨基提出的小段高（空间结构）的强度和变形公式。这个公式不仅考虑了强度，也考虑到变形。龙固副井就是按此公式计算的，施工中也是顺利的。前述两个公式都是基于与时间有关的弹性或弹塑性理论，后一公式已考虑了冻土流变（参数 m，A）和掘砌工艺（参数 e，l，£）施工中在支设时，必须做到大头朝下、保证垂直度误差小于5mm，底部支座要牢固，选用的支撑应材质均匀、无弯曲、缺陷少，使木支撑尽量符合最佳的受力状况，这样才能确保结构的安全性，并满足质量要求。

（四）施工工艺与设备

1. 冻结法的施工工艺

第一阶段是冻结管的排列，根据工程特征要求，可布置各种形状；第二阶段，开始土壤冻结，冻土首先从每个冻结管周围向外扩展，当各分离的圆柱冻结体联成一体时，该冻结阶段就告完成；第三阶段是继续降低冻结体的平均湿度和扩大冻土墙厚度使之达到设计要求；第四阶段是维持低温，保证开挖和做永久结构施工期间，冻土墙强度保持不变。完成使命后即开始强行解冻，拔除冻结管。

2.冻结法的施工设备

（1）冻结法施工旁通道所用设备

1）螺杆冷冻机组（JYSGF300II，2台，110kW 87500kcal/h）。

2）盐水泵（IS125-100-200，2台，45kW 200m³/h）。

3）冷却水泵（IS125-100-200C，4台 15kW 120m³/h）。

4）冷却塔（NBL-50，4台 15m³/h）。

5）钻机（MK-50，1台）。

6）电焊机（BS-40，2台）。

7）抽氟机（1台）。

说明：以上1～4项冻结设备均备用一台。

（2）冻结法施工旁通道所用量测设备

1）经纬仪（J2，1台）。

2）测温仪（GDM8145，1台，测量冻土温度）。

3）精密水准仪（1台）。

4）打压机（20MPa，1台，冻结器打压试漏）。

5）收敛仪（1台，冻土帷幕收敛）。

6）钢卷尺（20m，1把）。

（五）质量检测

工程监测的目的是根据量测结果，掌握地层及隧道的变形量及变形规律，以指导施工。由于旁通道施工位于地下十多米处，为防止施工时对地面周边建筑、地下管线、民用及公共设施带来不良影响，甚至严重破坏。对施工过程必须有完善的监测。

工程监测的内容工程监测贯穿整个施工过程，其主要监测内容为：地表沉降监测，隧道变形监视，通道收敛变形监测，冻土压力监测。

二、夯实水泥土桩法

（一）起源

夯实水泥土桩复合地基技术由1991年中国建筑科学研究院地基基础研究所开发研究，其后与河北建筑科学研究院一起，对该桩的力学特性、适用范围、施工工艺及其特点进行了详细研究。

夯实水泥土桩主要材料为土，辅助材料为水泥，水泥使用量为土的1/8～1/4，成本低廉。承载力可提高50%～100%，沉降量减少。

1998年，该项成果列为国家及科技成果重点推广计划，2000年列为建设部科技成果专业化指南项目。

（二）基本原理

夯实水泥土桩是用人工或机械成孔，选用相对单一的土质材料，与水泥按一定配比，在孔外充分拌和均匀制成水泥土，分层向孔内回填并强力夯实，制成均匀的水泥土桩。桩、桩间土和褥垫层一起形成复合地基。其能够起到加固地基的机理有两方面：其一是夯实水泥土桩的化学作用机理，其二是该桩的物理作用。

1. 夯实水泥土桩的化学作用机理

（1）水泥的固化作用

夯实水泥土桩是将水泥与搅和土料充分搅和后逐层填入孔中。由于与水泥搅和的土料不同，其加固机理也有差异。当搅和土料为砂性土时夯实水泥的固化机理类似于建筑上的水泥砂浆，具有较高的强度，其固化时间也相对较短；当搅和料为黏性土或粉土时，由于水泥渗入比（一般为 8% ~ 20%），而且土料中的粘粒及粉粒都具有很大的比表面积并含有一定的活性物质，所以水泥固化速度比较缓慢，其固化机理比较复杂。

（2）水泥的水解反应

夯实水泥桩的桩体材料主要是固化剂（水泥）、搅和土料以及水。在将搅和料逐层夯入孔内形成桩体的过程中，水泥颗粒表面物质将与搅和料中的水分充分接触，从而发生水解反应，生成氢氧化钙、含水硅酸钙、含水铝酸钙以及含水铁酸钙等化合物。这些水化物形成胶体，进一步凝结硬化成水化物晶体，析出的凝胶粒子，有的自身硬化形成水泥石骨架，有的则与周围具有一定活性的粘粒发生反应。

（3）水泥化合物与土颗粒的作用

水泥化合物与土颗粒之间的作用表现在：一是水泥土的离子交换和团粒化作用；二是水泥土的凝硬作用。

2. 夯实水泥土桩的物理作用机理

夯实水泥土桩的强度主要由两部分组成：一是水泥胶结体的强度；二是夯实后因密实度增加而提高的强度。根据桩体材料的夯实实验原理，将混合料均匀搅拌填料后，随着夯击次数即夯击能的增加，混合料的干密度逐渐增大，强度明显提高。在夯实能确定后，只要施工时能将桩体混合料的含水量控制到最佳含水量，就可获得施工桩体的最佳干密度和桩体的最佳夯实强度。

桩体的密实和均匀是由夯实水泥桩夯实机的夯锤质量及其起落高度决定的。当夯锤质量和起落高达一定，夯击能为常数时，桩体就密实均匀，强度就会提高，质量可得到有效保证。

（三）设计计算

1. 桩长的确定

首先根据工程地质勘查报告确定桩端持力层。桩端持力层应为较硬土层，桩端伸入持力层不应少于 1.5d（d 为桩直径）。确定桩长时应使复合地基同时满足承载力和沉降要求。如果考虑满足承载力需求，桩长可能较短，但较短的桩会造成地基沉降量增大，无法满足沉降要求。同时，桩受到荷载作用时，桩顶应力比较集中，受力较大，桩顶的质量必须达到设计要求。所以进行桩长设计时还应该预留足够的桩顶保护长度，只有这样，才能保证桩顶的夯实效果，从而保证桩顶水泥强度和质量。

2. 单桩竖向承载力特征值计算

水泥土桩承载力依据《建筑地基处理规范》中夯实水泥土桩竖向承载力设计计算和关于水泥桩计算的有关资料来确定。单桩承载力设计特征值确定后，应特别注意，该值必须满足下式要求：

$$R_a = u_p \sum_{i=1}^{n} q_{si} l_i + q_p A_p$$

且要满足

$$R_a \leqslant \eta f_{cu} A_p$$

式中　　　u_p —桩的周长（m）；

n —桩长范围内所划分的土层数；

q_{si}、q_p —桩周第 i 层土的侧阻力、端阻力特征值（kPa）；

f_{cu} —桩体混合料试块标准养护 28 天立方体抗压强度平均值（kPa）；

η —桩体强度折减系数，取 0.35 ~ 0.5。

3. 桩径的确定

桩径宜为 300 ~ 600mm，常用的为 350 ~ 400mm，可根据设计及所选用的成孔方法确定。选用的夯锤应与桩径相适应。

4. 单桩影响面积及桩间距的计算

在地基处理中，一般设计单位给定的是地基经处理后的地基承载力特征值和变形要求，因此，根据工程地质勘查报告和相关规范、规程确定出桩深度和单桩承载力后，应该计算单桩影响面积，以便确定布桩间距。单桩影响面积可用下式计算：

$$A_i = \frac{R_a - \alpha \times f_{ak} \times A_p}{f_{spk} - \alpha \times f_{ak}}$$

式中　　　A_i —单桩影响面积（包括单桩）（m²）；

R_a —单桩竖向承载力特征值（kPa）；

f_{spk} —复合地基承载力特征值（kPa）；

A_p —桩体截面面积（m²）；

f_{ak} —天然地基承载力特征值（kPa）；

α —天然地基发挥能力系数，一般为 0.85 ~ 0.95。

计算出单桩影响面积后再进行桩间距计算。已知单桩影响面积求布桩间距的公式如下：

正三角形布桩桩间距为：$S_d = 1.07457\sqrt{A_i}$

正方形布桩桩间距为：$S_d = \sqrt{A_i}$

最后还要核验置换率（5% ~ 15%）是否在规定的范围内，要合理选择置换率，桩深较浅者取小值，桩深较深者取大值。布桩实际是应遵循均匀布桩的原则，以使加固后的地基承载力分布均匀。布桩时，桩距应在合理的范围内，桩距过大，会给基础增加集中应力，桩距太小，施工时容易互相干扰，从而影响施工进度和工程质量。且桩距一般为桩径的 2 ~ 4 倍。

5. 复合地基承载力的确定

一般根据下列公式计算：

$$f_{sqk} = \frac{mR_k}{A_p} + \beta(1-m)f_{sk}$$

式中 f_{spk} —复合地基承载力标准值（kPa）；

m —面积置换率；

R_k —单桩承载力标准值（kN）；

β —桩间土强度折减系数，可取 0.8 ~ 1.0；

f_{sk} —天然地基承载力标准值（kPa）。

6. 垫层

基础与桩和桩间土之间设置一定厚度桩间散体材料组成的褥垫层，厚度为 100 ~ 300mm，在荷载作用下，基础通过褥垫层始终与桩间土保持接触，保证桩和土体共同承担荷载，减少基础底面应力集中度，调整桩土垂直和水平荷载分担的作用，可提高处理后的复合地基强度和抗变形能力。垫层材料可选用中砂、粗砂、砾砂、碎石或级配砂石等，最大粒径不宜大于 20mm。

7. 桩身材料

水泥掺合量以掺合比表示，即每立方米土的水泥掺合量与地基土的湿密度的比值。水泥土的强度随掺合比增大而增大，设计时根据工程要求、土料性质以及采用的水泥品种，由配合比实验确定。为便于施工，水泥与土的比例一般选用体积比，常取用的比例为水泥：土的体积比为 1：5 ~ 1：8。

8. 沉降计算

加固区的沉降变形可采用分层总和法计算，复合土层的分层与天然地基相同，各复合土层的压缩模量等于该层天然地基压缩模量的 n 倍，n 为复合地基承载特征值与基础地面下天然地基承载力特征值的比值。

（四）施工工艺与设备

1. 施工设备

夯实水泥桩成孔机具：成孔是夯实水泥土桩加固地基的第一步，成孔机具的优劣直接影响着加固地基的质量和施工效率。目前常用的成孔机具主要有排土法成孔机具和挤土法成孔机具。

水泥土桩夯实机械：夯实水泥土桩的夯实机械可借用土桩和灰土桩夯实机，也可根据实际情况研制或改造。目前我国夯实水泥土桩处人工夯实外，主要有以下几种：吊锤式夯实机、夹板锤石夯实机、SH30 型地质钻改装式夯实机，夯锤。

2. 施工工艺

夯实水泥土桩的施工工艺主要可分为沉管成孔、填料、夯实等三个阶段。施工的程序分为：成孔、制备水泥土（填料）、夯填成桩（夯实）等几项。

（1）成孔

根据成孔过程中取土与否，成孔可分为排土法和挤土成孔两种。排土成孔法过程中对桩间土没有扰动，而挤土成孔则对桩间土有一定挤密作用，对于处理地下水位以上，有振密和挤密效应的土应选用挤土成孔。而含水量超过 24%，呈流塑状或含水量低于 14% 呈坚硬状态的地基宜选用排土成孔。

（2）制备水泥土

制备水泥土就是把水泥和土按照一定配合比进行拌和，水泥一般采用 32.5 级普通硅酸盐水泥或矿渣水泥，土料可就地取材，基坑挖出的粉细砂、粉质土均可用作水泥土的原料。淤泥、耕土、冻土、膨胀土以及有机物含量超过 5% 的土不得使用，土料应过 25×25mm 筛。施工时，应将水泥土拌和均匀，控制含水量，如土料水分过多或者不足时，应晒干或洒水湿润，一般应按照经验在现场直接判断。其方法为手握成团，两指轻弹即碎，这时水泥土基本上接近最佳含水量。水泥土拌和可用强制式混凝土搅拌机，搅拌时间不低于 1min。拌和好的水泥要及时用完，放置时间超过 2h 不宜使用。

（3）夯填成桩

桩孔夯填可用机械夯实也可用人工夯实。机械夯实时，夯锤质量宜大于 100kg，夯锤提升高度大于 900mm。人工夯锤一般为 25kg，提升高度不小于 900mm。桩孔填料前应清底并夯实，然后根据确定的分层回填厚度和夯实次数逐次填料夯实。当地基土含水量过大或者遇有砂层时，夯实的震动会引起塌孔，这时可用螺旋反压法进行压填。

（五）质量检验

1. 施工过程中，对夯实水泥土桩的成桩质量应及时进行抽样检验，抽样检验的数量不得少于总桩数的 2%。对于一般工程，可检验桩的干密度和施工记录。干密度的检验方法可在 24h 内采用取土样测定或采用轻型动力触探击数 N10 与现场试验确定的干密度进行比较，以判断桩身质量。成桩 2h 内轻便动力触探的锤击数 N10 一般不小于 40 击。

2. 夯实水泥桩地基竣工验收时，承载力检验应采用单桩复合地基荷载试验。对重要或大型工程，尚应进行多桩复合地基荷载试验。

3. 夯实水泥土桩地基检验数量应为总桩数的 0.5% ~ 1%，且每个单体工程不应少于 3 点。

4. 当以相对变形确定行水水泥土桩复合地基的承载力特征值时，对以卵石、圆砾、密实粗中砂为主的地基可取荷载试验沉积比等于 0.008 所对应的压力，对以黏性土、粉土为主的地基可取荷载试验沉降比为 0.01 所对应的压力。

第二节　条形基础施工

一、基础的施工顺序

人工清槽平整基底→地基验槽 - 垫层的浇筑→定位放线→绑扎钢筋→水电预埋管件→支模→隐蔽验收→混凝土的浇筑→搭设支模钢管架→柱钢筋→钢筋隐蔽验收→混凝土的浇筑→隐蔽验收→回填土→砌砖→绑扎圈梁钢筋→钢筋隐蔽验收→混凝土的浇筑→回填土。

二、土方开挖边坡及软弱地基的处理

（一）施工准备

1. 土方开挖前，应将施工区域内的地下、地上障碍物清除和处理完毕。

2. 建筑物的位置和场地的定位控制线（桩）、标准水平桩及开槽的灰线尺寸，必须经过检验合格并办完预检手续。

3. 夜间施工时，应有足够的照明设施；在危险地段应设置明显标志，并要合理安排开挖顺序，防止错挖或超挖。

4. 在机械施工无法作业的部位和修整边坡坡度、清理槽底等，均应配备人工进行。

（二）土方开挖放坡

根据土质特点，该基坑土方开挖按 1 ： 0.25 ~ 0.3 进行放坡，基坑四周各留 300 宽施工操作面。

（三）软弱地基的处理

随着我国建筑工程项目的不断增多，软弱地基的处理变得越来越重要，软弱地基处理的好坏，不仅关系到工程建设的速度，而且关系到工程建设的质量，因此提高软弱地基处理方法具有重要的价值和意义。

三、基础垫层施工

（一）浇捣 C10 砼垫层时，需留置标养及同条件试块各一组，做试块时请监理公司人员旁边监督，送试验室养护。

（二）在垫层浇筑前要对土方进行修整，应用竹签对基坑的标高进行标识。

四、钢筋制作与安装

（一）学习、熟悉施工图纸和指定的图集

严格按照图纸施工，明了构造柱、圈梁、节点处的钢筋构造及各部做法，确定合理分段与搭接位置和安装次序。

（二）钢筋应出厂质量证明书和试验报告

不同型号、钢号、规格均要进行复试合格，必须符合设计要求和有关标准的规定方可使用。

（三）I 级钢（直径 6 ~ 12mm 盘圆钢）

经冷拉后长度伸长（ 2% ）一般小冷拉，钢筋不得有裂纹、起皮生锈、表面无损伤、无污染，发现有颗粒现状不得使用。按施工图计算准确下料单，根据钢材定尺长度统筹下料，加强中间尺寸复查做到物尽其用。

（四）所下的各种不同型号、规格，不同尺寸数量

按施工平面布置图要求，按绑扎次序，分别堆放挂上标识牌，绑扎前要清扫模板内杂物和砌墙的落地砂浆灰，模板上弹好水平标高线。

（五）绑扎基础柱钢筋

箍筋的接头应交错分布在四角纵向钢筋上，箍筋转角与纵向钢筋交叉点均应扎牢（箍筋平直部分与纵向钢筋交叉点可间隔扎牢）绑扎箍筋时绑扣相互间应成八字形，基础柱与梁的交接处上下各 500mm 加密区。

（六）绑扎基础梁

在模扳支好后绑扎，按箍筋间距在模板一侧划好线放箍筋后穿入受力钢筋。绑扎时箍筋应受力钢筋垂直，并沿受力钢筋方向相互错开。各受力钢筋之间的绑扎接头位置应相互错开，并在中心和两端用铁丝扎牢。Ⅱ级钢筋的弯曲直径不宜小于4d，箍筋弯钩的弯曲直径不小于2.5d，弯后的平直长度不小于10d，并做135°弯勾。在钢筋绑扎好后应垫水泥垫块，数量为8块/m²。后浇带处钢筋放置按图纸要求附加钢筋，并在断面放置同梁高、宽相同的钢丝网片。

（七）钢筋加工

不得乱锯乱放，使用前须将钢筋上的油污、泥土和浮锈清理干净。绑扎结束后应保持钢筋清洁。

（八）钢筋绑扎的允许偏差

1. 受力钢筋的间距：±10mm。

2. 钢筋弯起点位置：20mm。

3. 箍筋、横向钢筋的间距：±20mm。

4. 保护层厚度：柱、梁 ±5mm。

五、模板施工

（一）模板及其支架必须按以下规定

1. 保证工程结构和构件各部分形状尺寸和相互位置的准确。

2. 具有足够的承载力、刚度和稳定性，能可靠地承受新浇砼的自重和侧压力，以及在施工过程中所产生的荷载。

3. 构造简单，拆装方便，便于钢筋的绑扎、安装和砼的浇筑和养护等要求。

4. 模板的接缝不应漏浆。

5. 木模与支撑系统应选不易变形、质轻、韧性好的材料不得使用腐朽、脆性和受潮湿易变形的木材。

6. 后浇带模板不得在后浇带内拼接，且每边超过后浇带200mm。

（二）基础模板安装

1. 独立基础模板安装

在基坑底垫层上弹出基础中线，将截好尺寸的木板加钉木档拼成侧板，在侧板内表面弹出中线，再将各4块侧板组拼成方框，并校正尺寸及角部方正。安装时，先把下阶模板放在基坑底，两者中线互相对准，用水平尺校正标高；在模板周围钉上木桩，用平撑与斜撑支撑顶牢；然后把上阶模板放在下阶模板上，两者中线互相对准，并用斜撑与平撑加以钉牢。对于杯形独立基础模板，在上阶模板安装好并校正标高之后，将杯芯模板的轿杠搁置在上阶模板上，对准中线，加设木档予以固定。

2. 条形基础模板安装

先在基槽底弹出基础边线，再把侧板对准边线垂直竖立，用水平尺校正侧板顶面水平后，再用斜撑和平撑钉牢。如基础较长，应先安装基础两端的端模板，校正后，再在侧板上口拉通线，依照通线再安装侧板。

为防止在浇筑混凝土时模板变形，保证基础宽度的准确，在侧板上口每隔一定距离钉上搭头木。

（三）模板的拆除

1. 承重模板在砼强度能够保证其表面及棱角不因拆模而受损时方能拆模。

2. 梁小于 8m 的砼强度要达到 75% 以上。

3. 拆除的模板要及时清运，同时清理模板上的杂物，涂刷隔离剂，分类堆放整齐。

4. 后浇带处模板不得拆除，并不得扰动。待后浇带砼浇筑完毕后拆除。

5. 模板安装的允许偏差

（1）轴线位置：5mm。

（2）层高垂直度：6mm。

（3）相邻两板高低差：2mm。

（4）截面内部尺寸：4~5mm。

（5）表面平整度（2m 长度上）：5mm。

六、土方回填

（一）回填方式

如果工程土方回填量大，故采用机械进行土方回填，在机械无法操作或不能使用机械回填的部位采用人工回填。

（二）操作工艺

1. 工艺流程

基坑底地坪上清理→检验土质→分层铺土→分层夯实→检验密实度→修整找平验收。

2. 填土前，应将基土上的洞穴或者基底表面上的树根、垃圾等杂物都处理完毕，清除干净。

3. 检验土质。检验回填上料的种类、粒径，有无杂物，是否符合规定，以及土料的含水量是否在控制范围内。

4. 填土应分层铺摊。每层铺土的厚度不超过 300mm。

5. 碾压机械压实填方时，应控制行驶速度。

6. 碾压时，轮（夯）迹应相互搭接，防止漏压或漏夯。长宽比较大时，填土应分段进行。每层接缝处应做成斜坡形，碾重叠 0.5 ~ 1.0m 左右，上下层错缝距离不应小于 1m。

7. 填方超出基底表面时，应保证边缘部位的压实质量。填土后如设计不要求边坡修整，宜将填方边缘宽填 0.5m；如设计要求边坡修平拍实，宽填可为 0.2m。

8. 在机械施工碾压不到的填土部位，应配合人工推土填充，用蛙式或柴油打夯机分层分打密实。

9. 回填土方每层压实后，应按规范规定进行环刀取样，测出干土的质量密度，达到要求后，再进行上一层的铺土。

10. 填方全部完成后。表面应进行拉线找平，凡超过标准高程的地方，及时依线铲平；凡低于标准高程的地方，应补土找平夯实。

11. 雨期施工

（1）雨期施工的填方工程，应连续进行尽快完成；工作面不宜过大，应分层分段逐片进行。重要或特殊的土方回填，应尽量在雨期前完成。

（2）雨期施工时，应有防雨措施，要防止地面水流入基坑和地坪内，以免边坡塌方或基土遭到破坏。

第三节 桩基础施工

一、桩基础的特点及应用

按成桩方法来说，可以把桩基础分为两大类：预制桩和灌注桩。

（一）预制桩

多年来，钢筋混凝土预制桩是建筑工程的传统的主要桩型。20 世纪 70 年代以来，随着我国城市建设的发展，施工环境受到越来越多的限制，预制桩的应用范围逐渐缩小。但是，在市郊的新开发区，预制桩的使用是基本不受限制的。

1. 预制桩具有以下特点

（1）预制桩不易穿透较厚的砂土等硬夹层（除非采用预钻孔、射水等辅助沉桩措施），只能进入砂、砾、硬黏土、强风化岩层等坚实持力层不大的深度。

（2）沉桩方法一般采用锤击，由此会产生一定的振动和噪声污染，并且沉桩过程会产生挤土效应，特别是在饱和软黏土地区沉桩可能导致周围建筑物、道路和管线等受到损坏。

（3）一般来说预制桩的施工质量较稳定。

（4）预制桩打入松散的粉土、砂、砾层中，由于桩周和桩端土受到挤密，其侧摩阻力因土的加密和桩侧表面预加法响应力而提高；桩端阻力也相应提高。基土的原始密度越低，承载力的提高幅度越大。当建筑场地有较厚砂砾层时，一般宜将桩打入该持力层，以大幅度来提高承载力。当预制桩打入饱和黏性土时，土结构受到破坏并出现超孔隙水压，桩承载力存在显著的时间效应，即随休止时间而提高。

（5）建筑工程中预制桩的单桩设计承载力一般不超过 3000kN，而在海洋工程中，由于采用大功率打桩设备，桩的尺寸大，其单桩设计承载力可高达 10000kN。

（6）由于桩的灌入能力受多种因素制约，因而常常出现因桩打不到设计标高而截桩，造成浪费。

（7）预制桩由于承受运输、起吊、打击应力，要求配置较多与钢筋，混凝土标号也要相应提高，因此，其造价往往高于灌注桩。

2. 预制桩主要有以下几种类型

（1）普通钢筋混凝土预制桩（R.C 桩）

这是一种传统桩型，其截面多为方形（250×250mm ~ 500×500mm），这种预制桩适宜在工厂预制，高温蒸汽养护。蒸养可大大加速强度增长，但动强度的增长速度较慢，因此，蒸养后达到了设计强度的 R.C 桩，一般仍需放置一个月左右碳化后再使用。

（2）预应力钢筋混凝土桩（P.C 桩）

这种预制桩主要是对桩身主筋施加预拉应力，混凝土受预拉应力从而提高起吊时桩身的抗弯能力和冲击沉桩时的抗拉能力，改善抗裂性能，节约钢材。预应力钢筋混凝土桩具有强度高、抗裂性能好，耐久性好，能承受强烈锤击，成本低等优点，所以，各国都逐步将普通钢筋混凝土桩改用预应力钢筋混凝土桩。P.C 桩的制作方法主要有离心法和捣注法两种，离心法一般制成环形断面，捣注法多为实心方形断面，也可采取抽芯办法制成外方内圆孔的断面。为了减少沉桩时的排土量和提高沉桩灌入能力，往往将空心预应力管桩桩端制成敞口式。预应力管桩在我国多用采用室内离心成型、高压蒸养法生产，其标号可达 C60 以上，规格有 Φ400、Φ500 两种，管壁分别为 90mm、100mm，每节标准长度为8m、10m，也可按需确定长度。我国预应力钢筋混凝土桩均为中小断面，大直径管桩尚处于试验阶段，产量也比较低。国外大直径管桩的应用则很广泛。

（3）锥形钢筋混凝土桩

锥形桩在沉桩过程中能起到比等截面桩更多的对土的挤密效应，并可利用其锥面增大桩的侧面摩阻力，从而提高承载力。在桩身体积相同的条件下，其承载力可比等截面桩提高 1 ~ 2 倍，沉降量也降低。这种桩一般长度较小，多用于非饱和填土等软弱土层不太厚、对承载力要求不太高的情况。

（4）螺旋形钢筋混凝土桩

这种桩基通过施加扭矩旋转置入土中，因而，可避免冲击沉桩产生的噪声和振动污染。螺旋形可提高桩侧阻力和桩端阻力。当硬持力层较浅且上部土层很软时，可只在桩端部分设螺旋叶片，带螺旋叶片的桩端可用铸铁制成，用销子将其与钢筋混凝土桩管连接，或将铸铁的叶片装在与之混凝土圆柱上。

（5）结节性钢筋混凝土预制桩

这种桩型主要可以用于防止地震时地基土的液化。钻孔预制桩，采用这种桩型可以降低打桩时引起的振动和噪声污染，避免打桩时产生的挤土效应对周围建筑物的危害，以及克服打桩时硬层难以贯穿等问题。

（二）灌注桩

灌注桩的成桩技术日新月异，就其成桩过程、桩土的相互影响特点大体可分为三种基本类型：非挤土灌注桩、部分挤土灌注桩、挤土灌注桩。每一种基本类型又包含多种成桩方法。

施工实践表明，我国常用的各种桩型从总体上看，具有以下特点：

1. 大直径桩与普通直径桩并存。

2. 预制桩与灌注桩并存。

3. 非挤土桩、部分挤土桩和挤土桩并存。

4. 在非挤土桩中钻孔、冲抓成孔和人工挖孔法并存。

5. 在挤土桩中锤击法、振动法和静压法并存。

6. 在部分挤土灌注桩的压浆工艺工法中前注浆桩与后注浆桩并存。

7. 先进的、现代化的工艺设备与传统的、较陈旧的工艺设备并存，等等。

由此可见，各种桩型在我国都有合适的土层地质、环境与需求，也有发展、完善与创新的条件。

二、桩基础的施工技术

在选择桩型与工艺时，应对建筑物的特征（建筑结构类型、荷载性质、桩的使用功能、建筑物的安全等级等）、地形、工程地质条件（穿越土层、桩端持力层岩土特性）、水文地质条件（地下水类别、地下水位）、施工机械设备、施工环境、施工经验、各种桩施工法的特征、制桩材料供应条件、造价以及工期等进行综合性研究分析后，并进行技术经济分析比较，最后选择经济合理、安全适用的桩型和成桩工艺。在这里，本文主要是对钻斗钻成孔灌注桩，振动法沉桩，夯扩桩等一些常用的桩基础施工技术进行分析。

（一）钻斗钻成孔灌注桩

钻斗钻成孔法是 20 世纪 20 年代在美国利用改造钻探机械而用于灌注桩施工的方法，钻斗钻成孔施工法是利用钻杆和钻斗的旋转及重力使土屑进入钻斗，土屑装满钻斗后，提升钻斗出土，这样通过钻斗的旋转，削土，提升和出土，多次反复而成孔。

1. 该方法有以下优点

（1）振动小、噪音低。

（2）最适宜黏性土中干作业钻成孔（此时不需要稳定液）。

（3）钻机安装简单，桩位对中容易。

（4）施工场地内移动方便。

（5）钻进速度较快。

（6）工程造价较低。

（7）工地边界到桩中心距离较小。

2. 其不足之处是

（1）当卵石粒径超过 100mm 时，钻进困难。

（2）稳定液管理不适当时，会产生坍孔。

（3）土层中有强承压水时，施工困难。

（4）废泥水处理困难。

（5）沉渣处理较困难，需用清渣钻斗。钻斗钻成孔灌注桩适用范围较广，它适用于填土层、黏土层、粉土层、淤泥层、砂土层以及短螺旋不易钻进的含有部分卵石的地层。采用特殊措施，还可嵌入岩层。

3. 施工程序为

（1）安装钻机。

（2）钻头着地钻孔，以钻头自重并加液压作为钻进压力。

（3）当钻头内装满土、砂后，将之提升上来，开始灌水。

（4）旋转钻机，将钻头中的土倾卸到翻斗车上。

（5）关闭钻头的活门，将钻头转回钻进点，并将旋转体的上部固定。

（6）降落钻头。

（7）埋置导向，灌入稳定液，护筒直径应比桩径大 100mm 以便钻头在孔内上下升降。按土质情况，定出稳定液的配方，如果在桩长范围内的土层都是黏性土时，则可不必灌水或注稳定液，可直接钻进。

（8）将侧面铰刀安装在钻头内侧，开始钻进。

（9）孔完成后，用清底钻头进行孔底沉渣的第一次处理并测定深度。

（10）测定孔壁。

（11）插入钢筋笼。

（12）插入导管。

（13）第二次处理孔底沉渣。

（14）水下灌注混凝土，边灌边拨导管（直径口为25cm，每节2～4m，水压合格），混凝土全部灌注完毕后，拨出导管。

（15）拨出导向护筒成桩。

4. 施工要点

（1）确保稳定液的质量。

（2）设置表层护筒至少需高出地面300mm。

（3）为防止钻斗内的土砂掉落到孔内而使稳定液性质变坏或沉淀到孔底，斗底活门在钻进过程中应保持关闭状态。

（4）必须控制钻斗在孔内的升降速度，因为如果升降速度过快，水流将会以较快速度由钻斗外侧与孔壁之间的空隙中流过，导致冲刷孔壁；有时还会在上提钻斗时在其下方产生负压而导致孔壁坍塌，所以应按孔径的大小及土质情况来调整钻斗的升降速度。在桩端持力层中钻进时，上提钻斗时应缓慢。

（5）为防止孔壁坍塌，用稳定液并确保孔内高水位高出地下水位2m以上。

（6）根据钻孔阻力大小考虑必要的扭矩，来决定钻头的合适转数。

（7）第一次孔底沉渣处理，在钢筋笼插入孔内前进行，一般采用清底钻头，如果沉淀时间较长，则应采用水泵进行浊水循环。

（8）第二次孔底沉渣处理在混凝土灌注前进行，通常采用泵升法，此法较简单，即利用灌注导管，在其顶部接上专用接头，然后用抽水泵进行反循环排渣。

（二）振动法沉桩

偏心块式振动法沉桩是采用偏心块式电动或液压振动锤进行沉桩的施工方法，该类型桩锤通过电力或液压驱动，使2组偏心块作同速相向旋转，其横向偏心力相互抵消，而竖向离心力则叠加，使桩产生竖向的上下振动，造成桩及桩周土体处于强迫振动状态，从而使桩周土体强度显著降低和桩端处土体挤开，桩侧摩阻力和桩端阻力大大减小，于是桩在桩锤与桩体自重以及桩锤激振力作用下，克服惯性阻力而逐渐沉入土中。

1. 该方法有以下优点

（1）操作简便，沉桩效率高。

（2）沉桩时桩的横向位移和变形均较小，不易损坏桩体。

（3）电动振动锤的噪声与振动比筒式柴油锤小得多，而液压振动锤噪声低，振动小。

（4）管理方便，施工适应性强。

（5）软弱地基中沉桩迅速。

2. 其不足之处为

（1）振动锤构造较复杂，维修较困难。

（2）电动振动锤耗电量大，需要大型供电设备。

（3）液压振动锤费用昂贵。

（4）地基受振动影响大，遇到硬夹层时穿透困难，仍有沉桩挤土公害。

3. 施工要点

振动法沉桩与锤击法沉桩基本相同，不同的是采用振动沉拔桩锤进行施工。操作时，桩机就位后吊起桩插入桩位土中，使桩顶套入振动箱连接固定桩帽或用液压夹桩器夹紧，启动振动箱进行沉桩到设计深度。沉桩宜连续进行，以免停歇时间过久而难于沉入。一般控制最后 3 次振动（加压），每次 5min 或 10min，测出每分钟的平均贯入度，当不大于设计规定的数值时，即符合要求。摩擦桩则以沉桩深度符合设计要求深度为止。

4. 在施工要注意以下几点

（1）沉桩中如发现桩端持力层上部有厚度超过 1m 的中密以上的细砂、粉砂和粉土等硬夹层时，可能会发生沉入时间过长或穿不过现象，硬性振入较易损坏桩顶、桩身或桩机，此时应会同设计部门共同研究采取措施。

（2）桩帽或夹桩器必须夹紧桩顶，以免滑动，否则会影响沉桩效率，损坏机具或发生安全事故。

（3）桩架应保持竖直、平正，导向架应保持顺直。桩架顶滑轮、振动箱和桩纵轴必须在同一垂直线上。

（4）沉桩中如发现下沉速度突然减小，此时桩端可能遇上硬土层，应停止下沉而将桩提升 0.5 ~ 1.0m，重新快速振动冲下，以利于穿透硬夹层而继续下沉。

（5）沉桩中控制振动锤连续作业时间，以免动力源烧损。

（三）夯扩桩

夯扩桩是在锤击沉管灌注桩机械设备与施工方法的基础上加以改进，增加 1 根内夯管，按照一定的施工工艺（无桩尖或钢筋混凝土预制桩尖沉管），采用夯扩的方式（一次夯扩、二次夯扩、多次夯扩与全复打夯扩等）将桩端现浇混凝土扩成大头形，桩身混凝土在桩锤和内夯管的自重作用下压密成型的一种桩型。

1. 该方法的优点在于

（1）在桩端处夯出扩大头，单桩承载力较高。

（2）借助内夯管和柴油锤的重量夯击灌入的混凝土，桩身质量高。

（3）可按地层土质条件，调节施工参数、桩长和夯扩头直径以提高单桩承载力。

（4）施工机械轻便，机动灵活、适应性强。

（5）施工速度快、工期短、造价低。

（6）无泥浆排放。

2. 不足之处在于

（1）遇中间硬夹层，桩管很难沉入。

（2）遇承压水层，成桩困难。

（3）振动较大，噪声较高。

（4）属挤土桩，设桩时对周边建筑物和地下管线产生挤土效应。

（5）扩大头形状很难保证与确定。

3. 其施工要点分三个部分注意

（1）混凝土制作与灌注部分

1）混凝土的塌落度扩大头部分以 40 ~ 60mm 为宜，桩身部分以 100 ~ 140mm（$d \leqslant 426mm$）及 80 ~ 100mm（$d \geqslant 450mm$）为宜。

2）扩大部分的灌注应严格按夯扩次数和夯扩参数进行。

3）当桩较长或需配置钢筋笼时，桩身混凝土宜分段灌注，混凝土顶面应高出桩顶 0.3 ~ 0.5m。

（2）拔管部分

1）在灌注混凝土之前不得将桩管上拔，以防管内渗水。

2）以含有承压水的砂层作为桩端持力层时，第 1 次拔管高度不宜过大。

3）拔外管时应将内夯管和桩锤压在超灌的混凝土面上，将外管缓慢均匀地上拔，同时将内夯管徐徐下压，直至同步终止于施工要求的桩顶标高处，然后将内外管提出地面。

4）拔管速度要均匀，对一般土层以 1 ~ 2m/min 为宜，在软弱土层中和软硬土层交界处以及扩大头与桩身连接处宜适当放慢。

（4）打桩顺序

要注意打桩顺序的安排应有利于保护已打入的桩不被压坏或不产生较大的桩位偏差。夯扩桩的打桩顺序可参考钢筋混凝土预制桩的打桩顺序。除此之外，还不能忽视对桩管入土深度的控制和挤土效应的重视。

除以上几种常用的桩基础施工技术之外，因为桩基础的分类和成桩的方法很多，以及不同的场地，不同的地质条件等，还有很多种桩基的施工技艺，鉴于篇幅原因，暂不放入此文内讨论，将在以后的学习和工作中，继续探究和累计经验。

三、桩基础施工难点以及问题

在桩基施工技术取得长足进步和巨大成就的同时，也存在不少问题，近年施工事故时有发生，也令人震惊。以下按桩的类型分别对施工中存在的问题作一简述。

（一）钢筋混凝土预制桩

1. 接桩处焊接不可靠，打桩时造成断桩废桩，桩锤能量不足，桩尖打不到标高等。上海浦东近两年发生此类事故多达数十起，其中有 30 余层的高楼，也有国家重点工程，事故的发生除造成数千万元的直接损失外，还使工期拖延 1～2 年，间接损失更大。

2. 预制桩时蒸养升温率过快，以致其后期强度和抗冲击能力不能满足设计要求。

3. 打桩挤土给邻近建筑或工程设施带来危害，本来对此已有较为成熟的预防措施，但有些地方不加注意。

（二）预应力混凝土管桩

较为普遍的问题是上下节桩连接后停置时间过长，以致续打困难，强行打入则很容易将桩顶打坏。据统计资料，广东有的工地此类坏桩率达 40% 以上。此外，上述预制桩施工存在的问题，预应力管桩也时有发生。

（三）沉管灌注桩

常发生布桩过密、盲目追求打桩速度，或因打桩工艺流程不合理或拔管速度过快而造成的缩颈、位移、断桩、废桩及土体隆起。江苏连云港曾连续发生多起此类事故，有的断桩率高达 70%～100%，以致大面积补桩或不得不将全部桩报废。山东潍坊、浙江杭州等地也有类似情况发生。

（四）钻孔桩、冲孔桩和挖孔桩

常见的事故是孔壁坍塌、桩身缩颈或膨胀、混凝土离析分层、孔底沉渣超标等。近年来由于采取了调整泥浆比重、实施压力灌浆等措施，使情况有所改善，挖孔桩也基本做到了安全施工。用此类桩组成排桩作基坑支护时，由于桩身质量差或计算有误等原因造成桩断坍塌的事故并非偶见。

（五）对上述事故的剖析

上述事故的发生，除了设计不周、地质不详等原因之外，从施工角度考虑，主要原因有二。

其一是各种桩型本身都难免有某些潜在的薄弱环节，施工者对之事先未加防护或认真对待。

其二是施工时掉以轻心，操作不当，管理不严。

归根结底，是由于施工队伍的素质（包括思想、文化、专业及职业道德）跟不上形势的需要。实践证明，对于一支素质优良的施工队伍，即使设计、地质或桩型本身有问题，也能防患于未然。因此，当务之急是全面提高桩基施工队伍的素质，以迎接更艰巨的任务。

第三章　砌体工程

第一节　砌体材料

一、砌体材料

砌体是由块体和砂浆砌筑而成的整体材料。块体和砂浆的强度等级是根据其抗压强度而划分的，是确定砌体在各种受力状态下强度的基础数据。块体强度等级以符号"MU"（Masonry Unit）表示，砂浆强度等级以符合"M"（Mortar）表示，对于混凝土小型空心砌块砌体，砌筑砂浆的强度等级以符合"Mb"表示，灌孔混凝土的强度等级以符号"Cb"表示（其中的符号"b"指的是 block）。

（一）块体

块体分为砖、砌块和石材三大类。砖和砌块通常是按块体的高度尺寸划分的，块体高度小于 180mm 的称为砖，大于 180mm 的称为砌块。

1. 砖

我国目前用作承重砌体结构的砖有烧结普通砖、烧结多孔砖和非烧结硅酸盐砖等。

（1）烧结普通砖

烧结普通砖又称黏土砖，是由黏土、煤矸石、页岩或粉煤灰为主要原料，经过焙烧而成的实心或空洞率不大于 15% 且外形尺寸符合规定的砖。目前，我国生产的烧结普通砖统一规格为 240×115×53mm（长 × 宽 × 高），实心黏土砖的重力密度为 16 ~ 18kN/m³，实心硅酸盐砖的重力密度为 14 ~ 15kN/m³。

烧结普通砖的强度可以满足一般结构的要求，且耐久性、保温隔热性好，生产工艺简单，砌筑方便，故在建筑工程中被广泛应用。多用作砌筑单层及多层房屋的承重墙、基础、隔墙和过梁，以及构筑物中的挡土墙、水池和烟囱等，同时还适用于作为潮湿环境及承受较高温度的砌体。但是，由于生产黏土砖毁坏农田土地，浪费资源，我国许多省、市已禁止使用烧结普通黏土砖。

（2）烧结多孔砖

烧结多孔砖的外形尺寸，按《烧结多孔砖和多孔砌块》（GB 13544 — 2011）规定，长度（L）可分为290mm、240mm、190mm，宽度（B）可分为240mm、190mm、180mm、175mm、140mm、115mm，高度（H）一般为90mm。产品还可以有1/2长度或1/2宽度的配砖配套使用，有的多孔砖可与烧结普通砖搭配使用。

目前最常用的烧结多孔砖规格有：

KM1型：$190 \times 190 \times 90$；其配砖尺寸：$190 \times 90 \times 90$。

KP1型：$240 \times 115 \times 90$。

KP2型：$240 \times 180 \times 115$。

KP1和KP2配砖尺寸：$240 \times 115 \times 115$，或$180 \times 115 \times 115$。

（3）非烧结硅酸盐砖

以硅质材料和石灰为主要原料压制成坯并经高压蒸汽养护而成的实心砖统称为硅酸盐砖。常用的有蒸压灰砂砖、蒸压粉煤灰砖、炉渣砖、矿渣砖等，其规格尺寸同烧结普通砖。

蒸压灰砂砖是以石灰和砂为主要原料，经坯料制备、压制成型、蒸压养护而成的实心砖，简称灰砂砖。用料中石英砂占80%～90%，石灰占10%～20%，色泽一般为灰白色。这种砖不能用于温度长期超过200℃，受急冷、急热或有酸性介质侵蚀的建筑部位。

蒸压粉煤灰砖是以粉煤灰、石灰为主要原料，掺加适量石膏和集料，经坯料制备、压制成型、高压蒸汽养护而成的实心砖，简称粉煤灰砖。这种砖的抗冻性、长期强度稳定性以及防水性能等均不及普通砖，可用于一般建筑结构的砌筑。

炉渣砖又称煤渣砖，是以炉渣为主要原料，掺配适量的石灰、石膏或其他碱性激发剂，经加水搅拌、消化、轮碾和蒸压养护而成。这种砖的耐热温度可达300℃，能基本满足一般建筑的使用要求。

矿渣砖是以未经水淬处理的高炉矿渣为主要原料，掺配一定比例的石灰、粉煤灰或煤渣，经过原料制备、搅拌、消化、轮碾、半干压成型以及蒸汽养护等工序制成。这种砖不能用于温度超过200℃，受急热、急冷或有酸性介质侵蚀的建筑部位，也不宜用于砌筑炉壁、烟囱之类承受高温的砌体。

2. 砌块

砌块一般指混凝土空心砌块、加气混凝土砌块以及硅酸盐实心砌块，此外，还有用黏土、煤矸石等为原料，经焙烧而制成的烧结空心砌块。

砌块按尺寸大小可分为小型、中型和大型三种，我国通常把砌块高度为180～350mm的称为小型砌块，高度为360～900mm的称为中型砌块，高度大于900mm的称为大型砌块，混凝土空心砌块的重力密度一般在12～18kN/m³之间。

我国目前在承重墙体材料中使用最为普遍的是混凝土小型空心砌块，它是由普通混凝土或轻集料混凝土制成，主要规格尺寸为$390 \times 190 \times 190$mm，空心率一般在25%～50%之间，一般简称为混凝土砌块或砌块。小型砌块使用灵活，采用不同的砌筑方法可以在立面和平面上排列出不同的组合，使墙体符合使用要求，并能满足砌块的搭接要求。但小型砌块比普通砖重，手工劳动强度大，中型和大型砌块则需要吊装机械。采用较大尺寸的砌块代替小块砖砌筑砌体，可减轻劳动量并可加快施工进度，是墙体材料改革的一个重要方向。由于砌块的尺寸比砖大，砌筑时能节约砂浆，但空心砌块孔洞率较大，使砂浆和块体的结合较差，因而砌块砌体的整体性和抗剪性能不如普通砖砌体。当砌块使用不当时，也会因砌块干缩而产生干缩裂缝。

3. 石材

石材一般采用重质天然石，如花岗岩、砂岩、石灰岩等，具有强度高、抗冻性好、耐久性好等优点。可作为承重墙体、基础、挡墙等。石材导热系数大，在寒冷及炎热地区不宜作为建筑物外墙。

石材按其加工的外形规则程度分为料石和毛石两大类。

（1）料石

料石按照其加工的外形规则程度不同又可以划分为以下几种：

细料石：通过细加工，外形规则，叠砌面凹入深度不大于10mm，截面的宽度、高度不小于200mm，且不小于长度的1/4。

半细料石：规格尺寸同细料石，叠砌面凹入深度不大于15mm。

粗料石：规格尺寸同上，叠砌面凹入深度不大于20mm。

毛料石：外形大致方正，一般不需加工或稍加工修正，高度不小于200mm，叠砌面凹入深度不大于25mm的石材。

（2）毛石

毛石是形状不规则、中部厚度不小于200mm的块石。

4. 混凝土小型空心砌块灌孔混凝土

混凝土小型空心砌块灌孔混凝土是砌块建筑灌注芯柱、孔洞的专用混凝土，是保证砌块建筑整体工作性能、抗震性能、承受局部荷载的施工配套材料。它是由水泥、集料、水以及根据需要掺入的掺合料和外加剂等组分，按一定比例采用机械搅拌后，用于浇筑混凝土小型空心砌块砌体芯柱或其他需要填实孔洞部位的混凝土。其掺合料主要采用粉煤灰，外加剂包括减水剂、早强剂、促凝剂、缓凝剂、膨胀剂等。混凝土小型空心砌块灌孔混凝土的强度划分为Cb40、Cb35、Cb30、Cb25和Cb20五个等级，相应于C40、C35、C30、C25和C20混凝土的抗压强度指标。这种混凝土的拌和物应均匀、颜色一致，且不离析、不泌水，其塌落度不宜小于180mm。

5. 块体材料的强度等级

根据标准试验方法得到的以"MPa"表示的块体极限抗压强度按规定的评定方法确定的强度值称为该块体的强度等级，用符号"MU"表示。

（1）砖的强度等级

砖的强度等级按试验实测值来进行划分。烧结普通砖、烧结多孔砖的强度等级有

MU30、MU25、MU20、MU15 和 MU10，硅酸盐砖强度等级分为 MU25、MU20、MU15 和 MU10，其中 MU 表示砌体中的块体（Masonry Unit），其后数字表示块体的抗压强度值，单位为 MPa。表 3-1 为烧结普通砖、烧结多孔砖强度等级指标。

表 3-1　烧结普通砖、烧结多孔砖强度等级指标（MPa）

等级强度	抗压强度平均值 $\overline{f} \geqslant$	变异系数 $\delta \leqslant 0.21$	
		抗压强度标准值 $f_k \geqslant$	单块最小抗压强度值 $f_{\min} \geqslant$
MU30	30.0	30.0	25.0
MU25	25.0	18.0	22.0
MU20	20.0	14.0	16.0
MU15	15.0	10.0	12.0
MU10	10.0	6.5	7.5

（2）砌块的强度等级

混凝土空心砌块的强度等级是根据标准试验方法，按毛截面面积计算的极限抗压强度值来划分的。混凝土小型空心砌块的强度等级为 MU20、MU15、MU10、MU7.5 和 MU5 五个等级。

（3）石材的强度等级

由于石材的大小和规格不一，石材的强度等级通常用 3 个边长为 70mm 的立方体试块进行抗压试验，按其破坏强度的平均值而确定。石材的强度划分为 MU100、MU80、MU60、MU50、MU40、MU30 和 MU20 七个等级。试件也可采用表 3-2 所列边长尺寸的立方体，但考虑尺寸效应的影响，应将破坏强度的平均值乘以表内相应的换算系数，以此确定石材的强度等级。

表 3-2　石材强度等级的换算系数

立方体边长（mm）	200	150	100	70	50
换算系数	1.43	1.28	1.14	1	0.86

（二）砂浆

将砖、石、砌块等块体材料黏结成砌体的砂浆即砌筑砂浆，它由胶凝材料、细集料和水配制而成，为改善其性能，常在其中添加掺入料和外加剂。砂浆的作用是将砌体中的单个块体连成整体，并抹平块体表面，从而促使其表面均匀受力，同时填满块体间的缝隙，减少砌体的透气性，提高砌体的保温性能和抗冻性能。

1. 砂浆的种类

砌体中常用的砂浆可分为水泥砂浆、混合砂浆和石灰砂浆三种。水泥砂浆是由水泥、砂和水按一定配合比拌制而成，混合砂浆是在水泥砂浆中加入一定量的熟化石灰膏拌制成的砂浆，而石灰砂浆是用石灰与砂和水按一定配合比拌制而成的砂浆。工程上常用的砂浆为水泥砂浆和混合砂浆，临时性砌体结构砌筑时多采用石灰砂浆。对于混凝土小型空心砌块砌体，应采用由胶结料、细集料、水及根据需要掺入的掺合料及外加剂等组分，按照一定比例，采用机械搅拌的专门用于砌筑混凝土砌块的砌筑砂浆。砂浆稠度、分层度和强度均需达到规定的要求。砂浆稠度是评判砂浆施工时和易性（流动性）的主要指标，砂浆的分层度是评判砂浆施工时保水性的主要指标。为改善砂浆的和易性，可加入石灰膏、电石膏、粉煤灰及黏土膏等无机材料作为掺合料，为提高和改善砂浆的力学性能或物理性能，还可以掺入外加剂。

2. 砂浆的强度等级

砂浆的强度等级用边长为 70.7mm 的立方体试块进行抗压试验，每组为 6 块，按其破坏强度的平均值而确定。砌筑砂浆的强度等级为 M15、M10、M7、M5 和 M2.5。其中 M 表示砂浆（Mortar），其后数字表示砂浆的强度大小（单位为 MPa）。混凝土小型空心砌块砌筑砂浆的强度等级用 Mb 标记，以区别于其他砌筑砂浆，其强度等级有 Mb30、Mb25、Mb20、Mb15、Mb10、Mb7.5 和 Mb5，其后数字同样表示砂浆的强度大小（单位为 MPa）。当验算施工阶段砂浆尚未硬化的新砌体强度时，可按砂浆强度为零来确定其砌体强度。

3. 对砂浆的质量要求

总体而言，对砌体所用砂浆的基本要求为：

（1）在强度及抵抗风雨侵蚀方面，砂浆应符合砌体强度及建筑物耐久性要求；

（2）砂浆的可塑性应保证砂浆在砌筑时能很容易且较均匀地铺开，以提高砌体强度和施工劳动效率；

（3）砂浆应具有足够的保水性。

二、砌体的种类

砌体结构是指用砖砌体、石砌体或砌块砌体建造的结构。砌体可按照所用材料、砌法以及在结构中所起作用等方面的不同进行分类。根据配筋情况，砌体结构可分为无筋砌体和配筋砌体两大类。

（一）无筋砌体

按照所用材料不同无筋砌体可分为砖砌体、砌块砌体和石砌体。

1. 砖砌体

由砖和砂浆砌筑而成的整体材料称为砖砌体。在房屋建筑中，砖砌体常用作一般单层和多层工业与民用建筑的内外墙、柱、基础等承重结构以及多高层建筑的围护墙与隔墙等自承重结构等。

实心砖砌体墙常用的砌筑方法有一顺一丁、梅花丁、三顺一丁等组合方式。标准尺寸的普通砖砌体可以砌成厚度为120mm（半砖）、240mm（一砖）、370mm（一砖半）、490mm（两砖）及620mm（两砖半）等的墙体。为了节约材料，墙厚也可以按1/4砖进位。此时，部分砖侧砌，以构成厚度为180mm、300mm和420mm等厚度的墙体。采用目前国内常用几种规格的多孔砖可以砌成厚度为90mm、180mm、240mm、290mm及390mm等的墙体，试验表明，这些厚度的墙体的强度是符合要求的。

2. 砌块砌体

砌块砌体是由砌块和砂浆砌筑而成的整体，目前国内外常用的砌块砌体以混凝土空心砌块砌体为主，其中包括以普通混凝土为块体材料的混凝土空心砌块砌体和以轻骨料混凝土为块体材料的轻骨料混凝土空心砌块砌体。

砌块砌体根据块体尺寸可分为小型砌块砌体、中型砌块砌体和大型砌块砌体，按砌块体料可分为混凝土砌块砌体、轻骨料混凝土砌块砌体、加气混凝土砌块砌体和粉煤灰砌块砌体。

3. 石砌体

由天然石材和砂浆砌筑而成的整体材料称为石砌体。石砌体分为料石砌体、毛石砌体和毛石混凝土砌体。在产石区，采用石砌体比较经济。在工程中，石砌体主要用作受压构件，如一般民用建筑的承重墙、柱和基础。料石砌体和毛石砌体用砂浆砌筑，毛石混凝土砌体由混凝土和毛石交替铺砌而成。毛石混凝土砌体砌筑方便，在基础工程中应用较多，也常用于建造挡土墙等。

石砌体中石材的强度利用率很低，这是由于石材加工困难，即使是料石，其表面也难以平整。石砌体的抗剪强度也较低，抗震性能较差。但是用石材建造的砌体结构物具有很高的抗压强度，良好的耐磨性和耐久性，且石砌体表面经加工后美观且富于装饰性。利用石砌体具有永久保存的可能性，人们用它来建造重要的建筑物和纪念性的构筑物。另外，石砌体中的石材资源分布广，蕴藏量丰富，便于就地取材，生产成本低，故古今中外在修建城垣、桥梁、房屋、道路和水利等工程中多有应用。

（二）配筋砌体

为提高砌体强度、减少其截面尺寸、增加砌体结构（或构件）的整体性，可采用配筋砌体。配筋砌体可分为配筋砖砌体和配筋砌块砌体。配筋砖砌体又可分为网状配筋砖砌体、组合砖砌体、砖砌体和钢筋混凝土构造柱组合墙。配筋砌块砌体又可分为约束配筋砌块砌体和均匀配筋砌块砌体。

1. 网状配筋砌体

网状配筋砌体又称横向配筋砌体，在砖砌体的水平灰缝内配置钢筋网片，主要用以提高砌体的抗压承载力，一般在轴心受压和偏心距较小的受压构件中应用。横向配筋砌体的另一种形式是在墙体的水平灰缝内配置水平钢筋，用以提高砌体的抗剪承载力，但为了充分发挥水平钢筋的作用，它们往往与竖向配筋同时使用而构成复合配筋砌体。

2. 组合砌体

组合砌体是由砖砌体和钢筋混凝土面层或钢筋砂浆面层组成的砌体。钢筋混凝土或砂浆面层设置在垂直于弯矩作用方向的两侧，用以提高构件的抗弯能力，其主要用于偏心距较大的受压构件。

在国外，组合砌体还用作抗侧力剪力墙，先在两侧砌筑墙体作为模板，然后在中间的空腔内灌注配有竖向和横向钢筋的混凝土墙片，其受力性能与钢筋混凝土剪力墙相近。

3. 复合配筋砌体

复合配筋砌体是指在块体的竖向孔洞内设置钢筋混凝土芯柱，在水平灰缝内配置水平钢筋所形成的砌体，这类砌体可有效地提高墙体的抗弯和抗剪能力。

4. 约束配筋砌体和均匀配筋砌块砌体

约束配筋砌块砌体是仅在砌块砌体的转角、接头部位及较大洞口的边缘设置竖向钢筋，并在这些部位设置一定数量的钢筋网片，主要用于中、低层建筑。

均匀配筋砌块砌体是在砌块墙体上下贯通的竖向孔洞中插入竖向钢筋，并用灌孔混凝土灌实，使竖向和水平钢筋与砌体形成一个共同工作的整体，故又称配筋砌块剪力墙，可用于大开间建筑和中高层建筑。

三、砌体的受压

（一）砌体受压破坏特征

1. 砌体受压破坏情况

经试验研究表明，砌体轴心受压从加载直到破坏，按照裂缝的出现、发展和最终破坏，大致经历三个阶段。

第一阶段：从砌体开始受压，到出现第一条（批）裂缝。在此阶段，随着压力的增大，单块砖内产生细小裂缝，但就砌体而言，多数情况没有裂缝。如不再增加压力，单块砖内的裂缝亦不再变化。根据国内外的试验结果，砖砌体内产生第一批裂缝时的压力约为破坏时压力的 50% ~ 70%。

第二阶段：随着压力的增加，单块砖内裂缝不断发展，并沿竖向通过若干皮砖，在砖体内逐渐连接成一段段的裂缝。此时，即使压力不再增加，裂缝仍会继续发展，砌体已临近破坏，处于十分危险的状态。其压力约为破坏时压力的80%～90%。

第三阶段：压力继续增加，砌体内裂缝迅速加长加宽，最后使砌体形成小柱体（个别砖可能被压碎）而失稳，整个砌体亦随之破坏。以破坏时压力除以砌体横截面面积所得的应力称为该砌体的极限强度。

砌体的标准试件尺寸为$240 \times 370 \times 720mm$，砖的强度为10MPa，砂浆强度为2.5MPa，实测砌体抗压强度为2.4MPa。在砌体试验时，测得的砌体强度是远低于块体的抗压强度，这是因为其砌体中单个块体所处的复杂应力状态所造成的。

2. 砌体受压时应力状态分析

（1）单块砖处于复杂应力状态

由于砌体中的块体材料本身的形状不完全规则平整、灰缝的厚度不一定均匀饱满密实，故使得单个块体材料在砌体内受压不均匀，且在受压的同时还处于受弯和受剪状态。由于砌体中的块体的抗弯和抗剪的能力一般都较差，故砌体内第一批裂缝首先出现在单个块体材料内。

（2）砌体横向变形时砖和砂浆的交互作用

当砌体受压时，由于砌块与砂浆的弹性模量及横向变形系数并不同，砌体中块体材料的弹性模量一般均比强度等级低的砂浆的弹性模量大。在砌体受压时块体的横向变形将小于砂浆的横向变形，但由于砌体中砂浆的硬化黏结，块体材料和砂浆间存在切向黏结力，在此黏结力作用下，块体将约束砂浆的横向变形，而砂浆则有使块体横向变形增加的趋势，并由此在块体内产生拉应力，故而单个块体在砌体中处于压、弯、剪及拉的复合应力状态，其抗压强度降低。相反砂浆的横向变形由于块体的约束而减小，因而砂浆处于三向受压状态，抗压强度提高。由于块体与砂浆的这种交互作用，使得砌体的抗压强度比相应块体材料的强度要低很多。

（3）弹性地基梁的作用

砖内受弯剪应力的大小不仅与灰缝厚度和密实性的不均匀有关，而且还与砂浆的弹性性质有关。每块砖可视为作用在弹性地基上的梁，其下面的砖体即为弹性"地基"。地基的弹性模量愈小，砖的弯曲变形愈大，砖内发生的弯剪应力愈高。

（4）竖向灰缝上的应力集中

砌体的竖向灰缝不饱满、不密实，易在竖向灰缝上产生应力集中，同时竖向灰缝内的砂浆和砌块的黏结力也不能保证砌体的整体性。因此，在竖向灰缝上的单个块体内将产生拉应力和剪应力的集中，从而加快块体的开裂，引起砌体强度的降低。

混凝土小型空心砌块砌体轴心受压时，按照裂缝的出现、发展和破坏特点，也如普通砖砌体那样，可划分为三个受力阶段。但对于空心砌块砌体来说，由于孔洞率大，砌体各壁较薄，对于灌孔的砌块砌体，还涉及块体与芯柱的共同作用，使其砌体的破坏特征较普通砖砌体破坏特征仍有所区别，主要表现在以下几方面：

1）在受力的第一阶段，砌体内往往只产生一条裂缝，且裂缝较细。由于砌块的高度较普通砖的高度大，第一条裂缝通常在一块砌体的高度内贯通。

2）对于空心砌块砌体，第一条竖向裂缝常在砌体宽面上沿砌块孔边产生，即砌块孔洞角部肋厚度减小处产生裂缝。随着压力的增加，沿砌块孔边或沿砂浆竖缝产生裂缝，并在砌体窄面上产生裂缝，此裂缝大多位于砌块孔洞中部，也有的发生在孔边。砌块砌体最终往往因裂缝骤然加宽而破坏，砌块砌体破坏时裂缝数量较普通砖砌体破坏时的裂缝数量要少得多，砌块砌体内产生第一批裂缝时的压力约为破坏时压力的50%。

3）对于灌孔砌块砌体，随着压力的增加，砌块周边的肋对混凝土芯体有一定的横向约束。这种约束作用与砌块和芯体混凝土的强度有关，当砌块抗压强度远低于芯体混凝土的抗压强度时，第一条竖向裂缝常在砌块孔洞中部的肋上产生，随后各肋均有裂缝出现，砌块先于芯体开裂。当砌块抗压强度与芯体混凝土抗压强度接近时，砌块与芯体均产生竖向裂缝，表明砌块与芯体共同工作较好。随着芯体混凝土横向变形的增大，砌块孔洞中部肋上的竖向裂缝加宽，砌块的肋向外崩出，导致砌体完全破坏。破坏时芯体混凝土有多条明显的纵向裂缝，灌孔砌块砌体内产生第一批裂缝时的压力约为破坏时压力的60%。

在毛石砌体中，毛石和灰缝的形状不规则，砌体的匀质性较差，出现第一批裂缝时压力的相对比值更小，它约为破坏时压力的30%，且砌体内产生的裂缝不如砖砌体那样有规律地分布。

（二）影响砌体抗压强度的因素

通过对砖砌体在轴心受压时的受力分析及试验结果表明，影响砌体抗压强度的主要因素有：

1. 块体和砂浆强度的影响

块体和砂浆强度是影响砌体抗压强度的主要因素，砌体强度随块体和砂浆强度的提高而提高。对提高砌体强度而言，提高块体强度比提高砂浆强度更有效。一般情况下，砌体强度低于块体强度。当砂浆强度等级较低时，砌体强度高于砂浆强度；当砂浆强度等级较高时，砌体强度低于砂浆强度。

2. 块体的表面平整度和几何尺寸的影响

块体表面愈平整，灰缝厚薄愈均匀，砌体的抗压强度可提高。当块体翘曲时，砂浆层严重不均匀，将产生较大的附加弯曲应力使块体过早破坏。块体高度大时，其抗弯、抗剪和抗拉能力增大；块体较长时，在砌体中产生的弯剪应力也较大。

3. 砂浆的流动性、保水性及弹性模量的影响

砂浆的流动性大与保水性好时，容易铺成厚度和密实性较均匀的灰缝，因而可减少单块砖内的弯剪应力而提高砌体强度。纯水泥砂浆的流动性较差，所以同一强度等级的混合

砂浆砌筑的砌体强度要比相应纯水泥砂浆砌体高。砂浆弹性模量的大小对砌体强度也具有决定性的作用，当砖强度不变时，砂浆的弹件模量决定其变形率，而砖与砂浆的相对变形大小影响单块砖的弯剪应力及横向变形的大小，因此砂浆的弹性模量越大，相应砌体的抗压强度越高。

4. 砌筑质量的影响

砌体砌筑时水平灰缝的厚度、饱满度、砖的含水率及砌筑方法，均影响到砌体的强度和整体性。水平灰缝厚度应为 8 ~ 12mm（一般宜为 10mm），水平灰缝饱满度应不低于 80%；砌体砌筑时，应提前将砖浇水湿润，含水率不宜过大或过低（一般要求控制在10% ~ 15%）；砌筑时砖砌体应上下错缝，内外搭接。

此外，对砌体抗压强度的影响因素还有龄期、竖向灰缝的填满程度、试验方法等，在此不再详述。

（三）砌体的抗压强度计算

长期以来经过对大量砌体抗压强度的试验研究，从中总结出适用于各类砌体结构的抗压强度平均值计算公式：

$$f_m = k_1 f_1^{\alpha} (1 + 0.07 f_2) k_2$$

式中　　f_m——砌体抗压强度平均值（MPa）；

f_1——块材抗压强度平均值（MPa）；

f_2——砂浆抗压强度平均值（MPa）；

k_1——与块体类别有关的参数；

k_2——砂浆强度影响参数；

α——与块体厚度有关的参数。

式中各计算参数的取值见表 3-3。

表 3-3　各类砌体轴心抗压强度平均值的计算参数

砌体种类	k_1	α	k_2
烧结普通砖、烧结多孔砖、蒸压灰砂砖、蒸压粉煤灰砖	0.78	0.5	当 $f_2 < 1$ 时，k_2=0.6+0.4f_2
混凝土砌块	0.46	0.9	当 $f_2 = 0$ 时，k_2=0.8
毛料石	0.79	0.5	当 $f_2 < 1$ 时，k_2=0.6+0.4f_2
毛石	0.22	0.5	当 $f_2 < 2.5$ 时，k_2=0.4+0.24f_2

注：k_2 在表中所列条件以外时均等于1；混凝土砌块砌体的轴心抗压强度平均值，当要求 $f_2 > 10$MPa 时，应乘系数（1.1 ~ 0.01f_2），以降低砂浆的影响，且满足 $f_1 \geq f_2$，$f_1 \leq 20$MPa。当为 MU20 的砌块时还应乘系数 0.95。

公式的特点是：

1. 对各类砌体，公式的形式比较一致。

2. 物理概念明确。例如砖、毛料石和毛石砌体，由于 α 相同，砖石在砌体中强度的利用系数顺序为毛料石、砖、毛石；且 α 越大，表示其在砌体中强度的利用愈多。

3. 引入 k_2 以考虑低强度砂浆时砌体强度的进一步降低，因为如前面所述低强度砂浆时，其变形率较大，同时还可能在块体内引起横向拉应力，这些对砌体抗压强度都将是不利的。

4. 与国际标准比较接近，与试验结果符合较好。

当单排孔混凝土砌块、对孔砌筑并灌孔的砌体，空心砌块砌体与芯柱混凝土共同工作时，可以有较地提高砌体的抗压强度。按应力叠加方法并考虑灌孔率的影响，灌孔砌块砌体抗压强度平均值可按下式计算：

$$f_{g,\,m} = f_m + 0.94 \frac{A_c}{A} f_{c,\,m}$$

式中　　$f_{g,\,m}$ —灌孔砌块砌体抗压强度平均值；

　　　　$f_{c,\,m}$ —混凝土的轴心抗压强度平均值；

　　　　f_m —空心砌块砌体抗压强度平均值；

　　　　A_c —灌孔混凝土截面面积；

　　　　A —砌体截面面积。

四、砌体的受拉、受弯和受剪

（一）砂浆和块体的黏结强度

在实际工程中，砌体主要承受压力，但有时也用来承受轴心拉力、弯矩和剪力。与砌体的抗压强度相比砌体的轴心抗拉、弯曲抗拉及抗剪强度很低。抗压强度主要取决于块体的强度，而在大多数情况下，受拉、受弯和受剪破坏一般均发生于砂浆和块体的连接面上，因此抗拉、抗弯和抗剪强度将决定于灰缝强度，亦即决定于灰缝中砂浆和块体的黏结强度。根据力的作用方向，黏结强度分为两类：法向黏结强度 S 和切向黏结强度 T。大量试验表明，法向黏结强度很低，一般不足切向黏结强度的二分之一，而且往往不易保证。由于黏结力与块体表面特征及其清洁程度以及块体本身干湿（含水）程度等许多因素有关，因而黏结强度的分散性亦较大。在正常情况下黏结强度值与砂浆强度 f_2 有关。

应当指出，砌体的竖向灰缝一般不能很好地填满砂浆，同时砂浆硬化时的收缩大大削弱，甚至完全破坏了块体与砂浆的黏结。水平灰缝的情况就不同，当砂浆在其硬化过程中收缩时，砌体发生不断的沉降，灰缝中砂浆和块体的黏结并未破坏，而且不断地有所增长。因此，在计算中仅考虑水平灰缝中的黏结力，而不考虑竖向灰缝的黏结力。

（二）砌体的轴心受拉

1. 砌体轴心受拉破坏特征

砌体轴心受拉时，依据拉力作用于砌体的方向，有三种破坏形态。即可分为沿齿缝截面破坏、沿块体与竖向灰缝截面破坏以及沿通缝截面破坏三种形态。受拉构件的三种破坏形式：块体沿竖向灰缝破坏、齿缝（灰缝）破坏、通缝截面的受拉破坏。

当切向黏结强度低于块体的抗拉强度时，则砌体将沿水平和竖向灰缝成齿形或阶梯形破坏，也即沿齿缝破坏。这时，砌体的抗拉能力主要是由水平灰缝的切向黏结力提供（竖向灰缝不考虑参加受力）。这样，砌体的抗拉承载力实际上取决于破坏截面上水平灰缝的面积，也即与砌筑方式有关。一般是按块体的搭砌长度等于块体高度的情况确定砌体的抗拉强度，如果搭砌长度大于块体高度（如三顺一丁砌筑时），则实际抗拉承载力要大于计算值，但因设计时不规定砌筑方式，所以，不考虑其提高。反之，如果有的砌体搭砌长度小于块体高度，则其砌体抗拉强度应乘以两者的比值予以折减。

当切向黏结力高于块体的抗拉能力时，则砌体可能沿块体和竖向灰缝破坏。此时，砌体的抗拉能力完全取决于块体本身的抗拉能力（竖向灰缝不考虑）。所以，实际抗拉截面积只有砌体受拉截面积的一半，一般为了计算方便仍取全部受拉截面积，但强度以块体抗拉强度的一半计算。

砌体的抗拉强度，计算时应取上述两种强度的较小值。

2. 砌体轴心抗拉强度平均值计算公式

规范规定砌体轴心抗拉强度平均值可按下面公式计算：

$$f_{t,\,m} = k_3 \sqrt{f_2}$$

式中的 f_2 为砂浆的抗压强度平均值（MPa），k_3 为砌体类别有关的参数，其取值见表 3-4。

表 3-4　砌体轴心抗拉、抗弯和抗剪强度的计算系数

砌体种类	k_3	k_4		k_5
		沿齿缝	沿通缝	
烧结普通砖、烧结多孔砖	0.141	0.250	0.125	0.125
蒸压灰砂砖、蒸压粉煤灰砖	0.09	0.18	0.09	0.09
混凝土砌块	0.069	0.081	0.056	0.069
毛石	0.075	0.113	—	0.188

（三）砌体的弯曲受拉

1. 砌体弯曲受拉破坏特征

砌体受弯时，总是在受拉区发生破坏，其和轴心受拉破坏类似也有三种破坏形式。砌体在水平方向弯曲时，有两种破坏可能：沿齿缝截面破坏，以及沿块体和竖向灰缝破坏。砌体在竖向弯曲时，应采用沿通缝截面的弯曲抗拉强度。和受拉情况一样，这两种破坏取其较小的强度值进行计算。

2. 砌体弯曲抗拉强度平均值计算公式

规范规定砌体弯曲抗拉强度平均值按下面公式计算：

$$f_{tm,\,m} = k_4 \sqrt{f_2}$$

式中的 f_2 为砂浆的抗压强度平均值（MPa），k_4 为砌体类别有关的参数，其取值见表3-4。

（四）砌体的受剪

1. 砌体受剪时破坏特征

砌体受剪时，根据构件的实际破坏情况可分为通缝抗剪、齿缝抗剪和阶梯形缝抗剪。其中沿阶梯形缝破坏是地震中墙体最常见的破坏形式，块体和竖向灰缝的破坏不但很少遇到，且其承载力往往将由其上皮砌体的弯曲抗拉强度来决定。所以《砌体结构设计规范》仅仅规定了上面三种抗剪强度，根据试验这三种抗剪强度基本一样。

通缝抗剪强度是砌体的基本强度指标之一，因此砌体沿灰缝受拉、受弯破坏都和抗剪强度有关系。

2. 砌体抗剪强度平均值计算公式

规范规定砌体抗剪强度平均值按下面公式计算：

$$f_{v,\,m} = k_5 \sqrt{f_2}$$

式中的 f_2 为砂浆的抗压强度平均值（MPa），k_5 为砌体类别有关的参数，其取值见表3-4。

对于灌孔混凝土砌块砌体，除了与砂浆强度有关外，还主要受到灌孔混凝土强度的影响。根据试验结果，灌孔混凝土砌块砌体抗剪强度平均值 $f_{vg,\,m}$ 以灌孔混凝土砌块砌体抗压强度表达，即：

$$f_{vg,\,m} = 0.32 f_{g,\,m}^{0.55}$$

其中，灌孔混凝土砌块砌体抗压强度平均值 $f_{g,\,m}$ 按公式计算。

第二节　砌体施工工艺

一、施工准备

（一）材料

1. 砖

防火隔墙和防火墙采用强度等级不低于 A5.0 蒸压加气混凝土砌块，砌筑砂浆采用强度等级不低于 Ma5.0；厕所、盥洗间、消防泵房、废水泵房、电缆引入室、电缆井道、污水泵房、强弱电房的墙体、墙壁挂重物的房间墙体及公共区的隔墙采用强度等级不低于 MU15 蒸压灰砂砖，墙体砌筑砂浆采用强度等级不低于 M10。

2. 混凝土

圈、过梁、构造柱、地梁采用 C25 商品混凝土。

3. 钢筋

圈、过梁、构造柱、拉结筋采用 HPB300 级、HRB400 级钢筋。

（二）作业条件

1. 地梁浇筑和格构柱钢筋已经施工完毕；

2. 砌体砌筑前应调配砂浆，蒸压灰砂砖砌体砂浆的黏稠度 50 ~ 70mm，蒸压加气混凝土砌块砌体砂浆的黏稠度 60 ~ 80mm；

3. 蒸压灰砂砖在砌筑前 1 ~ 2 天应浇水湿润，湿润后蒸压灰砂砖含水率宜为40% ~ 50%。严禁采用干砖或处于吸水饱和状态的砖砌筑。

4. 蒸压加气混凝土砌块在砌筑当天对砌块砌筑面喷水湿润，蒸压加气混凝土砌块的相对含水率 40% ~ 50%。

5. 砌体施工应弹好建筑物的主要轴线及砌体的砌筑控制边线，经技术部门进行技术复线，检查合格，方可施工。

6. 砌体施工：应设置皮数杆，并根据设计要求，砖块规格和灰缝厚度在皮数杆上标明皮数及竖向构造的变化部位；

7. 根据皮数杆最下面一层砖的标高，可用拉线或水准仪进行抄平检查，如砌筑第一皮砖的水平灰缝厚度超过 20mm 时，应先用细石混凝土找平，严禁在砌筑砂浆中掺填砖碎或用砂浆找平，更不允许采用两侧砌砖、中间填心找平的方法。

二、工艺流程

弹线→找平→立皮数杆→排砖→盘角→挂线→砌筑及放预埋件→勾缝。

三、操作工艺

（一）拌制砂浆

1. 根据图纸要求购买专用干粉砂浆，人工加水拌和。

2. 砂浆应随拌随用，水泥砂浆和水泥混合砂浆必须分别在拌成后 3h 和 4h 内使用完毕。

（二）组砌方法

1. 砖墙厚度在一砖或一砖以上，可采用一顺一丁、梅花丁或三顺一丁的砌法。砖墙厚度 3/4 砖时，采用两平一侧的砌法。砖墙厚度 1/2 砖或 1/4 砖时，采用全顺砌法。

2. 砖墙（砖砌体）砌筑应上下错缝，内外搭砌，灰缝平直，砂浆饱满，水平灰缝厚度和竖向灰缝宽度一般为 10mm，但不应小于 8mm，也不应大于 12mm。

3. 砖墙的转角处和交接处应同时砌筑，对不能同时砌筑而又必须留置的临时间断处应砌成斜槎，实心砖墙的斜槎长度不应小于高度的 2/3。如临时间断处留斜槎确有困难时，除转角处外，也可留直槎，但必须做成阳槎，并加设拉结筋，拉结筋的数量按每 12cm 墙厚放置一条直径 6mm 的钢筋，间距沿墙高不得超过 50cm，埋入长度为墙体通长，末端应有 90° 弯钩。

注：抗震设防地区建筑物的临时间断处不得留直槎。

4. 隔墙和填充墙的顶面与上部结构接触处宜用侧砖或立砖斜砌挤紧。

（三）基础地梁

基础墙砌筑前，基层表面应清扫干净，洒水湿润。立模板浇筑 C25 素砼，混凝土面要高出装修面 100mm。

（四）砖墙砌筑

1. 选砖

砌清水墙应选择棱角整齐、无弯曲裂纹、颜色均匀、规格基本一致的砖。对于那些焙烧过火变色，轻微变形及棱角碰损不大的砖，则应用于不影响外观的内墙或混水墙上。

2. 盘角

砌墙前应先盘角，每次盘角砌筑的砖墙角度不要超过五皮，并应及时进行吊靠，如发现偏差及时修整。盘角时要仔细对照皮数杆的砖层和标高，控制好灰缝大小使水平灰缝均匀一致。每次盘角砌筑后应检查，平整和垂直完全符合要求后才可以挂线砌墙。

3. 挂线

砌筑一砖厚及以下者，采用单面挂线；砌筑一砖半厚及以上者，必须双面挂线。如果长墙几个人同时砌筑共用一条通线，中间应设几个支线点；小线要拉紧平直，每皮砖都要拉线看平，使水平缝均匀一致，平直通顺。

4. 砌砖

砌砖宜采用挤浆法，或者采用"三一"砌砖法。原形一砌砖法的操作要领是一铲灰、一块砖、一挤揉，并随手将挤出的砂浆刮去。操作时砖块要放平、跟线，经常进行自检，如发现有偏差，应随时纠正，严禁事后采用撞砖纠正。砌混水墙应随砌随将溢出砖墙面的灰迹块刮除。

5. 构造柱做法

凡设有钢筋混凝土构造柱的混合结构，在预放墙身轴线及边线时同时按设计图纸施放好柱的平面尺寸，到砌筑时把构造柱的竖钢筋处理顺直，砖墙与构造柱联结处砌成马牙槎；每一马槎沿高度方向的尺寸不宜超过 300mm。砖墙与构造柱之间应沿墙高每 500mm 设置 $2\phi6$ 水平拉接钢筋联结。

6. 过梁

钢筋砖过梁砌筑时所配置的钢筋数量、直径应按设计图纸规定，每端伸入支座的长度不得少于 240mm，端部并有 90° 弯钩埋入墙的竖缝内。

（六）砌块墙的砌筑

1. 砌筑

砌块墙体的砌筑，应从外墙的四角和内外墙的交接处砌起，然后通线全墙面铺开。砌筑时应采用满铺满坐的砌法，满铺砂浆层每边宜缩进砖边 10～15mm（避免砌块坐压砂浆流溢出墙面），用摩擦式夹具吊砌块依照立面排列图就位。待砌块就位平衡并松开夹具后好用垂球或托线板调整其垂直度，用拉线的方法检查其水平度。校正时可用人力轻微推动或用撬杠轻轻撬动砌块。重量在 150kg 以下的砌块可用木槌敲击偏高处，切锯砌块（采用专用工具）补缺工作与安装坐砌紧密配合进行。竖向灰缝可用上浆法或加浆法填塞饱满，随后即通线砌筑墙体的中间部分。

2. 砌块与实心墙柱相接

砌块与实心墙柱相接位置，应按设计图纸规定处理。如设计没规定时，可预留 $2\phi6$ 钢筋作拉结筋，拉结筋沿墙高的间距为 500mm，两端伸入墙（柱）内各不少于 15d。铺浆时将钢筋理直铺平。

3. 砌块墙的加固措施

墙体的加固措施，应按设计图说明进行处理，若设计无明确规定时，当墙体高度大于 4m 时，宜在墙体半高处设置与柱连接且沿墙全长贯通的现浇钢筋混凝土水平系梁，梁截面高度不小于 60mm。构造柱和圈梁应在砌墙后才进行浇注，以加强墙体的整体稳定性。

4. 门窗过梁的构造

填充墙门窗洞口（洞宽 ≥ 300mm 时）顶部应设置钢筋混凝土过梁；洞宽 < 300mm 时，在洞顶设 3ϕ8 钢筋，钢筋长度为 800mm。

当洞口上方有梁通过，且该梁底与门窗洞顶的距离过近、放不下过梁时，可直接在梁下挂板。

当过梁遇柱其搁置长度不满足要求时，柱应预留过梁钢筋。

5. 门窗构造要求

当设备洞口宽度大于 0.5m 时，洞边应设抱框；当门窗洞口宽度大于等于 2.1m 时，洞边应设构造柱。

外墙窗洞下部做法图纸未明确时，可设水平现浇带，截面尺寸为墙厚 60mm，纵筋 2 根 2 级 12 的螺纹钢，横向钢筋直径 6 的圆钢间距 300mm，纵筋应锚入两侧构造柱或与抱框可靠拉结。

6. 砌块墙顶支承预制构件的处理

砌块墙顶需承托预制构件梁、檩条、楼板等时，其上砌筑的灰砂砖墙皮数高度除按设计规定外，顶上的一皮砖应用丁砖砌筑。

7. 当填充墙墙肢长度小于 240mm 无法砌筑时，可采用 C20 混凝土浇筑。

四、施工注意事项

（一）砌体施工质量控制按照《砌体结构工程施工质量验收规范》（GB50203 — 2011）等级要求为 B 级。

（二）设备管道安装完毕后按照《建筑防火封堵应用技术规程》CECS154：2003 对防火墙上的孔洞空隙进行封堵。

（三）施工时如遇到需要增设非标准断面构造柱的特殊情况，请及时与设计院联系。

（四）大型设备运输通道内的墙体可先预留构造柱插筋，待设备就位后施工。构造柱遇设备孔洞时截断，孔洞上下的构造柱纵筋锚入抱框。

（五）小系统通风机房、厕所、消防泵房、污水泵房、废水泵房等有水房间，楼面做 2mm 厚单组份聚氨酯防水涂膜，室内洞口周围做 C25 混凝土防水挡台，高出建筑面层 200mm；消防泵房应设排水沟，有水房间应从门口向地沟或地漏方向找不小于 0.5% 的坡，地面应比门口底 20mm。

（六）厕所墙面做 15mm 厚聚合物水泥基复合防水涂料防水层。

（七）与变电所、配电室、通信和信号机房等重要设备用房紧邻的污水、废水泵房、消防泵房和卫生间等潮湿房间的内墙均两面分层抹 10mm 厚聚合物水泥砂浆，确保其防水性能后，再按装修施工下一道工序。

（八）建筑图纸及沟槽管洞表仅包含结构板及 3m 以下的隔墙孔洞。隔墙孔洞应按综合管线图、环控、给排水、动照等专业施工图预留孔洞尺寸进行施工。各专业施工图如与建筑图有出入，请及时提出协调。施工中各专业应密切配合，沟槽管洞做好预留不得后凿。3m 以上的隔墙待管线敷设完毕后再砌筑并按要求封堵密实。凡涉及大型设备的开孔或安装处，施工单位应待设备厂家确定后，与实际设备尺寸核实后方可施工。

（九）所有涉及水沟穿墙处均预留直径 150mm 镀锌钢管，遇防火墙不能穿，采用反坡处理，注意排水沟挡水槛需与中板同期浇筑。排水沟如遇孔洞，需注意孔洞与排水沟之间做挡水槛进行隔绝。

五、质量标准

（一）主控项目

1. 蒸压灰砂砖和蒸压加气混凝土砌体的强度等级必须符合设计要求。
2. 施工中砌筑的砂浆必须采用 Ma5.0 和 M10。

（二）砖砌体工程一般项目

1. 砖砌体组砌方法应正确，内外搭砌，上、下错缝。清水墙、窗间墙无通缝；混水墙中不得有长度大于 300mm 的通缝，长度 200mm ~ 300mm 的通缝每间不超过 3 处，且不得位于同一面墙体上。砖柱不得采用包心砌法。

2. 砖砌体的灰缝应横平竖直，厚薄均匀。水平灰缝厚度及竖向灰缝宽度宜为 10mm，但不应小于 8mm，也不应大于 12mm。

3. 砖砌体尺寸、位置的允许偏差及检验应符合下表的规定：

表 3-5　砖砌体尺寸、位置的允许偏差及检验

	项目	允许偏差（mm）	检验方法	抽检数量
1	轴线位移	10	用经纬仪和尺或用其他测量仪器检查	承重墙、柱全数检查
2	基础、墙、柱顶面标高	± 15	用水准仪和尺检查	不应小于 5 处

续表

项目			允许偏差（mm）	检验方法	抽检数量
3	墙面垂直度	每层	5	用2m托线板检查	不应小于5处
		全高　10m	10	用经纬仪、吊线和尺或其他测量仪器检查	外墙全部阳角
		全高　10m	20		
4	表面平整度	清水墙、柱	5	用2m靠尺和楔形塞尺检查	不应小于5处
		混水墙、柱	8		
5	水平灰缝平直度	清水墙	7	拉5m线和尺检查	不应小于5处
		混水墙	10		
6	门窗洞口高、宽（后塞口）		±10	用尺检查	不应小于5处
7	外墙下下窗口偏移		20	以底层窗口为准，用经纬仪或吊线检查	不应小于5处
8	清水墙游丁走缝		20	以每层第一皮砖为准，用吊线和尺检查	不应小于5处

（三）混凝土砌体工程一般项目

1. 填充墙砌体尺寸、位置的允许偏差及检验方法应符合下表的规定。

表 3-6　填充墙砌体尺寸、位置的允许偏差及检验方法

序	项目		允许偏差（mm）	检验方法
1	轴线位移		10	用尺检查
2	垂直度（每层）	≤ 3m	5	用2m托线板或吊线、尺检查
		> 3m	10	
3	表面平整度		8	用2m靠尺和楔形尺检查
4	门窗洞口高、宽（后塞口）		± 10	用尺检查
5	外墙上、下窗口偏移		20	用经纬仪或吊线检查

2. 填充墙砌体的砂浆饱满度及检验方法应符合下表的规定。

表 3-7 填充墙砌体的砂浆饱满度及检验方法

砌体分类	灰缝	饱满度及要求	检验方法
空心砖砌体	水平	≥ 80%	采用百格网检查块体底面或侧面砂浆的黏结痕迹面积
	垂直	填满砂浆、不得有透明缝、瞎缝、假缝	
蒸压加气混凝土砌块、轻骨料混凝土小型空心砌块砌体	水平	≥ 80%	
	垂直	≥ 80%	

3. 填充墙留置的拉结钢筋或网片的位置应与块体皮数相符合。拉结钢筋或网片应置于灰缝中，埋置长度应符合设计要求，竖向位置偏差不应超过一皮高度。

4. 砌筑填充墙时应错缝搭砌，蒸压加气混凝土砌块搭砌长度不应小于砌块长度的1/3；轻骨料混凝土小型空心砌块搭砌长度不应小于90mm；竖向通缝不应大于2皮。

5. 填充墙的水平灰缝厚度和竖向灰缝宽度应正确。蒸压加气混凝土砌块砌体当采用水泥砂浆、水泥混合砂浆或蒸压加气混凝土砌块砌筑砂浆时，水平灰缝厚度及竖向灰缝宽度不应超过15mm。

六、施工注意事项

（一）砖墙砌筑

1. 墙身轴线位移

在砌筑操作过程中，没有检查校核砌体的轴线与边线的关系，以及挂准线过长而未能达到平直通光一致的要求。

2. 水平灰缝厚薄不均

在立皮数杆（或框架柱上画水平线）标高不一致，砌砖盘角的时候每道灰缝控制不均匀，砌砖准线没拉紧。

3. 同一砖层的标高差一皮砖的厚度

砌筑前由于基础顶面或楼板面标高偏差过大而没有找平理顺，皮数杆不能与砖层吻合；在砌筑时，没有按皮数杆控制砖的皮数。

4. 混水墙面粗糙

砌筑时半头砖集中使用造成通缝，一砖厚墙背面平直度偏差较大；溢出墙面的灰渍（舌头灰）未刮平顺。

5. 构造柱未按规范砌筑

构造柱两侧砖墙没砌成马牙槎，没设置好拉结筋及从柱脚开始先退后进；当齿深

120mm 时上口一皮没按进 60mm 后再上一皮才进 120mm；落入构造柱内的地灰、砖渣杂物没清理干净。

6. 墙体顶部与梁、板底连接处出现裂缝

砌筑时将墙体顶部与梁板底连接处没有用侧砖或立砖斜砌（60°）顶贴挤紧。

（二）砌块墙砌筑

1. 墙体强度降低出现裂纹

砌筑时将已断裂或零星碎砌块夹杂混砌在墙中或镶砖组砌不合理。

2. 砂浆黏结不牢

砌筑砂浆拌制不合理，或砌块过于干燥，砌筑前没有洒水湿润。

3. 灰缝厚度、宽度不均

砌筑时没挂准线或挂线过长而没收紧，造成水平灰缝厚度不均。砌前没进行排砖试摆，或试摆后在砌筑过程没有经常检查上下皮砖层错缝一致，导致竖向灰缝宽度相差较大。

4. 门窗洞口构造不合理

过梁两端压接部位没按规定砌放混凝土切割小块；门洞顶没加设钢筋混凝土过梁。

5. 砌体不稳定

砌筑时排块及局部做法没按规定排列，构造不合理。拉结钢筋规格、长度没按设计规定位置埋设，墙顶与天花及梁、板底连接不好。

七、成品保护

（一）砖墙砌筑

1. 墙体的拉结钢筋、抗震构造柱钢筋（框架结构柱预留锚固筋）。大模板混凝土墙体与砌砖墙体交接处拉结钢筋及各种预埋件、各种预埋管线等，均应注意保护，严禁任意拆改或损坏。

2. 砂浆稠度应适宜，砌砖操作时应防止砂浆流淌弄脏墙面。

3. 在吊放操作平台脚手架或安装模板时，应防止碰撞已砌结完成后墙体。

4. 砖过梁底部的模板，应在灰缝砂浆强度达到设计规定 50% 以上时，方可拆除。

5. 砖筒拱在养护期内应防止冲击和振动；砖筒拱模板应在保证横向推力不产生有害影响的条件下，方可拆除。

6. 预留有脚手眼的墙面，应用与原墙相同规格和色泽的砖嵌砌严密，不留痕迹。

7. 在垂直运输上落井架进料口周围，应用塑料编织布或木板等遮盖，保持墙面洁净。

（二）砌块墙的砌筑

1. 砌块在装运过程中，应轻装轻放，计算好各房间及各层间数量按规格分别堆放整齐。

2. 搭拆脚手架时应防止碰坏已砌筑完成的墙体和门窗洞口棱角。

3. 墙体砌筑完成后，如需增加留孔洞或槽坑时，开凿后墙体有松动或砌块不完整时，必须立即进行处理补强。

4. 落地砂浆及碎块应及时清除，保持施工场地清净，以免影响下道工序施工。

5. 门框安装后应将门口框两侧从地（楼）面起300～600mm高度范围钉临时铁皮保护，防止推车子时撞损。

第三节　脚手架

脚手架是为了保证各施工过程顺利进行而搭设的工作平台。按搭设的位置分为外脚手架、里脚手架；按材料不同可分为木脚手架、竹脚手架、钢管脚手架；按构造形式分为立杆式脚手架、桥式脚手架、门式脚手架、悬吊式脚手架、挂式脚手架、挑式脚手架、爬式脚手架。

一、发展历程和趋势

20世纪80年代初，我国先后从国外引进门式脚手架、碗扣式脚手架等多种形式脚手架。门式脚手架在国内许多工程中也曾大量应用过，取得较好的效果，由于门式脚手架的产品质量问题，这种脚手架没有得到大量推广应用。在国内又建了一批门式脚手架生产厂，其产品大部分是按外商来图加工。碗扣式脚手架是新型脚手架中推广应用最多的一种脚手架，但使用面还不广，只有部分地区和部分工程中应用。

20世纪90年代以来，国内一些企业引进国外先进技术，开发了多种新型脚手架，如插销式脚手架，CRAB模块脚手架、圆盘式脚手架、方塔式脚手架，以及各种类型的爬架。

至2013年，国内专业脚手架生产企业百余家，主要在无锡、广州、青岛等地。从技术上来讲，我国脚手架企业已具备加工生产各种新型脚手架的能力。但是国内市场还没有形成，施工企业对新型脚手架的认识还不足。

随着我国大量现代化大型建筑体系的出现，扣件式钢管脚手架已不能适应建筑施工发展的需要，大力开发和推广应用新型脚手架是当务之急。实践证明，采用新型脚手架不仅施工安全可靠，装拆速度快，而且脚手架用钢量可减少33%，装拆工效提高两倍以上，施工成本可明显下降，施工现场文明、整洁。

二、特点

不同类型的工程施工选用不同用途的脚手架。桥梁支撑架使用碗扣脚手架的居多，也有使用门式脚手架的。主体结构施工落地脚手架使用扣件脚手架的居多，脚手架立杆的纵距一般为 1.2 ~ 1.8m；横距一般为 0.9 ~ 1.5m。

脚手架与一般结构相比，其工作条件具有以下特点：

（一）所受荷载变异性较大。

（二）扣件连接节点属于半刚性，且节点刚性大小与扣件质量、安装质量有关，节点性能存在较大变异。

（三）脚手架结构、构件存在初始缺陷，如杆件的初弯曲、锈蚀，搭设尺寸误差、受荷偏心等均较大。

（四）与墙的连接点，对脚手架的约束性变异较大。

对以上问题的研究缺乏系统积累和统计资料，不具备独立进行概率分析的条件，对结构抗力乘以小于 1 的调整系数其值系通过与以往采用的安全系数进行校准确定。因此，本规范采用的设计方法在实质上是属于半概率、半经验的。脚手架满足本规范规定的构造要求是设计计算的基本条件。

三、类型

（一）扣件式

1. 优点

（1）承载力较大。当脚手架的几何尺寸及构造符合规范的有关要求时，一般情况下，脚手架的单管立柱的承载力可达 15kN ~ 35kN（1.5tf ~ 3.5tf，设计值）。

（2）装拆方便，搭设灵活。由于钢管长度易于调整，扣件连接简便，因而可适应各种平面、立面的建筑物与构筑物用脚手架。

（3）比较经济，加工简单，一次投资费用较低；如果精心设计脚手架几何尺寸，注意提高钢管周转使用率，则材料用量也可取得较好的经济效果。扣件钢管架折合每平方米建筑用钢量约 15kg。

2. 缺点

（1）扣件（特别是它的螺杆）容易丢失；螺栓拧紧扭力矩不应小于 40N·m，且不应大于 65N·m。

（2）节点处的杆件为偏心连接，靠抗滑力传递荷载和内力，因而降低了其承载能力。

（3）扣件节点的连接质量受扣件本身质量和工人操作的影响显著。

3. 适应性

（1）构筑各种形式的脚手架、模板和其他支撑架。

（2）组装井字架。

（3）搭设坡道、工棚、看台及其他临时构筑物。

（4）作其他种脚手架的辅助，加强杆件。

4. 搭设要求

钢管扣件脚手架搭设中应注意地基平整坚实，设置底座和垫板，并有可靠的排水措施，防止积水浸泡地基。

根据连墙杆设置情况及荷载大小，常用敞开式双排脚手架立杆横距一般为1.05～1.55m，砌筑脚手架步距一般为1.20～1.35m，装饰或砌筑、装饰两用的脚手架一般为1.80m，立杆纵距1.2～2.0m。其允许搭设高度为34～50m。当为单排设置时，立杆横距1.2～1.4m，立杆纵距1.5～2.0m。允许搭设高度为24m。

纵向水平杆宜设置在立杆的内侧，其长度不宜小于3跨，纵向水平杆可采用对接扣件，也可采用搭接。如采用对接扣件方法，则对接扣件应交错布置；如采用搭接连接，搭接长度不应小于1m，并应等间距设置3个旋转扣件固定。

脚手架主节点（即立杆、纵向水平杆、横向水平杆三杆紧靠的扣接点）处必须设置一根横向水平杆用直角扣件扣接且严禁拆除。主节点处两个直角扣件的中心距不应大于150mm。在双排脚手架中，横向水平杆靠墙一端的外伸长度不应大于立杆横距的0.4倍，且不应大于500mm；作业层上非主节点处的横向水平杆，宜根据支承脚手板的需要等间距设置，最大间距不应大于纵距的1/2。

作业层脚手板应铺满、铺稳，离开墙面120～150mm；狭长型脚手板，如冲压钢脚手板、木脚手板、竹串片脚手板等，应设置在三根横向水平杆上。当脚手板长度小于2m时，可采用两根横向水平杆支承，但应将脚手板两端与其可靠固定，严防倾翻。宽型的竹笆脚手板应按其主竹筋垂直于纵向水平杆方向铺设，且采用对接平铺，四个角应用镀锌钢丝固定在纵向水平杆上。

每根立杆底部应设置底座或垫板。脚手架必须设置纵、横向扫地杆。纵向扫地杆应采用直角扣件固定在距底座上皮不大于200mm处的立杆上。横向扫地杆亦应采用直角扣件固定在紧靠纵向扫地杆下方的立杆上。当立杆基础不在同一高度上时，必须将高处的纵向扫地杆向低处延长两跨与立杆固定，高低差不应大于1m。靠边坡上方的立杆轴线到边坡的距离不应小于500mm。

（二）门式钢管

1. 优点

（1）门式钢管脚手架几何尺寸标准化。

（2）结构合理，受力性能好，充分利用钢材强度，承载能力高。

（3）施工中装拆容易、架设效率高，省工省时、安全可靠、经济适用。

2. 缺点

（1）构架尺寸无任何灵活性，构架尺寸的任何改变都要换用另一种型号的门架及其配件。

（2）交叉支撑易在中铰点处折断。

（3）定型脚手板较重。

（4）价格较贵。

3. 适应性

（1）构造定型脚手架。

（2）作梁、板构架的支撑架（承受竖向荷载）。

（3）构造活动工作台。

4. 搭设要求

（1）门式脚手架基础必须夯实，且应做好排水坡，以防积水。

（2）门式脚手架搭设顺序为：基础准备→安放垫板→安放底座→竖两榀单片门架→安装交叉杆→安装脚手板→以此为基础重复安装门架、交叉杆、脚手板工序。

（3）门式钢管脚手架应从一端开始向另一端搭设，上步脚手架应在下步脚手架搭设完毕后进行。搭设方向与下步相反。

（4）每步脚手架的搭设，应先在端点底座上插入两榀门架，并随即装上交叉杆固定，锁好锁片，然后搭设以后的门架，每搭一榀，随即装上交叉杆和锁片。

（5）脚手架必须设置与建筑物可靠的联结。

（6）门扣式钢管脚手架的外侧应设置剪刀撑，竖向和纵向均应连续设置。

（三）碗扣式

1. 优点

（1）多功能

能根据具体施工要求，组成不同组架尺寸、形状和承载能力的单、双排脚手架，支撑架，支撑柱，物料提升架，爬升脚手架，悬挑架等多种功能的施工装备。也可用于搭设施工棚、料棚、灯塔等构筑物。特别适合于搭设曲面脚手架和重载支撑架。

（2）高功效

常用杆件中最长为3130mm，重17.07kg。整架拼拆速度比常规快3～5倍，拼拆快速省力，工人用一把铁锤即可完成全部作业，避免了螺栓操作带来的诸多不便。

（3）通用性强

主构件均采用普通的扣件式钢管脚手架之钢管，可用扣件同普通钢管连接，通用性强。

（4）承载力大：立杆连接是同轴心承插，横杆同立杆靠碗扣接头连接，接头具有可靠的抗弯、抗剪、抗扭力学性能。而且各杆件轴心线交于一点，节点在框架平面内，因此，结构稳固可靠，承载力大（整架承载力提高，约比同等情况的扣件式钢管脚手架提高 15% 以上）。

（5）安全可靠

接头设计时，考虑到上碗扣螺旋摩擦力和自重力作用，使接头具有可靠的自锁能力。作用于横杆上的荷载通过下碗扣传递给立杆，下碗扣具有很强的抗剪能力（最大为 199kN）。上碗扣即使没被压紧，横杆接头也不致脱出而造成事故。同时配备有安全网支架，间横杆，脚手板，挡脚板，架梯。挑梁、连墙撑等杆配件，使用安全可靠。

（6）易于加工

主构件用 $\Phi 48 \times 3.5$、Q235B 焊接钢管，制造工艺简单，成本适中，可直接对现有扣件式脚手架进行加工改造，不需要复杂的加工设备。

（7）不易丢失

该脚手架无零散易丢失扣件，把构件丢失减少到最小程度。

（8）维修少

该脚手架构件消除了螺栓连接，构件经碰耐磕，一般锈蚀不影响拼拆作业，不需特殊养护、维修。

（9）便于管理

构件系列标准化，构件外表涂以橘黄色。美观大方，构件堆放整齐，便于现场材料管理，满足文明施工要求。

（10）易于运输

该脚手架最长构件 3130mtm，最重构件 40.53kg，便于搬运和运输。

2. 缺点

（1）横杆为几种尺寸的定型杆，立杆上碗扣节点按 0.6m 间距设置，使构架尺寸受到限制。

（2）U 形连接销易丢。

（3）价格较贵。

3. 适应性

（1）构筑各种形式的脚手架、模板和其他支撑架。

（2）组装井字架。

（3）搭设坡道、工棚、看台及其他临时构筑物。

（4）构造强力组合支撑柱。

（5）构筑承受横向力作用的支撑架。

（四）盘扣式

1. 轻松快捷：搭建轻松快速，并具有很强的机动性，可满足大范围的作业要求。

2. 灵活安全可靠：可根据不同的实际需要，搭建多种规格、多排移动的脚手架，各种完善安全配件，在作业中提供牢固、安全的支持。

3. 储运方便：拆卸储存占地小，并可推动方便转移，部件能通过各种窄小通道。

（五）铝合金

1. 铝合金脚手架所有部件采用特制铝合金材质，比传统钢架轻75%。

2. 部件连接强度高：采用内胀外压式新型冷作工艺，脚手架接头的破坏拉脱力达到4100～4400kg，远大于2100kg的许用拉脱力。

3. 安装简便快捷；配有高强度脚轮，可移动。

4. 整体结构采用"积木式"组合设计，不需任何安装工具。

铝合金快装脚手架解决企业高空作业难题，它可根据实际需要的高度搭接，有2.32M/1.856M/1.392M三种高度规格。有宽式和窄式两种宽度规格。窄式架可以在狭窄地面搭接，方便灵活。他可以满足墙边角，楼梯等狭窄空间处的高空作业要求是企业高空作业的好帮手。

四、使用要求

（一）安全

1. 搭设高层脚手架，所采用的各种材料均必须符合质量要求。

2. 高层脚手架基础必须牢固，搭设前经计算，满足荷载要求，并按施工规范搭设，做好排水措施。

3. 脚手架搭设技术要求应符合有关规范规定。

4. 必须高度重视各种构造措施：剪刀撑、拉结点等均应按要求设置。

5. 水平封闭：应从第一步起，每隔一步或二步，满铺脚手板或脚手笆，脚手板沿长向铺设，接头应重叠搁置在小横杆上，严禁出现空头板。并在里立杆与墙面之间每隔四步铺设统长安全底笆。

6. 垂直封闭：从第二步至第五步，每步均需在外排立杆里侧设置1.00m高的防护样栏杆和挡脚板或设立网，防护杆（网）与立杆扣牢；第五步以上除设防护栏杆外，应全部设安全笆或安全立网；在沿街或居民密集区，则应从第二步起，外侧全部设安全笆或安全立网。

7. 脚手架搭设应高于建筑物顶端或操作面1.5m以上，并加设围护。

8. 搭设完毕的脚手架上的钢管、扣件、脚手板和连接点等不得随意拆除。施工中必要时，必须经工地负责人同意，并采取有效措施，工序完成后，立即恢复。

9. 脚手架使用前，应由工地负责人组织检查验收，验收合格并填写交验单后方可使用。在施工过程中应有专业管理、检查和保修，并定期进行沉降观察，发现异常应及时采取加固措施。

10. 脚手架拆除时，应先检查与建筑物连接情况，并将脚手架上的存留材料，杂物等清除干净，自上而下，按先装后拆，后装先拆的顺序进行，拆除的材料应统一向下传递或吊运到地面，一步一清。不准采用踏步拆法，严禁向下抛掷或用推（拉）倒的方法拆除。

11. 搭拆脚手架，应设置警戒区，并派专人警戒。遇有六级以上大风和恶劣气候，应停止脚手架搭拆工作。

12. 对地基的要求，地基不平时，请使用可搭底座脚，达到平衡。地基必须有承受脚手架和工作时压强的能力。

13. 工作人员搭建和高空工作中必须系有安全带，工作区域周边请安装安全网，防止重物掉落，砸伤他人。

14. 脚手架的构件、配件在运输、保管过程中严禁严重摔、撞；搭接、拆装时，严禁从高处抛下，拆卸时应从上向下按顺序操作。

15. 使用过程注意安全，严禁在架上打闹嬉戏，杜绝意外事故发生。

16. 工作固然重要，安全、生命更加重要，请务必牢记以上内容。

（二）搭设

1. 支撑杆式悬挑脚手架搭设要求

支撑杆式悬挑脚手架搭设需控制使用荷载，搭设要牢固。搭设时应该先搭设好里架子，使横杆伸出墙外，再将斜杆撑起与挑出横杆连接牢固，随后再搭设悬挑部分，铺脚手板，外围要设栏杆和挡脚板，下面支设安全网，以保安全。

2. 连墙件的设置

根据建筑物的轴线尺寸，在水平方向每隔3跨（6m）设置一个。在垂直方向应每隔3～4米设置一个，并要求各点互相错开，形成梅花状布置，连墙件的搭设方法与落地式脚手架相同。

3. 垂直控制

搭设时，要严格控制分段脚手架的垂直度，垂直度允许偏差。

4. 脚手板铺设

脚手板的底层应满铺厚木脚手板，其上各层可满铺薄钢板冲压成的穿孔轻型脚手板。

5. 安全防护设施

脚手架中各层均应设置护栏和挡脚板。

脚手架外侧和底面用密目安全网封闭，架子与建筑物要保持必要的通道。

挑梁式脚手架立杆与挑梁（或纵梁）的连接。

应在挑梁（或纵梁）上焊 150～200mm 长钢管，其外径比脚手架立杆内径小 1.0～1.5mm，用扣件连接，同时在立杆下部设 1～2 道扫地杆，以确保架子的稳定。

6. 悬挑梁与墙体结构的连接

应预先埋设铁件或者留好孔洞，保证连接可靠，不得随便打凿孔洞，破坏墙体。

7. 斜拉杆（绳）

斜拉杆（绳）应装有收紧装置，以使拉杆收紧后能承担荷载。

8. 钢支架

钢支架焊接应该保证焊缝高度，质量符合要求。

（三）技术

1. 不管搭设哪种类型的脚手架，脚手架所用的材料和加工质量必须符合规定要求，绝对禁止使用不合格材料搭设脚手架，以防发生意外事故。

2. 一般脚手架必须按脚手架安全技术操作规程搭设，对于高度超过 15m 以上的高层脚手架，必须有设计、有计算、有详图、有搭设方案、有上一级技术负责人审批，有书面安全技术交底，然后才能搭设。

3. 对于危险性大而且特殊的吊、挑、挂、插口、堆料等架子也必须经过设计和审批 . 编制单独的安全技术措施，才能搭设。

4. 施工队伍接受任务后，必须组织全体人员，认真领会脚手架专项安全施、工组织设计和安全技术措施交底，研讨搭设方法，并派技术好、有经验的技术人员负责搭设技术指导和监护。

（四）验收

脚手架搭设和组装完毕后，应经检查、验收确认合格后方可进行作业。应逐层、逐流水段内主管工长、架子班组长和专职安全技术人员一起组织验收，并填写验收单。验收要求如下：

1. 脚手架的基础处理、作法、埋置深度必须正确可靠。

2. 架子的布置、立杆、大小横杆间距应符合要求。

3. 架子的搭设和组装，包括工具架和起重点的选择应符合要求。

4. 连墙点或与结构固定部分要安全可靠；剪刀撑、斜撑应符合要求。

5. 脚手架的安全防护、安全保险装置要有效；扣件和绑扎拧紧程度应符合规定。

6. 脚手架的起重机具、钢丝绳、吊杆的安装等要安全可靠，脚手板的铺设应符合规定。

第四节　砌筑工程垂直运输设施

垂直运输设施是指担负垂直运送材料和施工人员上下的机械设备和设施。在砌筑工程中，它不仅要运输大量的砖（或砌块）、砂浆，而且还要运输脚手架、脚手板和各种预制构件；不仅有垂直运输，而且有地面和楼面的水平运输。垂直运输设施是影响砌筑工程施工速度的重要因素。目前，砌筑工程采用的垂直运输设施有井字架、龙门架、塔式起重机和建筑施工电梯等。

一、井字架

井字架是建筑业最主要的垂直运输设备，其应用十分普遍。由于形状像"井"，所以被称为井字架。

（一）井字架特点

井架符合 API Spec 4F 规范，允许使用 API 会标。

井架断面形状为"K"型，即前开口型，截面为 Π 形空间桁架结构。

井架主体为片状架结构，便于拆装和运输。

井架大腿、人字架等主要受力件采用 H 型钢制造。

井架低位安装，整体起放。

井架的左右调节通过增减井架支座下方的垫片实现，前后调节通过人字架后支座处的偏心轮实现。

（二）安装技巧

安装井字架时，会顶住上方暖气管，可能对上方暖气管有损害。所以，在安装前，先用厚的布胶带或者软棉花先将井字架与暖气管接触的地方包起来，以防损伤。

井字架以其价廉，结构灵活，搭设简单等特点而在建筑工地上被广泛使用。但如果用工地材料自行搭设，而非工厂定型产品，就必须措施完善，以保证其安全。

（三）吊篮坠落事故

井字架吊篮坠落事故通常有三种情况。

第一种是吊篮在载重上升或下降过程中，由于钢丝绳磨损过大或断丝数超过其极限范围或轧头松脱而造成吊篮突然坠落。

第二种是吊篮载重上升到需要位置时，卷扬机制动失灵而使吊篮坠落。

第三种是由于钢丝绳在卷筒上固定不牢而造成吊篮坠落。

（四）井字架的安装过程

1. 首先将底盘放置在基础上与基础预埋螺栓紧固，吊笼放置在底盘中央。

2. 安装立柱底节，每安装两个标准节，要作临时固定，节点与支承点要用螺栓连接，不能用铅丝绑扎。

3. 两边的立柱安装应交替进行，节点螺栓规格应按孔，经选配不能漏装，发现孔的位置不适当时，不能随意挖孔，更不能以铅丝绑扎代替，以避免节点松动变形。

4. 安装标准节时应注意导轨的垂直度，导轨相接处不能出现折线和过大间隙，防止运行中产生撞击，标准节安装后，要安剪刀撑，以防出现倾斜等现象。

5. 立柱安装到一定的高度时，应加安附墙架和临时缆风绳，以保证架体不弯形。安装开梁，并进行初步的矫正，垂直度底脚螺栓和缆风绳紧固程度，地轮和天轮的转动是否正常等。

（五）井字架的拆除

1. 制定拆除方案，划定危险作业区域，拆除时应指派专业人员进行，并佩戴各种个人防护品，由专人负责指挥。

2. 架体拆除前，必须视现场情况而定，包括架空线路，外脚手架，地面设施等障碍物。

3. 分节拆除架体工作注意事项。被拆除的物件不能乱扔，防止伤人。拆除后的架体的稳定性被破坏，如：附墙杆被拆前，应加高临时支撑，以防止变形，拆除各标准节时，应防止失稳。拆除后的部件应做好及清运现场并为日后再使用做好保养工作。

二、龙门架

龙门架是根据中、小工厂（公司）日常生产需要搬运设备、仓库进出货，起吊维修重型设备及材料运输的需要，开发出来的新型小型起重龙门架。适用于制造模具、汽修工厂、矿山、土建施工工地及需要起重场合。常见的在建筑施工中兼作材料运输和施工人员的上下使用，实现起重机械化。可减少人力，降低生产运营成本，提高工作效率。

（一）优点

移动龙门架最大的优点是可全方位移动性，可快速拆卸安装，占地面积小，用微型汽车就可转移到另一个场地安装使用。宽度、高度可分级调节，钢架构设计合理，能承受从100～5000kg重量。尤其适用于车间设备的安装、搬运、调试。汽车上货物的装卸，汽修车间吊装发动机大件等。

（二）规格

起重小龙门架主要有两种规格：一是在地面上全方位移动的龙门架，带刹车承重轮可在地面上移动，适合在地面上起吊物品；二是用钢轨固定安装在楼板面或梁上，通过电动或人力葫芦，实现起重机械化。可减少人力，降低生产运营成本，提高工作效率。

（三）特性

1. 设有自升装置，架设、拆卸靠本身设置的工作机构可独立完成。高度随着建筑物的升高而升高。架设省力、费用低。

2. 采用附着杆附着，不用揽风绳，改善了施工条件。

3. 架设、拆卸时，始终有两立柱联成一体，工作评为平稳，安全可靠。

4. 采用手摇卷扬机提升机自升平台，用扒杆安装标准节，劳动强度低。

5. 采用断绳安全保护装置，一旦因故断绳，设置在吊篮两侧的卡板将吊篮卡滞在空中，阻止了吊篮坠地事故的发生。

警告：吊篮卡板拉簧两个月更换一次，否则会导致保险失灵。

（四）操作规程

1. 龙门架操作（拼装）完成后，应进行负荷试吊；试吊分静载和动载，检查各个系统运行能力、承载能力、稳定可靠程度等。

2. 龙门架运行时，要做到平行稳定，不使其产生扭曲。

3. 严禁超负荷使用。

4. 作业时应有专人统一指挥，其他人员要有明确分工；确定好统一的联络信号。

5. 作业中遇有停电或其他特殊情况，应将重物落至地面，不得悬在空中。

6. 龙门架及吊起的重物下严禁站人。

7. 龙门架上运行时禁止站人。

8. 龙门架及井架的搭设和使用必须符合行业标准《龙门架及井架物料提升机安全技术规范》（JGG88－2010）规定要求。

（1）立杆和纵向水平杆的间距均不得大于1m，立杆底端应安放铁板墩，夯实后垫板。

（2）井架四周外侧均应搭设剪刀撑，一直到顶，剪刀撑斜杆与地面夹角为60°。

（3）平台的横向水平杆的间距不得大于1m脚手板必须铺平铺严，对头搭接时应用双横向水平杆，搭接时板端应超过横向水平杆15cm，每层平台均应设护身栏和挡脚板。

（4）两杆应用对接扣件连接，交叉点必须用扣件，不得绑扎。

（5）天轮架必须搭设双根天轮木，并加顶桩钢管或八字杆，用扣件卡牢。

（6）组装三角柱式龙门架，每节立柱两端焊法兰盘。拼装三角柱架时，必须检查各部件焊口牢固，各节点螺栓必须拧紧。

（7）两根三角立柱应连接在地梁上，地梁底部要有锚铁并埋入地下防止滑动，埋地梁时地基要平并应夯实。

（8）各楼层进口处，应搭设卸料过桥平台，过桥平台两侧应搭设两道护身栏杆，并立挂密目安全网，过桥平台下口落空处应搭设八字戗。

（9）井架和三角柱式龙门架，严禁与电气设备接触，并应有可靠的绝缘防护措施。高度在 15m 以上时应有防雷设。

（10）井架、龙门架必须设置超高限位、断绳保险，机械、手动或连锁定位托杠等安全防护装置。

（11）架高在 l0～15m 应设 1 组缆风绳，每增高 10m 加设 1 组，每组 4 根，缆风绳应用直径不小于 12.5mm 钢丝绳，按规定埋设地锚，缆风绳严禁捆绑在树木、电线杆、构件等物体上。并禁止使用别杠调节钢丝绳长度。

（12）龙门架、井架首层进料口一侧应搭设长度不小于 2m 的安全防护棚，另三侧必须采取封闭措施。每层卸料平台和吊笼（盘）出入口必须安装安全门，吊笼（盘）运行中不准乘人。

（13）龙门架、井架的导向滑轮必须单独设置牢固地锚，导向滑轮至卷阳机卷筒的钢丝绳，凡经通道处均应予以遮护。

（14）天轮与最高一层上料平台的垂直距离应不小于 6m，使吊笼（盘）上升最高位置与天轮间的垂直距离不小于 2m。

三、塔式起重机

塔式起重机（tower crane）简称塔机，亦称塔吊，起源于西欧。动臂装在高耸塔身上部的旋转起重机。作业空间大，主要用于房屋建筑施工中物料的垂直和水平输送及建筑构件的安装。由金属结构、工作机构和电气系统三部分组成。金属结构包括塔身、动臂和底座等。工作机构有起升、变幅、回转和行走四部分。电气系统包括电动机、控制器、配电柜、连接线路、信号及照明装置等。

（一）简介

塔式起重机是动臂装在高耸塔身上部的旋转起重机。工作范围大，主要用于多层和高层建筑施工中材料的垂直运输和构件安装。由金属结构，工作机构和电气系统三部分组成。金属结构包括塔身、动臂、底座、附着杆等。工作机构有起升、变幅、回转和行走四部分。电气系统包括电动机、控制器、配电框、联连线路、信号及照明装置等。

塔式起重机分上旋转式和下旋转式两类。

1. 上旋转式塔式起重机

塔身不转动，回转支承以上的动臂、平衡臂等，通过回转机构绕塔身中心线作全回转。根据使用要求，又分运行式、固定式、附着式和内爬式。运行式塔式起重机可沿轨道运行，工作范围大，应用广泛，宜用于多层建筑施工；如将起重机底座固定在轨道上或将塔身直接固定在基础上就成为固定式塔式起重机，其动臂较长；如在固定式塔式起重机塔身上每隔一定高度用附着杆与建筑物相连，即为附着式塔式起重机，它采用塔身接高装置使起重机上部回转部分可随建筑物增高而相应增高，用于高层建筑施工；将起重机安设在电梯井等井筒或连通的孔洞内，利用液压缸使起重机根据施工进程沿井筒向上爬升者称为内爬式塔式起重机，它节省了部分塔身、服务范围大、不占用施工场地，但对建筑物的结构有一定要求。

2. 下旋转式塔式起重机

回转支承装在底座与转台之间，除行走机构外，其他工作机构都布置在转台上一起回转。除轨道式外，还有以履带底盘和轮胎底盘为行走装置的履带式和轮胎式。它整机重心低，能整体拆装和转移，轻巧灵活，应用广泛，宜用于多层建筑施工。

（二）特点

从塔机的技术发展方面来看，虽然新的产品层出不穷，新产品在生产效能、操作简便、保养容易和运行可靠方面均有提高，但是塔机的技术并无根本性的改变。塔机的研究正向着组合式发展。所谓的组合式，就是以塔身结构为核心，按结构和功能特点，将塔身分解成若干部分，并依据系列化和通用化要求，遵循模数制原理再将各部分划分成若干模块。根据参数要求，选用适当模块分别组成具有不同技术性能特征的塔机，以满足施工的具体需求。推行组合式的塔机有助于加快塔机产品开发进度，节省产品开发费用，并能更好地为客户服务。

（三）分类

塔机分为上回转塔机和下回转塔机两大类。其中前者的承载力要高于后者，在许多的施工现场我们所见到的就是上回转式上顶升加节接高的塔机。按能否移动又分为：行走式和固定式。固定式塔机塔身固定不转，安装在整块混凝土基础上，或装设在条形或 X 形混凝土基础上，行走式可分为履带式、汽车式、轮胎式和轨道式四种。在房屋的施工中一般采用的是固定式的。按其变幅方式可分为水平臂架小车变幅和动臂变幅两种；按其安装形式可分为自升式、整体快速拆装和拼装式三种。应用最广的是下回转、快速拆装、轨道式塔式起重机和能够一机四用（轨道式、固定式、附着式和内爬式）的自升塔式起重机。

（四）设备管理

1. 设备特点

塔式起重机的动臂形式分水平式和压杆式两种。动臂为水平式时，载重小车沿水平动臂运行变幅，变幅运动平衡，其动臂较长，但动臂自重较大。动臂为压杆式时，变幅机构曳引动臂仰俯变幅，变幅运动不如水平式平稳，但其自重较小。

塔式起重机的起重量随幅度而变化。起重量与幅度的乘积称为载荷力矩，是这种起重机的主要技术参数。通过回转机构和回转支承，塔式起重机的起升高度大，回转和行走的惯性质量大，故需要有良好的调速性能，特别起升机构要求能轻载快速、重载慢速、安装就位微动。一般除采用电阻调速外，还常采用涡流制动器、调频、变极、可控硅和机电联合等方式调速。

2. 资料管理

施工企业或塔机机主应将塔机的生产许可证、产品合格证、拆装许可证、使用说明书、电气原理图、液压系统图、司机操作证、塔机基础图、地质勘查资料、塔机拆装方案、安全技术交底、主要零部件质保书（钢丝绳、高强连接螺栓、地脚螺栓及主要电气元件等）报给塔机检测中心，经塔机检测中心检测合格后，获得安全使用证，以及安装好以后同项目经理部的交接记录，同时在日常使用中要加强对塔机的动态跟踪管理，作好台班记录、检查记录和维修保养记录（包括小修、中修、大修）并有相关责任人签字，在维修的过程中所更换的材料及易损件要有合格证或质量保证书，并将上述材料及时整理归档，建立一机一档台账。

3. 拆装管理

塔机的拆装是事故的多发阶段。因拆装不当和安装质量不合格而引起的安全事故占有很大的比重。塔机拆装必须要具有资质的拆装单位进行作业，而且要在资质范围内从事安装拆卸。拆装人员要经过专门的业务培训，有一定的拆装经验并持证上岗，同时要各工种人员齐全，岗位明确，各司其职，听从统一指挥，在调试的过程中，专业电工的技术水平和责任心很重要，电工要持电工证和起重工证，通过对大量的塔机检测资料进行统计，发现我市某拆装单位一共安装54台塔机，而首检不合格47台，首检合格率仅为13%，其中大多是由于安装电工的安装技术水平较差，拆装单位疏于管理，安全意识尚有待进一步提高。因此，我们对该单位进行了加强业务培训的专项治理，并取得了良好的效果。另外还由于拆装市场拆装费用不按照预算价格，甚至出现400～500元安装一台塔机，这也导致安装质量下降的一个重要原因。拆装要编制专项的拆装方案，方案要有安装单位技术负责人审核签字，并向拆装单位参与拆装的警戒区和警戒线，安排专人指挥，无关人员禁止入场，严格按照拆装程序和说明书的要求进行作业，当遇风力超过4级要停止拆装，风力超过6级塔机要停止起重作业。特殊情况确实需要在夜间作业的要有足够的照明，特殊情况确实需要在夜间作业的要与汽车塔吊司机就有关拆装的程序和注意事项进行充分的协商并达成共识。

4. 塔机基础

塔机基础是塔机的根本，实践证明有不少重大安全事故都是由于塔吊基础存在问题而引起的，它是影响塔吊整体稳定性的一个重要因素。有的事故是由于工地为了抢工期，在混凝土强度不够的情况下而草率安装，有的事故是由于地耐力不够，有的是由于在基础附近开挖而导致甚至滑坡产生位移，或是由于积水而产生不均匀的沉降等等，诸如此类，都会造成严重的安全事故。必须引起我们的高度重视，来不得半点含糊，塔吊的稳定性就是塔吊抗倾覆的能力，塔吊最大的事故就是倾翻倒塌。做塔吊基础的时候，一定要确保地耐力符合设计要求，钢筋混凝土的强度至少达到设计值的80%。有地下室工程的塔吊基础要采取特别的处理措施：有的要在基础下打桩，并将桩端的钢筋与基础地脚螺栓牢固的焊接在一起。混凝土基础底面要平整夯实，基础底部不能做成锅底状。基础的地脚螺栓尺寸误差必须严格按照基础图的要求施工，地脚螺栓要保持足够的露出地面的长度，每个地脚螺栓要双螺帽预紧。在安装前要对基础表面进行处理，保证基础的水平度不能超过1/1000。同时塔吊基础不得积水，积水会造成塔吊基础的不均匀沉降。在塔吊基础附近内不得随意挖坑或开沟。

5. 安全距离

塔吊在平面布置的时候要绘制平面图，尤其是房地产开发小区，住宅楼多，塔吊如林，更要考虑相邻塔吊的安全距离，在水平和垂直两个方向上都要保证不少于2m的安全距离，相邻塔机的塔身和起重臂不能发生干涉，尽量保证塔机在风力过大时能自由旋转。塔机后臂与相邻建筑物之间的安全距离不少于50cm。塔机与输电线之间的安全距离符合要求。

塔机与输电线的安全距离不达规定要求的要搭设防护架，防护架搭设原则上要停电搭设，不得使用金属材料，可使用竹竿等材料。竹竿与输电线的距离不得小于1m还要有一定的稳定性的强度，防止大风吹倒。

6. 安全装置

为了保证塔机的正常与安全使用，我们必须强制性要求塔机在安装时必须具备规定的安全装置，主要有：起重力矩限制器、起重量限制器、高度限位装置、幅度限位器、回转限位器、吊钩保险装置、卷筒保险装置、风向风速仪、钢丝绳脱槽保险、小车防断绳装置、小车防断轴装置和缓冲器等。这些安全装置要确保它的完好与灵敏可靠。在使用中如发现损坏应及时维修更换，不得私自解除或任意调节。

7. 稳定性

塔式起重机高度与底部支承尺寸比值较大，且塔身的重心高、扭矩大、起制动频繁、冲击力大，为了增加它的稳定性，我们就要分析塔机倾翻的主要原因有以下几条：

（1）超载。不同型号的起重机通常采用起重力矩为主控制，当工作幅度加大或重物超过相应的额定荷载时，重物的倾覆力矩超过它的稳定力矩，就有可能造成塔机倒塌。

（2）斜吊。斜吊重物时会加大它的倾覆力矩，在起吊点处会产生水平分力和垂直分力，在塔吊底部支承点会产生一个附加的倾覆力矩，从而减少了稳定系数，造成塔吊倒塌。

（3）塔吊基础不平，地耐力不够，垂直度误差过大也会造成塔吊的倾覆力矩增大，使塔吊稳定性减少。因此，我们要从这些关键性的因素出发来严格检查检测把关，预防重大的设备人身安全事故。

8. 电气安全

按照《建筑施工安全检查标准》（JGJ59-99）要求，塔吊的专用开关箱也要满足"一机一闸一漏一箱"的要求，漏电保护器的脱扣额定动作电流应不大于30mA，额定动作时间不超过0.1s。司机室里的配电盘不得裸露在外。电气柜应完好，关闭严密、门锁齐全，柜内电气元件应完好，线路清晰，操作控制机构灵敏可靠，各限位开关性能良好，定期安排专业电工进行检查维修。

9. 附墙装置

当塔机超过它的独立高度的时候要架设附墙装置，以增加塔机的稳定性。附墙装置要按照塔机说明书的要求架设，附墙间距和附墙点以上的自由高度不能任意超长，超长的附墙支撑应另外设计并有计算书，进行强度和稳定性的验算。附着框架保持水平、固定牢靠与附着杆在同一水平面上，与建筑物之间连接牢固，附着后附着点以下塔身的垂直度不大于2/1000，附着点以上垂直度不大于3/1000。与建筑物的连接点应选在混凝土柱上或混凝土圈梁上。用预埋件或过墙螺栓与建筑物结构有效连接。有些施工企业用膨胀螺栓代替预埋件，还有用缆风绳代替附着支撑，这些都是十分危险的。

10. 安全操作

塔式起重机管理的关键还是对司机的管理。操作人员必须身体健康，了解机械构造和工作原理，熟悉机械原理、保养规则，持证上岗。司机必须按规定对起重机作好保养工作，有高度的责任心，认真做好清洁、润滑、紧固、调整、防腐等工作，不得酒后作业，不得带病或疲劳作业，严格按照塔吊机械操作规程和塔吊"十不准、十不吊"进行操作，不得违章作业、野蛮操作，有权拒绝违章指挥，夜间作业要有足够的照明。塔机平时的安全使用关键在操作工的技术水平和责任心，检查维修关键在机械和电气维修工。我们要牢固树立"以人为本"的思想。

11. 安全检查

塔式起重机在安装前后和日常使用中都要对它进行检查。金属结构焊缝不得开裂，金属结构不得塑性变形，连接螺栓、销轴质量符合要求，在止退、防松的措施，连接螺栓要定期安排人员预紧，钢丝绳润滑保养良好，断丝数不得超标，绝不允许断股，不得塑性变形，绳卡接头符合标准，减速箱和油缸不得漏油，液压系统压力正常，刹车制动和限位保险灵敏可靠，传动机构润滑良好，安全装置齐全可靠，电气控制线路绝缘良好。尤其要督促塔机司机、维修电工和机械维修工要经常进行检查，要着重检查钢丝绳、吊钩、各传动件、限位保险装置等易损件，发现问题立即处理，做到定人、定时间、定措施，杜绝机械带病作业。

12. 退出机制

国家明令淘汰机型要坚决禁止使用，年久失修塔机在鉴定修复后要限制荷载使用，对于塔机的使用年限没有统一标准，众说纷纭，各地有不同的规定。

有些使用单位过度追求利润效益，不注重安全，小马拉大车，超载严重，是塔机事故高发的主要根源之一。有些生产厂家为了迎合施工企业的要求，扩大销售，占领市场，将独立高度加大，将起重臂加长以增加塔机覆盖面，这样一来势必降低塔机稳定性，减少额定起重量，增加不安全的因素。还有一些私自改装的塔机及私人从事组装的塔机，这部分塔机年代较久，二手购进价格便宜，不愿意多投入资金维修，因而故障频出，这些都应引起我们的高度重视，我们应该实事求是、因地制宜，在广泛征求各方意见的基础上出台相关的配套政策解决这一问题。

（五）检验要点

1. 检查金属结构情况特别是高强度的螺栓，它的连接表面应清除灰尘、油漆、墨迹和锈蚀，并且使用力矩手或专用扳手，按装配技术要求拧紧。

2. 检查各机构传动系统，包括各工作传动机构的轴承间隙是否合适，齿轮啮合是不是良好及制动器是否灵敏。

3. 检查钢丝绳及滑轮的磨损情况，防脱装置以及绳端固定是否可靠。

4. 检查电气元件是否良好，各接触点的闭合程度，接续是否正确和可靠。

5. 检查行走轮与轨道接触是否良好，夹轨钳是否可靠。装设附着装置、内爬装置时，各连接螺栓及夹块是否牢固可靠。

6. 防雷接地是否安全可靠。

7. 基部排水是否畅通。

8. 安全装置是否齐全、灵敏、可靠。

（六）常用塔机

以下分几个方面来具体介绍房建中常用的塔机。

1. 金属结构

塔机的金属结构由起重臂、塔身、转台、承座、平衡臂、底架、塔尖等组成。

起重臂构造型式为小车变幅水平臂架，再往下分又有单吊点、双吊点和起重臂与平衡臂连成一体的锤头式小车变幅水平臂架。单吊点是静定结构，双吊点是超静定结构。锤头式小车变幅水平臂架，装设于塔身顶部，状若锤头，塔身如锤柄，不设塔尖，故又叫平头式。平头式的使结构形式更简单，更有利于受力，减轻自重，简化构造等优点。小车变幅臂架大都采用正三角形的截面。

塔身结构也称塔架，是塔机结构的主体。现今塔机均采用方形断面，断面尺寸应用较广的有：$1.2 \times 1.2m$、$1.4 \times 1.4m$、$1.6 \times 1.6m$、$2.0 \times 2.0m$；塔身标准节常用尺寸是 2.5m 和 3m。塔身标准节采用的连接方式，应用最广的是盖板螺栓连接和套柱螺栓连接，其次是承插销轴连接和插板销轴连接。标准节有整体式塔身标准节和拼装式塔身标准节，后者加工精度高，制作难，但是堆放占地小，运费少。塔身节内必须设置爬梯，以便司机及机工上下。爬梯宽度不宜小于 500mm，梯步间距不大于 300mm，每 500mm 设一护圈。当爬梯高度超过 10m 时，梯子应分段转接，在转接处加设一道休息平台。

塔尖的功能是承受臂架拉绳及平衡臂拉绳传来的上部荷载，并通过回转塔身、转台、承座等的结构部件式直接通过转台传递给塔身结构。自升塔顶有截锥柱式、前倾或后倾截锥柱式、人字架式及斜撑架式。

凡是上回转塔机均需设平衡重，其功能是支撑平衡重，用以构成设计上所要求的作用方面与起重力矩方向相反的平衡力矩。除平衡重外，还常在其尾部装设起升机构。起升机构之所以同平衡重一起安放在平衡臂尾端，一则可发挥部分配重作用，二则增大绳卷筒与塔尖导轮间的距离，以利钢丝绳的排绕并避免发生乱绳现象。平衡重的用量与平衡臂的长度成反比关系，而平衡臂长度与起重臂长度之间又存在一定比例关系。平衡重的用量相当可观，轻型塔机一般至少要 3 ~ 4t，重型的要近 30t。平衡重可用铸铁或钢筋混凝土制成：前者加工费用高但迎风面积小；后者体积大迎风面大对稳定性不利，但简单经济，一般均采用这种。通常的做法是将平衡重预制区分成 2 ~ 3 种规格，宽度、厚度一致，但高度加以调整，以便与不同长度臂架匹配使用。

2. 零部件

每台塔机都要用许多种起重零部件，其中数量最大，技术要求严而规格繁杂的是钢丝绳。塔机用的钢丝绳按功能不同有：起升钢丝绳，变幅钢丝绳，臂架拉绳，平衡臂拉绳，小车牵引绳等。钢丝绳的特点是：整根的强度高，而且整根断面一样大小，强度一致，自重轻，能承受震动荷载，弹性大，能卷绕成盘，能在高速下平衡运动，并且无噪声，磨损后其外皮会产生许多毛刺，易于发现并便于及时处置。钢丝绳通常由一股股直径为 0.3 ~ 0.4mm 细钢丝搓成绳股，再由股捻成绳。塔机用的是交互捻，特点是不易松散和扭转。就绳股截面形状而言，高层建筑施工用塔机以采用多股不扭转钢丝绳最为适宜，此种钢丝绳由两层绳股组成，同两层绳股捻制方向相反，采用旋转力矩平衡的原理捻制而成，受力时自由端不发生扭转。塔机起升钢丝绳及变幅钢丝绳的安全系数一般取为 5 ~ 6，小车牵引绳和臂架拉绳的安全系数取为 3，塔机电梯升降绳安全系数不得小于 10。钢丝绳的安全系数是不可缺少的安全储备系数，绝不可凭借这种安全储备而擅自提高钢丝绳的最大允许安全荷载。由于钢丝绳的重要性，必须加强对钢丝绳的定期全面检查，贮存于干燥面封闭的、有木地板或沥青混凝土地面的仓库内，以免腐蚀，装卸时不要损坏表面，堆放时要竖立安置。对钢丝绳进行系统润滑可以提高使用寿命。

变幅小车是水平臂架塔机必备的部件。整套变幅小车由车架结构、钢丝绳、滑轮、行轮、导向轮、钢丝绳承托轮、钢丝绳防脱轨、小车牵引绳张紧器及断绳保险器等组成。对于特长水平臂架（长度在 50m 以上），在变幅小车一侧随挂一个检修吊篮，可载维修员往各检修点进行维修和保养。作业完后，小车驶回臂架根部，使吊篮与变幅小车脱钩，固定在臂架结构上的专设支座处。

其他的零部件还有滑轮，回转支承，吊钩和制动器等。

3. 工作机构

塔机的工作机构有以下几种：起升机构、变幅机构、小车牵引机构、回转机构、顶升机构和大车走行机构（行走式的塔机）。

4. 电气设备

（1）塔机的主要电气设备包括：

1）电缆卷筒—中央集电环。

2）电动机。

3）操作电动机用的电器，如：控制器、主令控制器、接触器和继电器。

（2）保护电器，如：自动熔断器，过电流继电器和限位开关等。

1）主副回路中的控制、切换电器，如：按钮、开关和仪表等。

属于辅助电气设备的有：照明灯、信号灯、电铃等。

5. 液压系统

塔机液压系统中的主要元器件是液压泵、液压油缸、控制元件、油管和管接头、油箱和液压油滤清器等。

液压泵和液压马达是液压系统中最为复杂的部分，液压泵把油吸入并通过管道输送给液压缸或液压马达，从而使液压缸或马达得以进行正常运作。液压泵可以看成液压和心脏，是液压的能量来源。我国的塔机液压顶升系统采用的液压泵大都是 CB-G 型齿轮泵，CB 不齿轮的代号，赫格隆 G 为固定的轴向间隙，工作压力为 12.5 ~ 16MPa。

液压缸是液压系统的执行元件。从功能上来看，液压缸与液压马达同是所工作油流的压力能转变为机械能的转换装置。不同的是液压马达是用于旋转运动，而液压是用于直线运动。

（1）一个液压顶升接高的全过程

1）移动平衡重，使塔身不受不平衡力矩，起重臂就位，朝向与引进轨道方位相同并加以锁定，吊运一个塔身标准节安放在摆渡小车上。

2）顶升。

3）定位销就位并锁定，提起活塞杆，在套架中形成引进空间。

4）引进标准节。

5）提起标准节，推出摆渡小车。

6）使标准节就位，安装连接螺栓。

7）微微向上顶升，拔出定位锁使过渡节与已接高的塔身联固成一体。

6. 安全装置

安全装置是塔机必不可少的关键设备之一，可以分为：限位开关（限位器）；超负荷保险器（超载断电装置）；缓冲止挡装置；钢丝绳防脱装置；风速计；紧急安全开关；安全保护音响信号。

限位开关按功能有：吊钩行程限位开关，回转限位开关，小车行程限位开关，大车行程限位开关。

7. 防倾翻

严禁超载运行；不得斜牵重物；不许猛然急制动；禁止在大风中运行吊运作业；工作班后，必须把夹轨器夹紧，以防大风将塔机吹动溜出轨道。

8. 自升式

当自升式塔机在达到其自由高度继续向上顶升接高时，为了增强其稳定系数保持起重能力，必须通过锚固附着于建筑结构上。附着层次与施工层建筑总高度、塔机和塔身结构、塔身自由高度有关。一般来说，设置两道锚固着墨已可满足需要。在建筑物上的附着点的选择要注意：两附着加固定点之间的距离适当；固定点应设置在丁字墙和外墙转角处；对框架结构，附着点宜布在靠近柱的根部；布置在靠近楼板处以利传力和安装。

要保证塔机的安全使用和取得比较长的使用寿命，必须对它进行润滑、故障排除、定期保养与零部件的检修。

（七）安全规程

1. 操作前检查

（1）上班必须进行交接班手续，检查机械履历书及交接班记录等的填写情况及记载事项。

（2）操作前应松开夹轨器，按规定的方法将夹轨器固定。清除行走轨道的障碍物，检查跨轨两端行走限位止挡离端头不小于 2 ~ 3m，并检查道轨的平直度、坡度和两轨道的高差，应符合塔机的有关安全技术规定，路基不得有沉陷、溜坡、裂缝等现象。

（3）轨道安装后，必须符合下列规定：

1）两轨道的高度差不大于 1/1000。

2）纵向和横向的坡度均不大于 1/1000。

3）轨距与名义值的误差不大于 1/1000，其绝对值不大于 6mm。

4）钢轨接头间隙在 2 ~ 4mm 之间，接头处两轨顶高度差不大于 2mm，两根钢轨接头必须错开 1.5m。

（4）检查各主要螺栓的紧固情况，焊缝及主角钢无裂纹、开焊等现象。

（5）检查机械传动的齿轮箱、液压油箱等的油位符合标准。

（6）检查各部制动轮、制动带（蹄）无损坏，制动灵敏；吊钩、滑轮、卡环、钢丝绳应符合标准；安全装置（力矩限制器、重量限制器、行走、高度变幅限位及大钩保险等）灵敏、可靠。

（7）操作系统、电气系统接触良好，无松动、无导线裸露等现象。

（8）对于带有电梯的塔机，必须验证各部安全装置安全可靠。

（9）配电箱在送电前，联动控制器应在零位。合闸后，检查金属结构部分无漏电方可上机。

（10）所有电气系统必须有良好的接地或接零保护。每20m作一组接地不得与建筑物相连，接地电阻不得大于4Ω。

（11）起重机各部位在运转中1m以内不得有障碍物。

（12）塔式起重机操作前应进行空载运转或试车，确认无误方可投入生产。

2. 安全操作

（1）司机必须按所驾驶塔式起重机的起重性能进行作业。

（2）机上各种安全保护装置运转中发生故障、失效或不准确时，必须立即停机修复，严禁带病作业和在运转中进行维修保养。

（3）司机必须在佩戴有指挥信号袖标的人员指挥下严格按照指挥信号、旗语、手势进行操作。操作前应发出音响信号，对指挥信号辨不清时不得盲目操作。对指挥错误有权拒绝执行或主动采取防范或相应紧急措施。

（4）起重量、起升高度、变幅等安全装置显示或接近临界警报值时，司机必须严密注视，严禁强行操作。

（5）操作时司机不得闲谈、吸烟、看书（报）和做其他与操作无关事情。不得擅离操作岗位。

（6）当吊钩滑轮组起升到接近起重臂时应用低速起升。

（7）严禁重物自由下落，当起重物下降接近就位点时，必须采取慢速就位。重物就位时，可用制动器使之缓慢下降。

（8）使用非直撞式高度限位器时，高度限位器调整为：吊钩滑轮组与对应的最低零件的距离不得小于1m，直撞式不得小于1.5m。

（9）严禁用吊钩直接悬挂重物。

（10）操纵控制器时，必须从零点开始，推到第一挡，然后逐级加挡，每挡停1~2s，直至最高挡。当需要传动装置在运动中改变方向时，应先将控制器拉到零位，待传动停止后再逆向操作，严禁直接变换运转方向。对慢就位挡有操作时间限制的塔式起重机，必须按规定时间使用，不得无限制使用慢就位挡。

（11）操作中平移起重物时，重物应高于其所跨越障碍物高度至少100mm。

（12）起重机行走到接近轨道限位时，应提前减速停车。

（13）起吊重物时，不得提升悬挂不稳的重物，严禁在提升的物体上附加重物，起吊零散物料或异形构件时必须用钢丝绳捆绑牢固，应先将重物吊离地面约 50cm 停住，确定制动、物料绑扎和吊索具，确认无误后方可指挥起升。

（14）起重机在夜间工作时，必须有足够的照明。

（15）起重机在停机、休息或中途停电时，应将重物卸下，不得把重物悬吊在空中。

（16）操作室内，无关人员不得进入，禁止放置易燃物和妨碍操作的物品。

（17）起重机严禁乘运或提升人员。起落重物时，重物下方严禁站人。

（18）起重机的臂架和起重物件必须与高低压架空输电线路的安全距离。

（19）两台搭式起重机同在一条轨道上或两条相平行的或相互垂直的轨道上进行作业时，应保持两机之间任何部位的安全距离，最小不得低于 5m。

（20）遇有下列情况时，应暂停吊装作业：

1）遇有恶劣气候如大雨、大雪、大雾和施工作业面有六级（含六级）以上的强风影响安全施工时。

2）起重机发生漏电现象。

3）钢丝绳严重磨损，达到报废标准（见钢丝绳报废标准）。

4）安全保护装置失效或显示不准确。

（21）司机必须经由扶梯上下，上下扶梯时严禁手携工具物品。

（22）严禁由塔机上向下抛掷任何物品或便溺。

（23）冬季在塔机操作室取暖时，应采取防触电和火灾的措施。

（24）凡有电梯的塔式起重机，必须遵守电梯的使用说明书中的规定，严禁超载和违反操作程序。

（25）多机作业时，应避免两台或两台以上塔式起重机在回转半径内重叠作业。特殊情况，需要重叠作业时，必须保证臂杆的垂直安全距离和起吊物料时相互之间的安全距离，并有可靠安全技术措施经主管技术领导批准后方可施工。

（26）动臂式起重机在重物吊离地面后起重、回转、行走三种动作可以同时进行，但变幅只能单独进行，严禁带载变幅。允许带载变幅的起重机，在满负荷或接近满负荷时，不得变幅。

（27）起升卷扬不安装在旋转部分的起重机，在起重作业时，不得顺一个方向连续回转。

（28）装有机械式力矩限制器的起重机，在多次变幅后，必须根据回转半径和该半径的额定负荷，对超负荷限位装置的吨位指示盘进行调整。

（29）弯轨路基必须符合规定，起重机拐弯时应在外轨面上撒上沙子，内轨轨面及两翼涂上润滑脂。配重箱应转至拐弯外轮的方向。严禁在弯道上进行吊装作业或吊重物转弯。

3. 停机后检查

（1）塔式起重机停止操作后，必须选择塔式起重机回转时无障碍物和轨道中间合适的位置及臂顺风向停机，并锁紧全部的夹轨器。

（2）凡是回转机构带有常闭或制动装置的塔式起重机，在停止操作后，司机必须搬开手柄，松开制动，以便起重机能在大风吹动下顺风向转动。

（3）应将吊钩起升到距起重壁最小距离不大于 5m 位置，吊钩上严禁吊挂重物。在未采取可靠措施时，不得采用任何方法，限制起重臂随风转动。

（八）事故应急

1. 塔吊基础下沉、倾斜

（1）应立即停止作业，并将回转机构锁住，限制其转动。

（2）根据情况设置地锚，控制塔吊的倾斜。

2. 塔吊平衡臂、起重臂折臂

（1）塔吊不能做任何动作。

（2）按照抢险方案，根据情况采用焊接等手段，将塔吊结构加固，或用连接方法将塔吊结构与其他物体连接，防止塔吊倾翻和在拆除过程中发生意外。

（3）用 2～3 台适量吨位起重机，一台锁起重臂，一台锁平衡臂。其中一台在拆臂时起平衡力矩作用，防止因力的突然变化而造成倾翻。

（4）按抢险方案规定的顺序，将起重臂或平衡臂连接件中变形的连接件取下，用气焊割开，用起重机将臂杆取下。

（5）按正常的拆塔程序将塔吊拆除，遇变形结构用气焊割开。

3. 塔吊倾翻

（1）采取焊接、连接方法，在不破坏失稳受力情况下增加平衡力矩，控制险情发展。

（2）选用适量吨位起重机按照抢险方案将塔吊拆除，变形部件用气焊割开或调整。

4. 锚固系统险情

（1）将塔式平衡臂对应到建筑物，转臂过程要平稳并锁住。

（2）将塔吊锚固系统加固。

（3）如需更换锚固系统部件，先将塔机降至规定高度后，再行更换部件。

5. 塔身结构变形、断裂、开焊

（1）将塔式平衡臂对应到变形部位，转臂过程要平稳并锁住。

（2）根据情况采用焊接等手段，将塔吊结构变形或断裂、开焊部位加固。

（3）落塔更换损坏结构。

（九）保养维修

为确保安全经济地使用塔机，延长其使用寿命，必须做好塔机的保养与维修及润滑工作。

1. 塔机保养

（1）经常保持整机清洁，及时清扫。

（2）检查各减速器的油量，及时加油。

（3）注意检查各部位钢丝绳有无松动、断丝、磨损等现象，如超过有关规定必须及时更换。

（4）检查制动器的效能、间隙，必须保证可靠的灵敏度。

（5）检查各安全装置的灵敏可靠性。

（6）检查各螺栓连接处，尤其塔身标准节连接螺栓，当每使用一段时间后，必须重新进行紧固。

（7）检查各钢丝绳头压板、卡子等是否松动，应及时紧固。

钢丝绳、卷筒、滑轮、吊钩等的报废，应严格执行 GB5144，和 GB5972 的规定。

（8）检查各金属构件的杆件，腹杆及焊缝有无裂纹，特别应注意油漆剥落的地方和部位，尤以油漆呈 45° 的斜条纹剥离最危险，必须迅速查明原因并及时处理。

（9）塔身各处（包括基础节与底架的连接）的连接螺栓螺母，各处连接直径大于 Φ20 的销轴等均为专用特制件，任何情况下，绝对不准代用，而塔身安装时每一个螺栓必须有两个螺母拧紧。

（10）标准节螺栓性能等级为 10.9 级，螺母性能等级为 10 级（双螺母防松），螺栓头部顶面和螺母头部顶面必须有性能等级标志，否则一律不准使用。

（11）整机及金属机构每使用一个工程后，应进行除锈和喷刷油漆一次。

（12）检查吊具的自动换倍率装置以及吊钩的防脱绳装置是否安全可靠。

（13）观察各电器触头是否氧化或烧损，若有接触不良应修复或更换。

（14）各限位开关和按钮不得失灵，零件若有生锈或损坏应及时更换。

（15）各电器开关，与开关板等的绝缘必须良好，其绝缘电阻不应小于 0.5MΩ。

（16）检查各电器元件之紧固螺栓是否松动，电缆及其他导线是否破裂，若有应及时排除。

2. 常见故障

（1）制动器打滑产生吊钩下滑和变幅小车制动后向外溜车。

（2）制动器运转过程中发热冒烟。

（3）减速器温度过高。

（4）减速器轴承温度过高。

（5）减速器漏油。

（6）顶升太慢。

（7）顶升无力或不能顶升。

（8）顶升升压时出现噪声振动。

（9）顶升系统不工作。

（10）顶升时发生颤动爬行。

（11）顶升有负载后自降。

（12）总启动按钮失灵。

（13）起升动作时跳闸。

（14）起升机构不能启动。

（15）牵引机构有异常噪声振动过大。

（16）牵引机构轴承过热。

（17）牵引机构带电。

（18）牵引机构制动器失灵。

（19）牵引机构电动机温升过高或冒烟。

（20）回转机构启动不了。

第四章　钢筋混凝土工程

第一节　模板工程

模板工程指新浇混凝土成型的模板以及支承模板的一整套构造体系，其中，接触混凝土并控制预定尺寸，形状、位置的构造部分称为模板，支持和固定模板的杆件、桁架、联结件、金属附件、工作便桥等构成支承体系，对于滑动模板，自升模板则增设提升动力以及提升架、平台等构成。模板工程在混凝土施工中是一种临时结构。

一、简介

制作、组装、运用及拆除在混凝土施工中用以使混凝土成型的构造设施的工作。使混凝土成型的构造设施称为模板。其构造包括面板体系和支撑体系。面板体系包括面板和所联系的肋条；支撑体系包括纵横围囹、承托梁、承托桁架、悬臂梁、悬臂桁架、支柱、斜撑与拉条等。早期普遍用木材制作模板。20世纪50年代以后，逐步发展到采用钢材、胶合板、钢筋混凝土，或是钢、木、混凝土等材料混合使用。也有以薄板钢材制作具有一定比例模数的定型组合钢模板，用"U"形卡、"L"形插销、钩头螺栓、蝶形扣件等附件拼成各种形状及不同面积的模板。20世纪70年代以后，滑模技术有较大发展。采用滑模可以大幅度地节约原材料与费用，显著提高工程质量与施工速度。为此，不仅在民用建筑中采用，在水工建筑物如闸室、孔洞、墩墙、井筒、隧洞、溢洪道、大坝溢流面等施工中也广泛采用滑模，坝、斜井施工则开始试用。

二、分类

模板的分类有各种不同的分类方法。

（一）按照形状

分为平面模板和曲面模板两种。

（二）按受力条件

分为承重和非承重模板（即承受混凝土的重量和混凝土的侧压力）。

（三）按照材料

分为木模板、钢模板、钢木组合模板、重力式混凝土模板、钢筋混凝土镶面模板、铝合金模板、塑料模板，砖砌模板等。

（四）按照结构和使用特点

分为拆移式、固定式两种。

（五）按其特种功能

有滑动模板、真空吸盘或真空软盘模板、保温模板、钢模台车等。

（六）水电站厂房及闸室模板

水电站厂房及闸室大都是板、梁、墙、柱结构，模板的设计与施工，基本上与工业民用建筑相类似。但在水轮机层以下，由于蜗壳、尾水管等部位的外形为各种类型的曲线，需专门设计模板。一般根据各断面形状制成排架，组装排架后再在外面敷设模板。有时可将排架在场外分段组装，待厂房底板浇筑以后，分段吊进现场拼装，以争取工期。当厂房高大，屋顶结构支模困难时，也可利用屋顶的结构钢筋，设计成承重骨架，外面悬挂模板，用以承载混凝土重量，并起到撑架作用。

（七）大坝模板

早期多使用小型木模板，为便于人力组装，一般面积在 $1m^2$ 左右，工效低，木材损耗大，已逐渐被淘汰。随着施工机械化程度的提高，尺寸较大的大模板逐步发展。如中国湖南镇水电站工程采用了 $6×9m$ 大型钢、木、混凝土混合模板，以起重机吊装，工效提高 8 倍。也有的使用钢筋混凝土模板或混凝土重力式模板，作为坝体的一部分，不再拆除，并可起到表面保护作用。1980 年中国为了节约木材，推广以钢模板代替木模板，应用定型组合钢模板，以钢悬臂梁或钢悬臂桁架支撑，可提高工效，减少仓内干扰。滑模技术在大坝施工中也获得一定程度的发展，在溢流面或溢洪道施工中使用较多，因其易于保证体型和表面平整。中国红石水电站工程使用软吸盘吸真空滑模，不仅减少了溢洪面裂缝，而且提高滑模速度，加强了溢流面耐久性与抗冲磨能力。

（八）井筒模板

与工业民用建筑的墙壁模板相似。井筒有的是圆形如调压井，有的是方形如闸门井。20 世纪 70 年代以来，不少井筒采用滑模施工，工效及质量均远较立模浇筑为佳。

（九）隧洞模板

隧洞混凝土衬砌以往多用分部浇筑法，先立底模，浇筑底板或底拱，继而竖立边墙模板，浇筑边墙，最后架立顶模，浇筑顶板或顶拱。这种施工方法的程序多，洞内支柱林立，施工干扰大。20 世纪 50 年代采用了移动式隧洞混凝土衬砌的专用模板设备，称钢模台车。它的主要构造是由钢结构的车架和设置其上的模板组成。模板的拆装依靠车架上的千斤顶和螺杆，车架可在已浇筑好的底拱上，有轨或无轨行驶。当模板自身可承受外力时，车架可与模板脱离，驶向前方待浇段。模板约经过四天龄期即可拆模重复使用。另一种隧洞衬砌设备，称针梁模板，适用于隧洞的全断面衬砌。其特点是无须铺设轨道，模板的撑开、收缩和移动，依靠一个伸出的针梁。中国鲁布革水电站内径 8m 的引水隧洞衬砌，即采用这种施工设备。其由 10 段 1.5m 的模板组成，共长 15m。每段由四块模板（底拱、顶拱和两边模）组成，针梁宽度 2.4m、高 2.39m、长 38m。隧洞衬砌也有用滑模施工的，多数仅限于隧洞底拱，个别的小斜井用全断面滑模法施工，但不普遍。

三、作用

模板虽然是辅助性结构，但在混凝土施工中至关重要。在水利工程中，模板工程的造价，占钢筋混凝土结构物造价的 15% ~ 30%，占钢筋混凝土造价的 5% ~ 15%，制作与安装模板的劳动力用量约占混凝土工程总用量的 28% ~ 45%。对结构复杂的工程，立模与绑扎钢筋所占的时间，比混凝土浇筑的时间长得多，因此，模板的设计与组装工艺是混凝土施工中不容忽视的一个重要环节。

四、设计原则

（一）实用性原则

模板要保证构件形状尺寸和相互位置正确，且结构简单，支拆方便，表面平整，接缝严密不漏浆等。

（二）安全性原则

要有足够的强度，刚度和稳定性，保证施工中不变形，不破坏，不倒塌。

（三）经济性原则

在确保工期质量安全的前提下，尽量减少一次性投入，增加模板周转，减少支拆用工，实现文明施工。

（四）钢模板及其支撑的设计

钢模板及其支撑的设计应符合现行国家标准《钢结构设计规范》（GB50017 — 2001）的规定，其截面塑性发展系数取 1.0。

（五）木模板及其支撑的设计

木模板及其支撑的设计应符合现行国家标准《木结构设计规范》（GB50005—2003）的规定，其中受压立杆除满足计算需要外，其梢径不得小于60mm。

五、安全技术

（一）工作前应戴好安全帽，检查使用的工具是否牢固，扳手等工具必须用绳索系挂在身上，防止掉落伤人。工作时应集中思想，避免钉子扎脚和空中滑落。

（二）安装与拆除5m以上的模板，应搭设脚手架，并设防护栏杆，防止在同一垂直面上下操作。高处作业要系牢安全带。

（三）不得在脚手架上堆放大批模板等材料。

（四）高处、复杂结构模板的安装与拆除，事先应有切实的安全措施。高处拆模时，应有专人指挥，并在下面标出工作区。组合钢模板装拆时，上下应有人接应，随装拆随运送，严禁从高处掷下。

（五）支撑、牵杠等不得搭在门窗框和脚手架上。通路中间的斜撑、拉杆应设在高1.8m以上处。支模过程中，如需中途停歇，应将支撑、搭头、柱头板等钉牢。拆模间歇，应将已活动的模板、牵杠、支撑等运走或妥善堆放。

（六）拆除模板一般用长撬棍。人不许站在正在拆除的模板上。在拆除模板时，应防止整块模板掉下，以免伤人。

（七）模板上有预留洞者，应在安装后将洞口盖好。混凝土板上的预留洞，应在模板拆除后随即将洞口盖好。

（八）在组合钢模板上架设电线和使用电动工具，应用36V以下安全电压或采取其他有效的安全措施。

六、安全要求

（一）模板工程作业高度在2m及以上时，应根据高处作业安全技术规范的要求进行操作和防护，在4m以上或两层及两层以上周围应设安全网和防护栏杆。

（二）支模应按规定的作业程序进行，模板未固定前不得进行下一道工序。严禁在连接件和支撑件上攀登上下，并严禁在上下同一垂直面安装、拆模板。

（三）支设高度在3m以上的柱模板，四周应设斜撑，并应设立操作平台，低于3m的可用马凳操作。

（四）支设悬挑形式的模板时，应有稳定的立足点。支设临空构筑物模板时，应搭设支架。模板上有预留洞，应在安装后将洞盖没。混凝土板上拆模后形成的临边或洞口，应按规定进行防护。

（五）操作人员上下通行时，不许攀登模板或脚手架，不许在墙顶、独立梁及其他狭窄而无防护栏的模板面上行走。

（六）模板支撑不能固定在脚手架或门窗上，避免发生倒塌或模板位移。

（七）在模板上施工时，堆物不宜过多，不宜集中一处，大模的堆放应有防倾措施。

（八）冬季施工，应对操作地点和人行通道的冰雪事先清除；雨季施工，对高耸结构的模板作业应安装避雷设施；5级以上大风天气，不宜进行大块模板的拼装和吊装作业。

（九）模板拆除的安全要求

1.模板支撑拆除前，混凝土强度必须达到设计要求，并应申请、经技术负责人批准后方可进行。

2.各类模板拆除的顺序和方法，应根据模板设计的规定进行，如无具体规定，应按先支的后拆，先拆非承重的模板，后拆承重的模板和支架的顺序进行拆除。

3.拆模时必须设置警戒线，应派人监护。拆模必须拆除的干净彻底，不得留有悬空模板。

4.拆模高处作业，应配置登高用具或搭设支架，必要时应戴安全带。

5.拆下的模板不准随意向下抛掷，应及时清理。临时堆放处离楼层边沿不应小于1m，堆放高度不得超过1m，楼层边口、通道口、脚手架边缘严禁堆放任何拆下物件。

6.拆模间隙时，应将已活动的模板、牵杠、支撑等运走或妥善堆放，防止因踏空、扶空而坠落。

七、施工准备

（一）材料

1.木模板（或夹板）其规格、种类必须符合设计要求。

2.木方的规格、种类必须符合其设计要求。

3.支架系统：木支架或各种定型桁架、支柱、托具、卡具、螺栓、门式钢架、交叉撑、钢管等必须符合设计要求。

4.为确保砼构件的浇筑成型质量，经济实用，方便施工的原则，梯、梁、板均采用木模，模板支撑系统采用扣件式钢管脚手架。为降低工程成本模板采用循环使用的方式。

5.板材和方材要求四角方正、尺寸一致。

6.扣件式钢管脚手架钢管采用外径48mm、壁厚3.5mm的Q235焊接钢管或无缝钢管。

7.堆木料时，不得超过1.2m，并应交错堆放，垛底应垫20cm厚的垫木。

8.施工前操作人员必须熟悉设计要求根据设计尺寸经校核无误后方可下料操作。

9.施工前应对材料、工具进行检查对有质量缺陷的材料不得使用。

（二）作业条件

1. 模板设计

在图纸会审后，根据工程的特点、计划合同工期及现场环境，对各分部混凝土模板进行设计，确定木模板制作的几何形状，尺寸要求，龙骨的规格、间距，选用支架系统。绘制各分部混凝土模板设计图（包括模板平面布置图、剖面图、组装图、节点大样图、零件加工图等），操作工艺要求及说明。

2. 木模板的备料

模板数量应按模板设计方案结合施工流水段的划分，进行综合考虑，合理确定模板的配置数量，减少模板投入，增加周转次数。

3. 模板涂刷脱模剂，并分规格堆放。

4. 根据图纸要求，放好轴线和模板边线，定好水平控制标高。

5. 设置模板定位基准

按构件尺寸先用同强度等级的细实混凝土浇筑 50 ~ 100mm 的短柱或导墙，作为模板定位基准。另一种做法是根据构件尺寸切割一定长度的钢筋或角钢头，点焊在主筋上，并按两排主筋的中心位置分档，以保证钢筋和模板位置的准确。

6. 进行找平工作

模板承垫底部应预先找平，以保证模板位置正确，防止模板底部漏浆。常用的方法是沿模板边线用 1：3 水泥砂浆抹找平层。另外，在外墙、外柱部位，继续安装模板前，要设置模板承垫条带，并校正其平直。

7. 墙、柱钢筋绑扎完毕，水电管及预埋件已安装，绑好钢筋保护垫层，并办完隐蔽验收手续。

8. 根据模板方案、图纸要求和工艺标准，向班组进行安全、技术交底。

八、施工操作工艺

（一）基础模板制作安装

1. 阶梯型独立基础

根据图纸尺寸制作每一阶梯模板，支座顺序由下至上安装，先安装底层阶梯模板，用斜撑和水平撑钉稳撑牢；核对模板墨线及标高，配合绑扎钢筋及垫块，再进行上一阶模板安装，重新核对墨线各部位尺寸，并把斜撑、水平支撑以及拉杆加以钉紧、撑牢，最后检查拉杆是否稳固，校核基础模板几何尺寸及轴线位置。

2. 杯形独立基础

与阶梯形独立基础相似，不同的是增加一个中心杯芯模，杯口上大下小略有斜度，基础的杯芯模板应刨光直拼并钻有排气孔，减少浮力。安装前应钉成整体，轿杠钉于两侧，中心杯芯模完成后要全面校核中心轴线和标高。

3. 条形基础模板

侧板和端头板制成后，应先在基槽底弹出基础边线和中心线，再把侧板和端头板对准边线和中心线，用水平尺校正侧板顶面水平，经测验无误后，用斜撑、水平撑及拉撑钉牢。

（二）柱模板

1. 按图纸尺寸制作柱侧模板后，按放线位置钉好压脚板再安柱模板，两垂直向斜拉顶撑，校正垂直度及柱顶对角线。

2. 安装柱箍：柱箍应根据柱模尺寸、侧压力的大小等因素进行设计选择（有木箍、钢箍、钢木箍等）。柱箍间距一般在 500 ~ 1000mm 左右，柱箍面较大时应设置柱中穿心螺丝，由计算确定螺丝的直径、间距。

3. 保证柱模的长度符合模数，不符合部分放到节点部位处理；或以梁底标高为准，不符模数部分放到柱根部位处理。

4. 柱根部要用水泥砂浆堵严，防止跑浆；在配模时一并考虑留出柱模板的浇筑口和清扫口。

5. 梁柱模板分两次支设时，在柱子砼达到拆模强度时，最上一段柱模先保留不拆，以便于与梁模板连接。

（三）梁模板安装

1. 在柱子上弹出轴线、梁位置和水平线，钉柱头模板。

2. 梁底模板：按设计标高调整支柱的标高，然后安装梁底模板，并拉线找平。当梁模板跨度大于及等于 4m 时，跨中梁底处应按设计要求起拱，如设计无要求时，起拱高度为梁跨度的 1‰~3‰。主次梁交接时，先主梁起拱，后次梁起拱。

3. 梁下支柱支承在基土面上时，应对基土平整夯实，满足承载力要求，并加木垫板或混凝土垫板等有效措施，确保混凝土在浇筑过程中不会发生支顶下沉。

4. 支顶在楼层高度 4.5m 以下时，应设两道水平拉杆和剪刀撑，若楼层高度在 4.5m 以上时要另行做施工方案。

5. 梁侧模板：根据墨线安装梁侧模板、斜撑等。梁侧模板制作高度应根据梁高及楼模板来确定。

6. 当梁高超过 750mm 时，梁侧模板宜加穿梁螺栓加固。

九、楼面模板

（一）根据模板的排列图架设支柱和龙骨

支柱与龙骨的间距，应根据楼板的混凝土重量与施工荷载的大小，在模板设计中确定，一般支柱为 800～1200mm，大龙骨间距为 600～1200mm，小龙骨间距为 400～600mm。支柱排列要考虑设置施工通道。

（二）底层地面应夯实，并铺垫脚板

采用多层支架支模时，支柱应垂直，上下层支柱应在同一中心线上。各层支柱间的水平拉杆和剪刀撑要认真加强。

（三）通线调节支柱的高度，将大龙骨找平，架设小龙骨。

（四）铺模板时可从四周铺起，在中间收口。

十、墙体模板

墙体的特点是高度大而厚度小，其模板主要承受混凝土的侧压力。因此，必须加强墙体模板的刚度，并设置足够的支撑，以确保模板不变形和发生位移。墙体模板安装时，要先弹出中心线和两边线，选择一边先装，设支撑，在顶部用线锤吊直，拉线找平后支撑固定；待钢筋绑扎好后，墙基础清理干净，在竖立另一边模板。为了保持墙体的厚度，墙板内应加撑头或对拉螺栓。

十一、楼梯模板

楼梯与楼板相似，但又有其支设倾斜，有踏步的特点，因此，楼梯模板与楼板模板既相似又有区别。

楼梯模板施工前应根据实际放样，先安装平台梁及基础模板，再装楼梯斜梁或楼梯底模板，然后安装楼梯外帮侧板。外帮侧板应先在其内侧弹出楼梯底板厚度线，画出踏步侧板位置线，钉好固定踏步侧板的档木，在现场装订侧板。梯步高度要均匀一致，特别要注意每层楼梯最下一步及最上一步的高度，必须考虑到楼地面粉刷厚度，防止由于粉面层厚度不同而形成梯步高度不协调。

十二、质量缺陷及治理措施

（一）带形基础模板沿基础通长方向，模板上口不直宽度不准；下口陷入混凝土内；侧面混凝土麻面、露石子；拆模时上段混凝土缺损；底部上模不牢。

防治措施：

1.模板应有足够的强度和刚度，支模时，垂直度要找准确。

2. 模板上口应用 ϕ 8mm 圆钢套入模板顶端小孔内，中距 50 ～ 80cm，木模板上口应钉木带，以控制带形基础上口宽度，并通长拉线，保证上口平直。

3. 上段模板应支承在预先横插圆钢或预制混凝土垫块上，木模板也可用临时支撑，以使侧模支承牢靠并保持高度一致。

4. 发现混凝土由上段模板下翻上来，应在混凝土初凝时轻轻铲平至模板下口，使模板下口不至于卡牢。

5. 混凝土呈塑性状态时切忌用铁锹在模板外侧用力拍打，以免造成上段混凝土下滑，形成根部缺损。

6. 组装前应将模板上残渣剔除干净，模板拼缝应符合规范规定，侧模应支撑牢靠。

7. 支撑直接撑在土坑边时，下面应垫木板，以扩大其接触面。木模板长向接头处应加拼条，使板面平整，连接牢靠。

（二）梁模板下口炸模，上口偏歪，梁中部下挠。

防治措施：

1. 根据深梁的高度及宽度核算混凝土振捣时的重量及侧压力（包括施工荷载）。

2. 钢模板外侧应加双排钢管围檩，间距不大于 50cm，并加穿对拉螺栓，沿梁的长方向每隔 80 ～ 120cm，螺栓内可穿 ϕ 40 钢管或塑料管，以保证梁的净宽，并便于螺栓回收重复使用。

3. 木模采取 50mm 厚模板；每 40 ～ 50cm 加一拼条(立拼)，根据梁的高度适当加设横档。

4. 一般离梁底 30 ～ 40cm 处加 ϕ 16mm 对拉螺栓（用双根横档，螺栓放在两根横档之间，由垫板传递应力，可避免在横档上钻孔），沿梁长方向相隔不大于 1m，在梁模内螺栓可穿上钢管和硬塑料套管承头，以保证梁的宽度，并便于螺栓回收重复利用。

5. 木模板夹木应与支撑顶部的横担木钉牢；梁底模板应按规定起拱。

6. 单根深梁模板上口必须拉通长麻线（或铅丝）复核，两侧斜撑应同样牢固。

（三）柱模板炸模，造成断面尺寸鼓出、漏浆、混凝土不密实或蜂窝麻面；柱偏斜，一排柱子不在同一轴上，柱身扭曲。

防治措施：

1. 成排柱子支模前，应先在底部弹出通线，将柱子位置斗方找中。

2. 柱子支模前必须先校正钢筋位置；柱子底部以钢筋角钢焊成柱断面外包框保证底部位置准确。

3. 成排柱模支撑时，应先立两端柱模，校直与复核位置无误后，顶部拉通长线，再立中间各根柱模。柱距不大时，相互间应用剪刀撑及水平撑搭牢。柱距较大时，各柱单独拉四面斜撑，保证柱子位置准确。

4. 根据柱子断面的大小及高度，柱模外面每隔 500 ～ 1000mm 应加设牢固的柱箍，防止炸模；柱模如用木料制作，拼缝应刨光拼严，门子板应根据柱宽柱采取适当的厚度，确保混凝土浇筑过程中不漏浆，不炸模，不产生外鼓。

5. 较高的柱子，应在模板中部一侧留临时浇灌孔，以便浇筑混凝土，插入振动棒，当混凝土浇筑到临时洞口时，即应可靠封闭。

第二节 钢筋工程

一、施工要求

（一）根据合同规定，本工程使用的钢材主要为 HRB400

（二）钢筋原材料，必须出具出厂合格证

工程技术质检人员、材料员会同本工程监理工程师检查钢材产地、批号、规格是否与合格证相符，钢材的外观质量进行检验，经检查确认无误后方可收货。钢筋应按批检查验收，每一验收批应是同一炉号、同一加工方法、同一规格尺寸、同一交货方式的钢筋组成。在检查外观度尺寸合格后切取试样送法定的材料试验部门复检，

（三）钢筋堆放场地

浇筑 100 厚 C20 混凝土，并用混凝土浇筑 200（200 的长条墩，间距 4m 左右），钢筋分规格横向搁置在混凝土墩上，不同规格的钢筋之间用型钢立柱隔开，并用标识牌标明直径、级别、产地、检验状态等，设专人管理。

（四）进场的钢筋和加工好的钢筋

根据钢筋的牌号分类堆放在枕木或砖砌成的高 30cm 间距 2m 的垄上，以避免污垢或泥土的污染。严禁随意堆放。

二、钢筋的接长

（一）接长方式

1. 工程的柱竖向钢筋（Φ16 及以上规格）均采取电渣压力焊接长；其余规格的钢筋采取绑扎搭接。

2. 梁板纵向受力钢筋中 Φ16 及以上采取焊接接长，Φ14 及其以下规格均采用绑扎搭接或焊接接长。

（二）接长施工方法

1. 电渣压力焊接长

（1）焊接工艺流程

检查设备电源→钢筋端头制备→选择焊接参数→安装焊接夹具和钢筋→安放铁丝环→

试焊、作试件→安放焊剂罐、填装焊剂→确定焊接参数→施焊→回收焊剂→卸下夹具→质量检查。

（2）焊接方法

电渣压力焊是利用电流通过渣池产生的电阻热将钢筋端部熔化，然后施加压力使钢筋熔合。电渣压力焊可采用直接引弧法，先将上钢筋与下钢筋接触，通电后，即将上钢筋提升 2～4mm 引弧，然后，继续缓提几毫米，使电弧稳定燃烧；之后，随着钢筋的熔化，上钢筋逐渐插入渣池中，此时电弧熄灭，转为电渣过程，焊接电流通过渣池而产生大量的电阻热，使钢筋端部继续熔化，钢筋端部熔化到一定程度后，在切断电源的同时，迅速进行顶压，持续几秒钟，方可松开操纵杆，以免接头偏斜或接合不良。

（3）焊接参数主要包括：渣池电压、焊接电流、焊接通电时间等，按下表参考选用。

表 4-1

钢筋直径（mm）	渣池电压（V）	焊接电流（A）	焊接通电时间（S）
20		400～450	20～25
25	25～35	450～600	30～35
32		600～700	35～40

注：不同直径钢筋焊接时，应根据较小直径钢筋选择参数。

（4）在钢筋电渣压力焊的焊接过程中，如发现裂纹、未熔合、浇伤等焊接缺陷，参照下表查找原因，采取改进措施。

表 4-2

项次	焊接缺陷	防止措施
1	偏心	1、把钢筋端部矫直；2、上钢筋安放正直 3、顶压用力适当；4、适当加大熔化量
2	弯折	1、把钢筋端部矫直；2、钢筋安放正直 3、适当延迟松开机（夹）具的时间
3	咬边	1、适当调小焊接电流；2、适当缩短焊接通电时间 3、及时停机；4、适当加大顶压量
4	未熔合	1、提高钢筋下送速度；2、适当增大焊接电流 3、检查夹具，使上钢筋均匀下送；4、延迟断电时间
5	焊包不匀	1、钢筋端部切平；2、铁丝圈放置正中 3、适当加大熔化量
6	气孔	1、按规定烘烤焊剂；2、把铁锈清除干净
7	烧伤	1、钢筋端部彻底除锈；2、把钢筋夹紧
8	焊包下流	塞好石棉布

2. 搭接焊

搭接焊时其焊缝长度为 5d（10d）+20mm，确保焊缝长度足够。焊接前清除焊件表面铁锈及杂质。并先将钢筋焊接部分预弯，使两钢筋的轴线位于同一直线上，用两点定位焊固定。焊接时，优先考虑双面焊（5d），若操作位置受阻可采用单面焊（10d）。

3. 楼板、次梁部分钢筋采用绑扎接头形式，搭接长度为 45d，在施工中一般不宜采用，尽可能减少出现。

三、钢筋的下料绑扎

（一）柱每边主筋不多于 4 根时，接头可在同一水平面上；每边柱多于 4 根时，应在两个水平面上连接，相邻接头水平面间距为 41d（d 为柱主筋直径），接头最低点距楼面不得少于 800mm。

（二）柱箍筋末端应有 135（弯钩，圆柱箍筋弯钩垂直于箍筋），弯钩端头应有不小于 10d（d 为箍筋直径）的直线长度，柱的拉筋可两端做弯钩，也可一端做弯钩，一端做直钩。直钩长度 10d。

（三）钢筋的弯钩或弯折应符合下列规定

1. Ⅰ级钢筋末端需作 180° 弯钩，其圆弧弯曲直径 D 不应小于钢筋直径 d 的 2.5 倍，平直部分长度不宜小于钢筋直径 d 的 3 倍。

2. Ⅱ级钢筋末端需作 90° 或 135° 弯钩，其圆弧弯曲直径 D 不应小于钢筋直径 d 的 4 倍，平直部分长度按设计要求确定。

3. 箍筋的末端应做弯钩，弯钩形式应符合设计要求，当设计无具体要求时，用Ⅰ级钢筋或冷拔低碳钢丝制作的箍筋，其弯钩的弯曲直径应大于受力钢筋的直径，且不小于箍筋直径的 2.5 倍，弯钩平直部分的长度，对一般的结构，不宜小于箍筋直径的 5 倍，对于有抗震要求的结构，不宜小于箍筋直径的 10 倍。

（四）凡混凝土构件侧边有砌体墙时，在混凝土构件侧面砌体墙的位置从上到下应预埋两根拉结钢筋，高度间隔 500mm。

（五）绑扎前在模板或垫层上标出板筋位置，在柱梁及墙筋上画出箍筋及分布筋位置线，以保证钢筋位置正确。

（六）混凝土浇筑前，将柱墙主筋在楼面处同箍筋及水平筋用电焊点牢，以防柱墙筋移位。

（七）梁内通长钢筋需接长时，上筋接点布置在跨中，下筋布置在支座。

（八）板上层筋及中层筋均用凳筋架立，楼板凳筋采用 φ10 钢筋间距 1.0×1.0m。

（九）钢筋绑扎

1. 准备工作

核对半成品钢筋的规格、尺寸和数量等是否与料单相符，准备好绑扎用的铁丝、工具等，并按各部位保护层的厚度，准备好高标号水泥砂浆垫块。

2. 柱、墙钢筋绑扎

墙内水平钢筋的绑扎其端部锚固必须满足构造要求，保证长度。墙内外钢筋网片之间按图纸设拉结筋，梅花形布置。

墙、柱钢筋保护层垫块绑扎在竖向钢筋上，墙筋按设计要求增加拉筋，尤其是出楼面的第一道墙水平筋（柱箍筋）要与主筋焊牢，以控制墙（柱）立筋不位移。

3. 梁板钢筋绑扎

框架梁钢筋绑扎时，其主筋应放在柱主筋内侧，主梁与次梁高度相等时，次梁的下部主筋放于主梁的下部之上，遇有多排钢筋交叉时，主次梁的钢筋应相互间叠放，当梁与墙、柱外皮相平时，可将梁外侧的钢筋端部稍作弯折伸入墙柱主筋内侧，梁板钢筋伸入圆柱内的锚固必须从实际进入柱截面计算长度。

梁板的上部钢筋在跨度中间 1/3 范围内搭接，下部钢筋在净跨中间 1/3 范围内不允许采用绑扎接头，钢筋锚固长度应符合图纸及施工规范要求。

为保证钢筋的位置正确，保护层垫块在绑扎钢筋前放于梁底模内，板底筋保护层用砼垫块垫，上部钢筋和负矩筋用塑料限位卡支撑，以保证钢筋不移位。当梁筋有多排，排与排之间用 φ25 钢筋作垫铁，以保证钢筋间距满足规范要求。

钢筋绑扎时应按图纸及规范要求操作。绑扎箍筋、墙筋及板筋前应画出图纸要求的间距，然后绑扎。梁板及墙体留洞的洞口加强钢筋按图纸要求进行。钢筋的绑扎质量应符合设计及施工验收规范的要求。

钢筋搭接的末端距钢筋弯折处不得小于钢筋直径的 10 倍，接头位置不应位于构件最大弯矩处，钢筋搭接处在中心和两端用扎丝扎牢。

混凝土浇筑时，必须派专人值班，发现钢筋位移和松脱及时纠正。

四、施工工序

（一）钢筋接头、位置按图纸及规范要求

接头施工时设专人负责，由专业人员操作。施工前不同规格钢筋分别取样试验，合格后方能进行。柱筋均应在施工层的上一层留不小于 45d 长的柱子纵向筋。在进入上一层施工时，先套入箍筋，纵向筋连接好后，立即将柱箍上移就位，并按设计要求绑好箍筋以防纵向筋移位。

（二）梁板的钢筋

梁的纵向主筋采用直螺纹、焊接及搭接焊接长，梁的受拉钢筋接头位置宜在跨中区（跨中 1/3 处）受压钢筋宜在支座处，同一截面内接头的钢筋面积不超过 25%。

（三）在完成梁底模板及 1/2 侧模通过质检员验收后，便可施工梁钢筋

按图纸要求先放置纵筋再套外箍，严禁斜扎梁箍筋，保证其相互间距。梁筋绑扎同时，

木工可跟进封梁侧模，梁筋绑好经检查后可全面封板底模。在板上预留洞留好之后开始绑扎板下排钢筋网，绑扎时先在平台底板上用墨线弹出控制线，并用红油漆或粉笔标在模板上标出每根钢筋的位置，待底排钢筋、预埋管件及预埋件就位后交质检员复查，再清理场面后，方可绑扎上排钢筋。按设计保护层厚度制作对应混凝土垫块，板按 1m 的间距放置垫块，梁底及两侧每 1m 均在各面垫上两块垫块。

五、钢筋混凝土保护层厚度保证措施

（一）认真做好图纸会审，技术交底，根据设计图纸对保护层的厚度要求来绑扎钢筋。使用相应的标准垫块，不能为图省事乱用垫块或少用垫块而导致保护层偏差。

（二）施工人员应熟悉图纸及规范的要求，箍筋的尺寸要正确。对一些钢筋密集，复杂的梁、柱交接处，主梁与次梁的交接处必须放实样，合理安排各方向的主筋与副筋位置。同时确保钢筋在制作时的尺寸正确，给施工现场钢筋安装、绑扎节点创造条件。避免由于交接点处钢筋密集无法安装而造成钢筋挤占保护层位置，从而发生露筋的情况。

（三）模板制作的尺寸偏差也会导致保护层的超标，所以还要注意模板工程的制作和安装。制作要规范、尺寸要精确，特别是缩模现象很容易导致钢筋保护层偏小甚至发生露筋现象。

（四）重视钢筋的绑扎成型工序。绑扎时要按图纸、规范操作。保证钢筋骨架各部分尺寸及精度，确保主筋位置的安放准确，是避免出现钢筋保护层偏差的前提。

（五）对一些复杂的梁板结构，以及纵横交错的梁柱交接点应在认真交底的基础上，合理安插主、次梁结构主钢筋的位置，并注意施工顺序，避免出现钢筋挤占保护层的情况。

（六）安放、绑扎固定钢筋保护层垫块应作为钢筋工程施工中的一个重要环节。使用塑料垫块或卡撑式定位件等作为确保钢筋保护层的措施，间距 0.8 ～ 1m 应设置一只垫块，如果钢筋直径较小，则还应适当加密垫块的间距。

（七）在混凝土浇捣过程中提倡文明施工，注意成品保护。混凝土浇捣施工中，应做到规范操作，除了对易于偏位的钢筋应作有效的固定外，应有专人指挥监督，严禁人员在钢筋上随意行走，振捣要按操作规范要求认真有序操作，振动捧不得随意触及钢筋骨架。

六、质量通病防治措施

（一）为保证钢筋位置的准确，在浇筑混凝土时，要在墙外边 10cm 处设检查线，发现钢筋移位立即纠正。

（二）对于板筋绑扎，垫块一定要垫够，其间距 ≤ 1000mm，梅花型放置。上层板筋应加强马凳。

（三）采用电渣压力焊连接的钢筋，将钢筋端头处理干净，弯折变形部分要切除，施焊后要留充分时间，待焊接点冷却凝固，才能拆除固定装置，以免钢筋偏位。按规定分批随机取样送检，且每个接头均做好记录。

（四）按规定检查钢筋的绑扎质量，绑扎缺扣松扣，数量不超过绑扎数的 10% 且不应集中。

七、钢筋工程的验收

（一）根据设计图纸检查钢筋的钢号、直径、根数、间距是否正确。特别是要检查支座负筋的位置。

（二）检查钢筋接头的位置及搭接长度是否符合规定。

（三）检查钢筋保护层厚度是否符合要求。

（四）检查钢筋绑扎是否牢固，有无松动现象。

（五）检查钢筋是否清洁。

（六）钢筋工程的施工质量必须符合《混凝土结构工程施工质量验收规范》中的有关要求。

第三节 混凝土工程

施工放样结束后，进行模板、钢筋工序的施工，经监理单位验收合格后的工作面，方可进行混凝土施工，在混凝土施工前，保持基层的清洁和湿润状态。

一、混凝土材料

施工前首先对原材料进行试验，确定最优配合比作为施工控制依据。同时根据施工进度计划进行原材料的备料，满足施工的连续性，合格的材料进场后应按照不同的种类分别堆放。本工程的粗细骨料在指定的料场购买。骨料的材质、粒径、含泥量等指标均应达到相关规定和标准，自卸汽车运输到施工现场。

（一）水泥

水泥采用发包人指定材料供应供货，运输过程中应注意其品种和标号不得混杂，并采取有效措施防止受潮。

（二）骨料

按业主提供的料场进行购买，所购骨料应是合格材料。

1.细骨料应质地坚硬，清洁、级配良好，细度模数应在 2.4 ~ 3.0 范围内，其他标准应符合有关技术规范。

2. 粗骨料的最大粒径，不应超过钢筋最小净间距的 2/3 及构件断面最小边长的 1/4，素混凝土板厚的 1/2，所用骨料应尽量级配连续。

3. 不同粒径的骨料应分别堆存，严禁相互混杂和混入泥土；装卸时，粒径大于 40mm 的骨料的净自由落差不应大于 3m，应避免造成骨料的严重破碎，对含有活性骨料、黄锈等的粗骨料，必须进行专门试验后，才能使用。

（三）水

工程拟采用库水经净化处理合格后用于施工。其 pH 值、不溶物、可溶物氯化物等的含量按表 4-3 标准执行。

表 4-3　物质含量极限

项目	钢筋混凝土	素混凝土
pH 值	＞ 4	＞ 4
不溶物 mg/L	＜ 2000	＜ 5000
可溶物 mg/L	＜ 5000	＜ 10000
氯化（以 Cl- 计）mg/L	＜ 1200	＜ 3500
硫酸盐（以 SO42- 计）mg/L	＜ 2700	＜ 2700
硫化物（以 S2- 计）mg/L	——	——

（四）其他掺合料

根据施工图纸及监理人的指示下，混凝土中可掺入粉煤灰、硅粉等其他掺合料。

施工前应按图纸要求和监理人的指示采购掺合料，并将材料供应厂家、样品、质量证明书和使用说明书报送监理人。

掺合料使用前，应通过试验，确定其质量达到相关标准后才能使用。

掺合料的运输和储存，应严禁与水泥等其他粉状材料混装，以避免交叉污染，储存过程中应防潮防水，若出现硬块的掺合料不能使用。

（五）外加剂

1. 用于混凝土的外加剂（如减水剂、缓凝剂、早强剂等）其质量应符合相关的规范规定。

2. 不同品种的外加剂应分别储存，在运输与储存中不得相互混装，以免交叉污染。

3. 外加剂的掺合量应由配合比试验确定，并报监理工程师批准。

二、混凝土配合比

所有配合比试验结果均应在书面请示监理工程师并得到批准后方能使用。水工混凝水灰比的最大允许值应符合表 4-4 规定。

表 4-4　水灰比最大允许值

混凝土部位	水灰比
基础	0.60
内部	0.65
受水流冲刷部位	0.50

混凝土的塌落度应根据建筑物的性质、钢筋含量、砼的运输、浇筑方法和气候条件确定，尽量采用小的塌落度，混凝土在浇筑点的塌落度可按下表选定。

表 4-5　混凝土在浇筑点的塌落度

建筑物的性质	标准圆塌落度（cm）
水工素混凝土或少筋混凝土	1～4
配筋率不超过 1% 的钢筋混凝土	3～6
配筋率超过 1% 的钢筋混凝土	5～9

三、混凝土的拌和及运输

（一）混凝土的拌和

根据试验确定的配合比，进行各种原材料的配料，在雨后配料前应检测配料的含水量，进行配料调整，水泥、混合材料和骨料平均以重量计并通过磅称计量，称量偏差不超过设计及规范要求。

装料的顺序为：先装石子，再装入水泥，最后装入砂。

在搅拌的过程中，严格控制拌和时间，拌和时间由试验确定，要求拌和出的混凝土和易性达到相关规定。

拌和时间不少于表 4-6 的规定：

表 4-6　混凝土拌和时间（s）

拌和机进料容量（m³）	最大骨料粒径（mm）	最少拌和时间	
		自落式搅拌机	强制式搅拌机
0.8 ≤ Q ≤ 1	80	90	60
1 < Q ≤ 3	150（或 120）	120	75
Q > 3	150	150	90

（二）混凝土的运输

搅拌机布置在浇筑点附近便于混凝土的运输。运输采取人工手推车的方式，在混凝土运输过程确保不发生分离、漏浆、严重泌水等现象。

四、混凝土浇筑

（一）基础面混凝土浇筑

岩基上的杂物、泥土及松动的岩石均应清除，应冲洗干净并排干积水，如遇有承压水，应制定措施处理完毕后方可浇筑。清洗后的基础岩面在混凝土浇筑前应保持洁净和湿润。建筑物建基面必须验收合格后，方可进行混凝土浇筑。

对于易风化的岩基础及软基，在立模扎筋前应处理好地基临时保护层，在软基上操作时，应力求避免破坏和扰动原状土壤。

基岩面浇筑仓，在浇筑第一层混凝土前，必须先铺一层 2 ~ 3cm 厚的水泥砂浆，砂浆水灰比应与混凝土浇筑强度相适应，铺设施工工艺应保证混凝土与基岩结合良好。

（二）混凝土分层浇筑作业

浇筑时应按批准的浇筑分层分块和浇筑程序进行施工。在廊道周边浇筑混凝土时，应使混凝土均匀上升，在斜面上浇筑混凝土时应从最低处开始，直到保持水平面。

混凝土卸入仓面后，随浇随平整，平整采用人工平整方式，保证摊铺平整后的料均匀且满足厚度要求。采用插入式振捣器进行振捣，插入式振捣器采用行列式或交错式布置插点，振捣时不得触动钢筋及预埋件。每次移动位置的距离不大于振动棒作用半径的 1.5 倍。

振捣过程中，严格控制振捣时间，一般混凝土表面呈水平不再显著不沉，不再冒出气泡，表面泛浆为准。

混凝土浇筑应保持连续性，浇筑混凝土允许间隙时间应通过试验确定，或按 DL/T5144 — 2001 规定执行。若超过允许间歇时间，则按工作缝处理。

除经监理人批准外，两相邻块浇筑间歇时间不得小于 72h。

混凝土浇筑层厚度，应根据搅拌、运输和浇筑能力、振捣器性能及气温因素确定，一般情况下，不应超过表 4-7 规定。

表 4-7 混凝土浇筑层的最大允许厚度（mm）

捣实方法和振捣器类别		允许最大厚度
插入式	软轴振捣器	振捣器头长度的 1.25 倍
表面式	在无筋或少筋结构中	250
	在钢筋密集或双层钢筋结构中	150
附着式	外挂	300

在浇筑分层的上层混凝土前，应对下层混凝土的施工缝面进行冲毛或凿毛处理。

五、砼面的修整

（一）有模板砼浇筑的成型偏差不得超过表4–8规定的数据。

表 4–8 砼结构表面的允许偏差

顺序	项目	砼结构的部位（mm）	
		外露表面	隐蔽内面
	模板平整度		
1	相邻两面板高差	3	5
2	局部不平（用2m直尺检查）	5	3
3	结构物边线与设计边线	3	15
4	结构物水平截面内部尺寸	±9	
5	承重模板标高	±5	
6	预留孔、洞尺寸及位置	3	

（二）砼表面缺陷处理

1. 砼表面监察凹陷或其他损坏的砼缺陷按监理人指示进行修补，直到监理人满意为止，并做好详细记录。

2. 修补前必须用钢丝刷或加压水冲刷清除缺陷部分，或凿去薄弱的砼表面，用水冲洗干净，应采用比原砼强度等级高一级的砂浆、砼或其他填料填补缺陷处，并予抹平，修整部位应加强养护，确保修补材料牢固黏结，色泽一致，无明显痕迹。

3. 砼浇筑块成型后的偏差不得超过模板安装允许偏差50%～30%，特殊部位（溢流面、门槽等）应按施工图纸的规定。

（三）预留孔砼

按施工图纸要求，在砼建筑物中预留各种孔穴。为施工方便或安装作业所需预留的孔穴，均在完成预埋件埋设和安装作业后，采用砼或砂浆予以回填密实。

除另有规定外，回填预留孔用的砼或砂浆，与周围建筑物的材质相一致。

预留孔在回填砼或砂浆之前，先将预留孔壁凿毛，并清洗干净和保持湿润，以保证新老砼结合良好。

回填砼或砂浆过程中应仔细捣实，以保证埋件黏结牢固，以及新老砼或砂浆充分黏结，外露的砼或砂浆表面必须抹平，并进行养护和保护。

六、养护和表面保护

混凝土浇筑完毕后，在 12 ～ 18h 内开始进行，采取洒水、表面喷雾或加盖聚乙烯薄膜等的养护方式，使混凝土表面经常保持湿润状态，养护时间不少于 28 天。大体积混凝土的水平施工缝则应养护到浇筑上层混凝土为止。

若浇筑天气晴朗时，浇筑完毕应对无模混凝土表面保湿，保湿时采用喷雾水喷洒，喷雾时水分不应过量，要求雾滴直径达到 40 ～ 80，以防止混凝土表面泛出水泥浆，保湿应连续进行。

对成型后的混凝土表面按 DL/T5144 — 2001 的有关规定进行表面保护。

七、模板拆除

除已征得监理工程师的同意外，模板拆除的期限一般遵循：非承重的侧面模板，在混凝土强度达到 3.5MPa 以上，并能保证其表面及棱角不因拆模而损坏时，即可拆除。

对承重模板的拆除期限，应严格按照监理工程师的指示或招标文件之技术条款的有关规定执行。底模应在混凝土达到以下拆模标准后方可拆除。

表 4-9　底模拆模标准

结构类型	结构跨度（m）	按设计的混凝土强度标准的百分率(%)
板	≤ 2	50
	> 2，≤ 8	75
	> 8	100
梁、拱、壳	≤ 8	75
	> 8	100
悬臂结构	≤ 2	75
	> 2	100

八、止水、排水、伸缩缝和埋设件

（一）止水、伸缩缝

1.止水设施的型式、尺寸、埋设位置和材料的品种规格符合工程施工图纸的规定。

2.金属止水片应平整、干净、无砂眼和钉孔，止水片的衔接按其厚度分别采用折叠、咬接或搭接方式，其搭接长度不得小于 9mm，咬接和搭接部位必须双面焊接。

3. 塑料止水片或橡胶止水片的安装应防止变形和撕裂。

4. 安装好的止水片应加以固定和保护。

5. 伸缩缝混凝土表面应平整、洁净，当有蜂窝麻面时，按有关规定处理，外露铁件割除。

（二）排水设施

排水设施的型式、尺寸、位置和材料规格符合本工程施工图纸的规定和监理人的指示。

（三）埋设件

1. 排水管。

2. 电气和金属结构设备安装固定件。

3. 监理人指示埋设的其他埋设件。

九、缺陷处理

对于混凝土表面的蜂窝凹陷或其他已损坏的混凝土缺陷，修补前用钢丝刷或加压水冲刷清除缺陷部分，或凿去薄弱的混凝土表面，用水冲洗干净，并采用比原混凝土强度等级高一级的砂浆、混凝土或其他填料填补缺陷处，并予抹平。修整部位应加强养护，确保修补材料牢固黏结，色泽一致，无明显痕迹。

第五章 预应力混凝土工程

第一节 预应力混凝土及其分类

预应力混凝土结构是在结构承受外荷载前，预先对其在外荷载作用下的受拉区施加预压应力，以改善结构使用性能，这种结构形式称为预应力混凝土结构。

一、预应力混凝土的特点

预应力混凝土与普通钢筋混凝土相比，具有以下明显的特点：

（一）在与普通钢筋混凝土同样的条件下，具有构件截面小、自重轻、刚度大、抗裂度高、耐久性好、节省材料等优点。工程实践证明，预应力混凝土可节约钢材40%~50%，节省混凝土20%~40%，减轻构件自重可达20%~40%。

（二）可以有效地利用高强度钢筋和高强度等级的混凝土，能充分发挥钢筋和混凝土各自的特性，并能提高预制装配化程度。

（三）预应力混凝土的施工，需要专门的材料与设备、特殊的施工工艺，工艺比较复杂，操作要求较高，但用于大开间、大跨度与重荷载的结构中，其综合效益较好。

二、预应力混凝土的分类

（一）按预应力施加工艺的不同

先张法预应力混凝土和后张法预应力混凝土。

（二）按预应力度大小

全预应力混凝土和部分预应力混凝土。全预应力混凝土是在全部使用荷载下受拉边缘不允许出现拉应力的预应力混凝土，适用于要求混凝土不开裂的结构；部分预应力混凝土是在全部使用荷载下受拉边缘允许出现一定的拉应力或裂缝的混凝土。

（三）按预应筋在体内和体外的位置不同

体内预应力混凝土和体外预应力混凝土。

第二节 预应力锚具

一种锚具。适用于工程建设过程中，混凝土预应力张拉用的锚具。一般在桥梁施工中经常用到，预先安装好定位，然后浇筑混凝土，埋在混凝土的两端，也就是波纹管的两个端头，是为了张拉时千斤顶的稳定作用而设置的端面。

一、简介

（一）混凝土上所用的永久性锚固装置，锚具可分为两类

1. 张拉端锚具：安装在预应力筋端部且可以张锚具也称之为预应力锚具，所谓锚具，是在后张法结构或构件中，为保持预应力筋的拉力并将其传递到混拉的锚具；

2. 固定端锚具：安装在预应力筋端部，通常埋入混凝土中且不用以张拉的锚具。预应力筋用锚具的标准为：中华人民共和国国家标准（GB/T 14370 — 2015）。

（二）应用领域

广泛应用于公路桥梁、铁路桥梁、城市立交、城市轻轨、高层建筑、水利水电大坝、港口码头、岩体护坡锚固、基础加固、隧道矿顶锚顶、预应力网架、地铁、大型楼堂馆所、仓库厂房、塔式建筑、重物提升、滑膜间歇推进、桥隧顶推、大型容器及船舶、轨枕、更换桥梁支座、桥梁及建筑物加固、钢筋工程、防磁及防腐工程（纤维锚具）、碳纤维加固、先张梁场施工、体外预应力工程、斜拉索、悬索等项目工程中。

（三）规格型号

目前国内普遍采用的锚具规格有：

1. M15-N 锚具。M 代表锚具（锚具汉语拼音第一个字母）；15 代表钢绞线的规格为 15.24 的钢绞线，（我国一般普遍使用的钢绞线强度为 1860MPa 级的 15.24 钢绞线）；N 是指所要穿载的钢绞线根数。

2. M13-N 锚具。M 代表锚具（锚具汉语拼音第一个字母）；13 代表钢绞线的规格为 12.78 的钢绞线，（国外一般普遍使用的钢绞线强度为 1860MPa 级的 13.78 钢绞线）；N 是指所要穿载的钢绞线根数。

（四）主要分类

锚具的常见体系分类：

1. 圆柱体常规锚具。规格型号表示为：M15-N 或 M13-N；此锚具有良好的锚固性能

和放张自锚性能。张拉一般采用穿心式千斤顶。

2. 长方体扁锚。规格型号表示为：BM15-N 或 BM13-N（B，扁锚汉语拼音第一个字母，代表扁形锚具的意思）；扁型锚具主要用于桥面横向预应力、空心板、低高度箱梁，使应力分布更加均匀合理，进一步减薄结构厚度。

3. 握裹式锚具。（固定端锚具）规格型号表示为：M15P-N 或 M13P-N；适用于构件端布设计应力大或端部空间受到限制的情况，它使用挤压机将挤压套压结在钢绞线上的一种握裹式锚具，它预埋在混凝土内，按需要排布，混凝土凝固到设计强度后，再进行张拉。

（四）工艺特点

后张法指的是先浇筑水泥混凝土，待达到设计强度的 75% 以上后再张拉预应力钢材以形成预应力混凝土构件的施工方法。

先制作构件，并在构件体内按预应力筋的位置留出相应的孔道，待构件的混凝土强度达到规定的强度（一般不低于设计强度标准值的 75%）后，在预留孔道中穿入预应力筋进行张拉，并利用锚具把张拉后的预应力筋锚固在构件的端部，依靠构件端部的锚具将预应力筋的预张拉力传给混凝土，使其产生预压应力；最后在孔道中灌入水泥浆，使预应力筋与混凝土构件形成整体。

1. 有黏结预应力混凝土

先浇混凝土，待混凝土达到设计强度 75% 以上，再张拉钢筋（钢筋束），其主要张拉程序为：埋管制孔→浇混凝土→抽管→养护穿筋张拉→锚固→灌浆（防止钢筋生锈）。其传力途径是依靠锚具阻止钢筋的弹性回弹，使截面混凝土获得预压应力，这种做法使钢筋与混凝土结为整体，称为有黏结预应力混凝土。

有黏结预应力混凝土由于黏结力（阻力）的作用使得预应力钢筋拉应力降低，导致混凝土压应力降低，所以，应设法减少这种黏结。这种方法设备简单，不需要张拉台座，生产灵活，适用于大型构件的现场施工。

2. 无黏结预应力混凝土

其主要张拉程序为预应力钢筋沿全长外表涂刷沥青等润滑防腐材料→包上塑料纸或套管（预应力钢筋与混凝土不建立黏结力）→浇混凝土养护→张拉钢筋→锚固。

施工时跟普通混凝土一样，将钢筋放入设计位置可以直接浇混凝土，不必预留孔洞，穿筋，灌浆，简化施工程序，由于无黏结预应力混凝土有效预压应力增大，降低造价，适用于跨度大的曲线配筋的梁体。

（五）安全事项

1. 预应力筋的切割，宜采用砂轮锯，不得采用电弧切割。

2. 钢绞线编束时，应逐根理顺，捆扎成束，不得紊乱。钢绞线固定端的挤压型锚具或压花型锚具，应事先与承压板和螺旋筋进行组装。

3.施加预应力用的机具设备及仪表，应定期维护和标定。

4.预应力筋张拉前，应提供混凝土强度试压报告。当混凝土的抗压强度满足设计要求，且不低于设计强度等级的75%后，方可施加预应力。

5.预应力筋张拉前，应清理承压板面，并检查承压板后面的混凝土质量。如该处混凝土有空洞现象，应在张拉前用环氧砂浆修补。

6.锚具安装时，锚板应对正，夹片应打紧，且片位要均匀：但打紧夹片时不得过重敲打，以免把夹片敲坏。

7.大吨位预应力筋正式张拉前，应会同专业人员进行试张拉。确认张拉工艺合理，张拉伸长值正常，并无有害裂缝出现后，方可成批张拉。必要时测定实际的孔道摩擦损失。对曲线预应力束不得采用小型千斤顶单根张拉；以免造成不必要的预应力损失。在张拉时，操作人员必须站在安全地带，做好防护措施，注意操作人员严禁站在张拉时和张拉好的预应力筋前端。

8.预应力筋在张拉时，应先从零加载至量测伸长值起点的初拉力，然后分级加载至所需的张拉力。

9.预应力筋的张拉管理，采取应力控制，伸长校核。实际伸长值与计算伸长值的允许偏差为 -5% ~ +10%。如超过该值，应暂停张拉；采取措施予以调整后，方可继续张拉；如伸长值偏小，可采取超张拉措施，但张拉力限值不得大于 0.8fptk 值；在多波曲线预应力筋中，为了提高内支座处的张拉应力，减少张拉后锚具下口的张拉应力，可采取超张拉回松技术。

10.孔道灌浆要求密实，水泥浆强度等级不应低于C30。灌浆前孔道应湿润、洁净，灌浆应缓慢均匀地进行，不得中断，并应排气通顺。如遇孔道堵塞，必须更换灌浆口，但必须将第一次灌入的水泥浆排出，以免两次灌入的水泥浆之间有气体存在。在灌满孔道并封闭排气孔后，宜再继续加压至 0.5 ~ 0.6MPa，稍后再封闭灌浆孔。竖向孔道的灌浆压力应根据灌浆高度确定。

11.用连接器连接的多跨连续预应力筋的孔道灌浆，应张拉完一跨再灌注一跨，不得在各跨全部张拉完毕后一次灌浆。

12.预应力筋锚固后的外露长度，不宜小于30mm，锚具应用封端混凝土保护。当需长期外露时，应采取防止锈蚀的措施；当钢绞线有浮锈时，请将锚固夹持段及其外端的钢绞线浮锈和污物清除干净，以免在安装和张拉时浮锈、污物填满夹片赤槽而造成滑丝。

13.工具夹片为三片式，工作夹片为二片，两者不可混用。工作锚不能当作工具锚不能重复使用。

14.锚具要妥善保管，使用时不得有锈、有水及玷污其他杂物。工作夹片去掉包装盒内的泡沫即可使用，但当预应力束较长，须反复张拉锚固时，建议在锚板锥孔中涂少量润滑剂（如退锚灵），既有利于工作夹片的跟进和退锚又有利于锚具的多次锚固；工具夹片外表面和锚板锥孔内表面使用前涂上润滑剂，并经常清除夹片表面杂物，可使退锚灵活，但当夹片开裂或牙面破坏时则需更换，不得再使用。

15. 张拉时应有安全措施，张拉千斤顶后不能站人。

16. 锚固体系应配套使用，不能与其他体系混用。如要做静载试验，请用有机溶剂（如汽油）清洗夹片并将锚板孔的防锈油擦拭干净，否则将对锚固性能造成影响。

17. 预应力施工应由专业施工队伍来进行，而且施工人员应经过专业培训持证上岗。

（六）检测范围

1. 常规检测

硬度检测：应从每批中抽取 5% 的锚具且不少于 5 套，对其中有硬度要求的零件做硬度试验，对多孔夹片式锚具的夹片，每套至少抽取 5 片。每个零件测试 3 点，其硬度应在设计要求范围内，如有一个零件不合格，则应另取双倍数量的零件重做试验，如仍有一个零件不合格，则应逐个检查，合格者方可使用。

2. 特殊检测

静载试验检测（特殊要求）。

二、行业标准

（一）技术要求

1. 预应力筋、锚具、夹具和连接器的品种、规格、质量应符合设计要求和国家现行标准的规定。

2. 预应力筋应平顺，不得有弯折；表面不应有裂纹、小刺、机械损伤、氧化铁皮和油污等。

3. 夹片式锚具的锚具夹片回缩量不应大于 6mm，锚具的锚口摩阻和喇叭口摩阻损失合计不宜大于 6%。

4. 锚具应满足分级张拉、补张拉以及放松预应力筋的要求。用于后张结构时，锚具或其附件上宜设置压浆孔或排气孔，压浆孔的孔位及孔径应符合压浆工艺要求，且应有与压浆管连接的构造。采用封闭罩时锚具或其附件上应设连接构造。

5. 夹具应具有良好的自锚性能、松锚性能和重复使用性能。需敲击才能松开的夹具，必须保证其对预应力筋的锚固没有影响，且能保证操作人员的安全。

6. 锚具、夹具和连接器所使用的材料性能指标不低于 45 号钢的要求，并应符合设计要求，有机械性能和化学成分合格证明书、质量保证书。

7. 用于锚固直径 915.2mm 钢绞线的锚具，1 ~ 21 孔锚板的最小直径和最小厚度应符合下表的规定，22 孔及以上锚板可参照设计文件执行。

表 5-1　1～21 孔锚板的最小直径和最小厚度

锚具孔数	锚板尺寸（mm）		锚具孔数	锚板尺寸（mm）		锚具孔数	锚板尺寸（mm）	
	直径	厚度		直径	厚度		直径	厚度
1	48	48	8	136	55	15	186	68
2	86	50	9	146	55	16	196	70
3	91	50	10	156	58	17	196	73
4	102	50	11	166	58	18	206	75
5	112	50	12	166	60	19	206	75
6	126	52	13	170	63	20	226	80
7	126	53	14	176	65	21	226	80

8. 用于锚固直径 915.2mm 钢绞线的锚具，锚板最外侧锥孔大口外边缘的锚板边缘距离不小于下表的规定。

表 5-2　锚板最外侧锥孔大口外边缘的锚板边缘最小距离

孔数	最小距离
1～5 孔	11.0mm
6～12 孔	13.0mm
13～17 孔	15.0mm
18～21 孔	17.0mm

9. 夹片式锚具的限位板槽深应和钢绞线的直径相匹配，限位板和工具锚应采用同生产厂的配套产品，不得分别使用不同生产厂的产品。

10. 锚具、夹具和连接器使用前应按批次和数量抽样检验外观和外形尺寸、硬度和静载锚固性能。工作锚和工具锚不得互相代替使用。

11. 锚垫板应有足够的刚度和强度，长度应保证钢绞线在锚具底口处的最大折角不大于 4°，端面的平面度不应大于 0.5mm，端面应设有锚具对中凹口。

第三节　先张法施工

一、先张法施工工艺流程

先张法施工的工艺流程：在浇筑混凝土前张拉预应力钢筋，并将其固定在台座或钢模上，然后浇筑混凝土。待混凝土达到规定强度，保证预应力钢筋与混凝土有足够黏结力时，以规定的方式放松预应力钢筋，借助预应力筋的弹性回缩及其与混凝土的黏结，使混凝土产生预压应力。

先张法施工可采用台座法和机组流水法。台座法：通常在长线台座（50～200m）上成批生产配直线预应力筋的混凝土构件，如屋面板、空心楼板、檩条等。机组流水法：预应力钢筋的张拉力由钢模承受，构件连同钢模按流水方式，通过张拉、浇筑、养护等固定机组完成每一生产过程，此法适合于工厂化大批量生产，但模板耗钢量大，需采用蒸汽养护，不适合大、中型构件的制作。

先张法施工的优点是生产效率高、施工工艺简单、夹具可重复使用等。

二、先张法施工设备

（一）台座

台座承受预应力筋的全部张拉力，应具有足够的强度、刚度和稳定性，以免台座变形、倾覆、滑移而引起预应力值的损失。台座按构造型式不同，可分为墩式台座和槽式台座两种。选用时应根据构件的种类、张拉吨位和施工条件而定。

1. 墩式台座

墩式台座由台墩、台面与横梁等组成，一般用于平卧生产的中小型构件，如屋架、空心楼板、平板等。台座尺寸由场地大小、构件类型和产量等因素确定，一般长度为100～150m，这样张拉一次可生产多根构件，既减少张拉及临时固定工作，又可减少预应力损失。

（1）台墩

一般由现浇钢筋混凝土制作而成，分为重力式和构架式两种。台墩除应具有足够的强度和刚度外，还应进行抗倾覆与抗滑移稳定性验算。

（2）台面

台面一般是在夯实的碎石垫层上浇筑一层厚度为60～100mm的混凝土而成，台面略高于地坪，表面应当平整光滑，以保证构件底面平整。长度较大的台面，应每10m左右设置一条伸缩缝，以适应温度的变化。

（3）横梁

横梁以台墩为支座，直接承受预应力筋的张拉力，其挠度不应大于2mm，并且不得产生翘曲。预应力筋的定位板必须安装准确，其挠度不应大于1mm。

2. 槽式台座

槽式台座由钢筋混凝土压杆、上下横梁和砖墙等组成。既可承受张拉力，又可作为蒸汽养护槽，适用于张拉较高的大型构件，如吊车梁、箱梁等。

槽式台座的长度一般不大于76m，宽度随构件外形及制作方式而定，一般不小于

1m。为便于混凝土的运输、浇筑及蒸汽养护，台座宜低于地面。为便于拆迁和重复使用，台座应设计成装配式。槽式台座也应进行强度和稳定性验算。

（二）夹具

夹具是保持预应力筋的张拉力并将其固定在张拉台座或设备上所使用的临时性锚固装置。

1. 钢丝夹具

先张法中钢丝的夹具分两类：一类是将预应力筋锚固在台座或钢模上的锚固夹具；另一类是张拉时夹持预应力筋用的张拉夹具。锚固夹具与张拉夹具都是重复使用的工具。

2. 钢筋夹具

钢筋锚固多用螺母锚具、镦头锚具和销片夹具等。张拉时可用连接器与螺母锚具连接，或用销片夹具等。

（三）张拉设备

张拉设备应当操作方便、可靠，准确控制张拉应力，以稳定的速率增大拉力。在先张法中常用的是拉杆式千斤顶、穿心式千斤顶、台座式液压千斤顶、电动螺杆张拉机和电动卷扬张拉机等。

1. 拉杆式千斤顶

拉杆式千斤顶用于螺母锚具、锥形螺杆锚具、钢丝镦头锚具等。它由主油缸、主缸活塞、回油缸、回油活塞、连接器、传力架、活塞拉杆等组成。张拉前，先将连接器旋在预应力筋的螺丝端杆上，相互连接牢固。千斤顶由传力架支承在构件端部的钢板上。张拉时，高压油进入主油缸、推动主缸活塞及拉杆，通过连接器和螺丝端杆，预应力筋被拉伸。千斤顶拉力的大小可由油泵压力表的读数直接显示。当张拉力达到规定值时，拧紧螺丝端杆上的螺母，将预应力筋锚固在构件的端部。锚固后回油缸进油，推动回油活塞工作，千斤顶脱离构件，主缸活塞、拉杆和连扫器回到原始位置。最后将连接器从螺丝端杆上卸掉，卸下千斤顶，张拉结束。

2. 穿心式千斤顶

穿心式千斤顶具有一个穿心孔，是利用双液压缸张拉预应力筋和顶压锚具的双作用千斤顶。穿心式千斤顶适用于张拉带 JM 型锚具、XM 型锚具的钢筋，配上撑脚与拉杆后，也可作为拉杆式千斤顶张拉带螺母锚具和镦头锚具的预应力筋。

3. 台座式千斤顶

台座式千斤顶是在先张法四横梁式或三横梁式台座上成组整体张位或放松预应力筋的设备。当采用四横梁式装置时，拉力架由两根活动横梁和两根大螺杆组成，张拉时台座千斤顶推动拉力架横梁，带动预应力筋成组张拉。当采用三横梁式装置时，台座式千斤顶与活动横梁组装在一起，张拉时台座式千斤顶与活动横梁直接带动预应力筋成组张拉。

4. 电动螺杆张拉机

电动螺杆张拉机主要适用于预制厂在长线台座上张拉冷拔低碳钢丝。其工作原理为：电动机正向旋转时，通过减速箱带动螺母旋转，螺母即推动螺杆沿轴向后移动，即可张拉钢筋。弹簧测力计上装有计量标尺和微动开关，当张拉力达到要求时，电动机能够自动停止转动。锚固好钢丝（筋）后，使电动机反向旋转，螺杆即向前运动，放松钢丝（筋），完成张拉过程。

5. 电动卷扬机

电动卷扬机主要用于长线台座上张拉冷拔低碳钢丝。工程上常用的是 LYZ-1 型电动卷扬机，其最大张拉力为 10kN，最大张拉行程为 5m，张拉速度为 2.5m/min，电动机功率 0.75kW。LYZ-1 型又分为 LYZ-1A 型（支撑式）和 LYZ-1B 型（夹轨式）两种。

三、先张法施工工艺

先张法施工工艺包括预应力筋的铺设、预应力筋的张拉、混凝土浇筑与养护和预应力筋的放张等施工过程。

（一）预应力筋的铺设

在预应力筋铺设前，应对台面及模板涂刷隔离剂；为避免铺设预应力筋时因其自重下垂破坏隔离剂，玷污预应力筋，影响预应力筋与混凝土的黏结，应在预应力筋设计位置下面先放置好垫块或定位钢筋后铺设。

预应力钢丝宜用牵引车铺设。铺设时，钢筋接长或钢筋与螺杆的连接，可采用套筒双拼式连接器。钢筋采用焊接时，应合理布置接头位置，尽可能避免将焊接接头拉入构件内。

（二）预应力筋的张拉

先张法预应力筋的张拉有单根张拉和多根成组张拉。预应力筋的张拉工作是预应力混凝土施工中的关键工序，为确保施工质量，在张拉中应严格控制张拉应力、张拉程序、计算张拉力和进行预应力值校核。

1. 张拉控制应力

预应力筋张拉时控制应力应符合设计规定。控制应力的大小影响预应力的效果。

在张拉预应力筋的施工中应当注意以下事项：

（1）应首先张拉靠近台座截面重心处的预应力筋，以避免台座承受过大的偏心力。

（2）张拉机具与预应力筋应在同一条直线上，张拉应以稳定的速率逐渐加大拉力。

（3）拉到规定应力在顶紧锚塞时，用力不要过猛，以防钢丝折断。

（4）在拧紧螺母时，应时刻观察压力表上的读数，始终保持所需要的张拉力。

（5）预应力筋张拉完毕后与设计位置的偏差不得大于 5mm，且不得大于构件截面最短边长的 4%。

（6）同一构件中，各预应力筋的应力应均匀，其偏差的绝对值不得超过设计规定的控制应力值的 5%。

（7）台座两端应有防护设施，沿台座长度方向每隔 4 ~ 5m 放一个防护架，张拉钢筋时两端严禁站人，也不准进入台座。

2. 预应力值校核

预应力筋的预应力值，一般用其伸长值校核。当实测伸长值与理论伸长值的差值与理论伸长值相比，在 5% ~ 10% 之间时，表明张拉后建立的预应力值满足设计要求。

（三）混凝土浇筑与养护

预应力筋张拉完毕后，应立即绑扎骨架、支模、浇筑混凝土。台座内每条生产线上的构件，其混凝土应连续浇筑。混凝土必须振捣密实，特别对构件的端部，要注意加强振捣，以保证混凝土强度和黏结力。浇筑和振捣混凝土时，不可碰撞预应力筋；在混凝土未达到一定强度前，不允许碰撞或踩动预应力筋；当叠层生产时，必须待下层混凝土强度达 8 ~ 10N/mm^2 后方可进行。

混凝土可采用自然养护或湿热养护。当采用湿热养护时，采取二次升温制，初次升温的温差不宜超过 20℃，当构件混凝土强度达到 7.5 ~ 10N/mm^2 时，再按一般规定继续升温养护，这样可以减少预应力的损失。

（四）预应力筋的放张

在进行预应力筋的放张时，混凝土强度必须符合设计要求；当设计无具体规定时，混凝土强度不得低于设计标准值的 75%。

1. 放张顺序

预应力筋的放张顺序，应符合设计要求，当设计无具体要求时，应符合下列规定：

（1）对承受轴心预压力的构件（加压杆、桩等），所有预应力筋应同时放张。

（2）对承受偏心预压力的构件，应先同时放张预应力较小区域的预应力筋，再同时放张预应力较大区域的预应力筋。

（3）当不能按上述规定放张时，应分阶段、对称、相互交错地放张，以防止在放张过程中构件产生翘曲、开裂及断筋现象。

2. 放张方法

（1）对预应力钢丝或细钢丝的板类构件，放张时可直接用钢丝钳或氧炔焰切割，并宜从生产线中间处切断，以减少回弹量，且有利于脱模；对每一块板，应从外向内对称放张，以免构件扭转两端开裂。

（2）对预应力筋数量较少的粗钢筋构件，可采用氧炔焰在烘烤区轮换加热每根粗钢筋，使其同步升温，钢筋内应力均匀徐徐下降，外形慢慢伸长，待钢筋出现颈缩现象时，即可切断。

（3）对预应力筋配置较多的构件，不允许采用剪断或割断等方式突然放张，以避免最后放张的几根预应力筋产生过大的冲击而断裂，致使混凝土构件开裂。为此，应采用千斤顶或在台座与横梁间设置砂箱和楔块或在准备切割的一端预先浇筑混凝土块等方法，进行缓慢放张。

第四节　后张法施工

后张法的施工工艺主要包括：预留孔道、预应力筋制作、预应力筋的穿入敷设、预应力筋的张拉与锚固和孔道灌浆。

一、预留孔道

预留孔道主要为穿预应力筋（束）及张拉锚固后灌浆用。预留孔道的正确与否，是后张法构件生产中的关键之一，预留孔道方法有钢管抽芯法、胶管抽芯法、预埋管法等，其基本要求是：孔道的尺寸与位置应正确，孔道应平顺，接头不漏浆，端部的预埋钢板应垂直于孔道中心线，孔道的直径应符合要求。

（一）钢管抽芯法

钢管抽芯法用于直线孔道。预先将钢管埋设在模板内的孔道位置，在混凝土浇筑和达到终凝之前，应间隔一定时间缓慢转动钢管，不使混凝土与钢管黏结，待混凝土初凝后、终凝前将钢管抽出。为了保证预留孔道的质量，施工时应注意以下几点：

1. 要求钢管平直、表面光滑，预埋前应除锈、刷油，安放位置准确

钢管在构件中用钢筋井字架定位，井字架间距不宜大于 1.0m。钢管每根长度最好不超过 15m，两端各应伸出构件 100mm 左右。钢管一端钻 16mm 小孔，以便于旋转和抽管。

2. 掌握好抽管时间

抽管过早，混凝土未达到一定强度，会造成坍孔事故；抽管过晚，混凝土与钢管易黏结，造成抽管困难。具体抽管时间与水泥品种、施工气温和养护条件有关。一般掌握在混凝土初凝后、终凝前，手指按压混凝土表面不显指纹即可抽管，常温下抽管时间约在混凝土浇筑后 3 ~ 6h。抽管前每隔 10 ~ 15min 转动一次钢管。

3. 抽管顺序宜先上后下进行

抽管方法可用人工或卷扬机，抽管时必须速度均匀，边抽边转，并与孔道保持在一条

直线上，防止构件表面发生裂缝。抽管后应及时检查孔道情况，并做好穿筋前的孔道清理工作，避免日后穿筋困难。

4. 采用钢筋束镦头锚具和锥形螺杆锚具留设孔道

张拉端的扩大孔也可用钢管成型，留孔时应注意端部扩孔应与中间孔道同心。抽管时先抽中间钢管，后抽扩孔钢管，以免碰坏扩孔部分，并保持孔道平滑和尺寸准确。

5. 由于孔道灌浆需要，在浇筑混凝土时，应在设计规定位置留设灌浆孔

一般情况下在构件两端和中间，每隔 12m 设置一个直径为 20 ~ 25mm 的灌浆孔，并在构件两端各设一个排气孔。

（二）胶管抽芯法

预留孔道所用的胶管，采用 5 ~ 7 层帆布夹层、壁厚 6 ~ 7mm 的普通橡皮管，可用于直线、曲线或折线孔道。胶皮安放于设计位置后，也用钢筋井字架固定，直线孔道井字架间距不宜大于 0.5m，曲线孔道适当加密；在浇筑混凝土前，在胶管中以 0.6 ~ 0.8N/mm^2 的压力充水或充气，使胶管直径增大 3mm 左右然后浇筑混凝土；混凝土脱离，随即抽出胶管形成孔道。

在混凝土浇筑成型时，振动机械不能直接碰撞胶管，并经常注意压力表上的压力是否正常，如灌浆压力发生变化，必要时可以补压。待混凝土达到初凝后、终凝前，将胶管阀门打开放水（或放气）降压，胶管回缩与混凝土自行脱落。

胶管抽芯与钢管抽芯相比，具有弹性好，便于弯曲，不需转动等优点。因此，它不仅可以留设直线孔道，而且可以留设曲线孔道。使用胶管留设孔道，胶管必须具有良好的密封装置，抽管时间应比钢管略迟。抽管后，应及时清理孔道内的堵塞物。

（三）预埋管法

预埋管法是采用黑铁皮管、薄钢管、镀锌钢管与金属螺旋管（波纹管）等。其中金属螺旋管是由镀锌薄钢带经压波后卷成，具有重量轻、刚度好、弯折方便、连接容易、与混凝土黏结良好等优点，可做成各种形状的孔道，并可省去抽管工序，是目前预埋管法的首选管材。

金属螺旋管使用前应做灌水试验，检查有无渗漏现象；管头连接应采用大一号同型管，接头管长度为 200mm；管的固定采用钢筋卡子并用铁丝绑牢，钢筋卡子焊在箍筋上，卡子间距不大于 600mm；管子尽量避免反复弯曲，以防止管壁开裂。

二、预应力筋制作

预应力筋的制作，主要根据所选用的预应力钢材的品种、锚（夹）具类型及生产工艺等方面确定。预应力制作包括下料长度的计算和编束。

预应力筋的下料长度应由计算确定，计算时应考虑结构的孔道长度、锚（夹）具厚度、千斤顶长度、焊接接头或镦头预留量、冷拉伸长率、弹性回缩值、张拉伸长值等。

三、预应力筋的穿束

（一）穿束顺序

预应力筋穿入孔道，简称穿束。穿束可分为先穿束法和后穿束法两种。先穿束法是在浇筑混凝土之前穿束，此法按穿束与预埋螺旋管之间的配合，又可分为以下三种。

1. 先穿束后装管

先穿束后装管，即先将预应力筋穿入钢筋骨架内，后将螺旋管逐节从两端套入并连接。

2. 先装管后穿束

先装管后穿束，即先将螺旋管安装就位，后将预应力筋穿入。

3. 二者组装放入

二者组装放入，即在构件外侧的脚手上将预应力筋与螺旋管组装后，从钢筋骨架顶部放入设计部位。

后穿束法是在混凝土浇筑之后穿束，此种穿束方法不占工期，便于用通孔器或高压水通孔，穿束后立即可以张拉，易于防锈，但穿束时比较费力。

（二）穿束方法

根据预应力筋一次穿入的数量，可分为整束穿法和单束穿法。对钢丝束一般应采用整束穿；对钢绞线优先采用整束穿，也可用单根穿。穿束工作可由人工、卷扬机和穿束机进行。

1. 人工穿束

人工穿束可利用起重设备将预应力筋吊起，工人站在脚手架上将其逐步穿入孔内。束的前端应扎紧并裹胶布，以便顺利通过孔道。对多波曲线束，宜采用特制的牵引头，工人在前头牵引、后头推送，用对讲机随时联系，保持前后两端同时用力。

2. 卷扬机穿束

卷扬机穿束主要用于超长束、特重束、多波曲线束等整束穿入。卷扬机的电动机功率为 1.5 ~ 2.0kW，卷扬机速度宜为 10m/min，束的前端应装有穿束网套或特别的牵引头。

3. 穿束机穿束

穿束机是一种专门用来穿束的设备，主要适用于大型桥梁与构筑物单根钢绞线的穿入。

四、预应力筋张拉

预应力筋张拉是生产预应力构件的关键。张拉时结构的混凝土强度应符合设计要求，当无设计具体要求时，不应低于设计强度等级的 75%。在预应力筋张拉中，主要是解决好张拉方式、张拉程序、张拉顺序、张拉伸长值校核和注意事项等问题。

（一）预应力筋的张拉顺序

预应力筋的张拉顺序应按照设计规定进行。当设计无具体规定时，应采取分批分阶段对称进行，以免构件受过大的偏心压力而发生扭转和侧弯。因此，在确定张拉顺序时，对称张拉是一项重要原则，同时还要考虑到尽量减少张拉设备移动的次数。

对于平卧重叠浇筑的预应力混凝土构件，张拉预应力筋的顺序是先上后下，逐层依次进行。为了减少上下层之间因摩阻力引起的预应力损失，应当逐层适当加大张拉力，且要注意加大张拉控制应力后不要超过最大张拉力的规定。

为了减少叠层浇筑构件摩阻力的应力损失，应进一步改善隔离层的性能，限制重叠浇筑的层数，一般不得超过四层。如果隔离层的效果非常好，也可以采用同一张拉值进行张拉。

（二）预应力筋的张拉程序

预应力筋的张拉程序，主要应根据构件类型、张拉与锚固体系、松弛损失取值等因素来确定。后张法施工预应力筋的张拉程序，与先张法基本相同，一般可以分为以下三种情况：

1. 设计时松弛损失按一次张拉程序取值

$0 \rightarrow \sigma$ con 锚固

2. 设计时松弛损失按超张拉程序取值

$0 \rightarrow 1.05 \sigma$ con（持荷 2min）$\rightarrow \sigma$ con 锚固

3. 设计时松弛损失按超张拉程序，但采用锥销式锚具或夹片式锚具

$0 \rightarrow 1.03 \sigma$ con 锚固

以上各种预应力筋的张拉程序，均可采用分级加载的方法。对于曲线束，一般以 0.2σ con 为起点，分为 0.6σ con、1.0σ con 二级加载或 0.4σ con、0.6σ con、0.8σ con 和 1.0σ con 四级加载，每级加载均应量测预应力筋的伸长值。

（三）预应力筋的张拉方法

为了减少预应力筋与预留孔壁摩擦而引起的应力损失，对于曲线预应力筋和长度大于 24m 的直线预应力筋，应当采取两端同时张拉的方法；对于长度等于或小于 24m 的直线预应力筋，可以一端进行张拉，但张拉端宜分别设置在构件的两端。

对于预埋波纹管孔道曲线预应力筋和长度大于 30m 的直线预应力筋，宜在两端同时

张拉；对于长度等于或小于30m的直线预应力筋，可以在一端进行张拉。

对于直线预应力筋，在安装张拉设备时，应使张拉力的作用线与孔道中心线重合；对于曲线预应力筋，应使张拉力的作用线与孔道中心线末端的切线方向重合。

用应力控制方法张拉预应力筋时，还应测定预应力筋的实际伸长值，以便对预应力值进行校核。预应力筋实际伸长值的测定方法与先张法相同，实际伸长值与设计计算理论伸长值的允许偏差为 ±6%，如果超出这个允许范围，应立即停止张拉，待查明原因并采取措施予以调整后方可继续张拉。

（四）预应力筋的张拉事项

为确保建立准确的预应力值和施工质量，在进行预应力筋的张拉过程中，应当注意如下事项：

1. 张拉时应当认真做到孔道、锚环与千斤顶三对中，以便张拉工作顺利进行，并且不至于增加孔道的摩擦损失。

2. 当采用锥锚式千斤顶张拉钢丝束时，先使千斤顶张拉缸进油，至压力计略微有所启动时暂停，检查每根钢丝的拉紧程度并进行适当调整，各根钢丝的初始拉力基本平衡后，再打紧楔块。

3. 工具锚的夹片，应注意保持清洁和良好的润滑状态。新的工具锚夹片第一次使用前，应在夹片背面涂上润滑剂，以后每使用5～10次，应将工具锚上的挡板连同夹片一起卸下，向锚板的锥形孔中重新涂上一层润滑剂，以防止夹片在退楔时卡住。润滑剂可采用石墨、二硫化钼、石蜡或专用退锚灵等。

4. 在多根钢绞线束夹片锚固体系中，如果遇到个别钢绞线产生滑移，可采用更换夹片，用小型千斤顶单根张拉的措施。

5. 每根预应力混凝土构件在张拉完毕后，应仔细检查构件端部和其他部位是否有裂缝，并认真填写张拉记录表，以备工程验收用。

6. 预应力筋锚固后的外露长度，不宜小于30mm。对于长期外露的锚具，可涂装或用混凝土封裹，以防止出现腐蚀现象。

7. 预应力筋张拉过程中应特别注意安全。在张拉构件的两端应设置保护装置，如用麻袋、草包装土筑成土墙，以防螺帽滑脱、钢筋断裂飞出伤人；在张拉操作中，预应力筋的两端严禁站人，操作人员应站在张拉机的一侧。

五、孔道灌浆

预应力筋张拉后处于高应力状态，对于腐蚀非常敏感，后张法有黏结预应力筋张拉后应尽快进行孔道灌浆。孔道灌浆的主要目的是：保护预应力筋，防止预应力筋产生锈蚀；使预应力筋与结构混凝土黏结在一起，从而增加结构的抗裂性、整体性和耐久性。试验研究证明，在预应力筋张拉后立即灌浆，可减少预应力松弛损失20%～30%。

（一）对灌浆材料的要求

后张法孔道灌浆所用的水泥浆，既应有足够的强度和黏结力，也应有较大的流动性和较小的干缩性及泌水性。因此，孔道灌浆的材料应满足以下要求：

1. 采用强度等级不低于 42.5MPa 的普通硅酸盐水泥，水泥浆的水灰比不应大于 0.45，流动度为 120 ～ 170mm。

2. 水泥浆的泌水率应严格控制，搅拌后 3h 泌水率宜控制在 2%，最大不得超过 3%。

3. 当需要增加孔道灌浆的密实性时，水泥浆中可掺入对预应力筋无腐蚀作用的外加剂。如掺入占水泥质量 0.25% 的木质素磺酸钙 0.25% 的 FDN、0.50% 的 NNO，一般减水率可达 10% ～ 15%，可获得泌水小、收缩轻、强度高的效果；如掺入 0.05‰ 的铝粉，可使水泥浆获得 2% ～ 3% 的膨胀率，从而可提高孔道灌浆的饱满度，同时也能满足强度的要求。

4. 对于空隙较大的孔道，可采用水泥砂浆进行灌浆，水泥及砂浆的强度均不应小于 20N/mm^2。

（二）灌浆施工工艺

在孔道灌浆之前，应用压力水将孔道冲刷干净并润湿孔壁。灌浆应按先下后上的顺序，以免上层孔道漏浆把下层孔道堵塞。直线孔道灌浆，应从构件的一端逐渐到另一端；在曲线孔道中灌浆，应从孔道最低处开始向两端进行，至最高点排气孔排出空气并溢出浓浆为止。

用连接器连接的多跨连续预应力筋的孔道灌浆，应张拉完一跨随即灌注一跨，不得在各跨全部张拉完毕后，一次连续灌浆。

孔道灌浆可用电动压浆泵，灌浆时水泥浆应缓慢均匀地泵入，不得出现中断，并应排气通顺；在孔道两端冒出浓浆并封闭气孔后，再继续加压至 0.5 ～ 0.6N/mm^2，并稳压一定的时间，以确保孔道灌浆的密实性。

对于不掺加外加剂的水泥浆，可以采用二次灌浆法。二次灌浆的时间要掌握恰当，一般在水泥浆泌水基本完成、初凝尚未开始时进行，在夏季一般为 30 ～ 45min，在冬季一般为 1 ～ 2h。

搅拌好的水泥浆不得直接灌入孔道，必须通过水泥浆过滤器，置于贮浆桶内，并不断进行搅拌，以防止水泥浆产生泌水沉淀。

预应力混凝土的孔道灌浆，一般应在常温下进行。在低温灌浆前，宜通入 50℃ 的温水，洗净孔道并提高孔道周边的温度达到 5℃ 以上；灌浆时水泥浆的温度宜为 10℃ ～ 25℃，水泥浆的温度在灌浆后至少有 5 天保持在 5℃ 以上；且应养护到强度不小于 15N/mm^2。

为确保暴露于结构外的锚具能够永久地正常工作，不至于受外力冲击和雨水浸入而造成破损或腐蚀，应采取防止锚具锈蚀和遭受机械损伤的有效措施；对凸出式锚固端的锚具的保护层不应小于 50mm，外露预应力筋的保护层，对处于正常环境时不应小于 20mm，对处于易受腐蚀的环境时不应小于 50mm。

第六章　结构吊装工程

第一节　起重机械

起重机械，是指用于垂直升降或者垂直升降并水平移动重物的机电设备，其范围规定为额定起重量大于或者等于 0.5t 的升降机；额定起重量大于或者等于 3t（或额定起重力矩大于或者等于 40t·m 的塔式起重机，或生产率大于或者等于 300t/h 的装卸桥），且提升高度大于或者等于 2m 的起重机；层数大于或者等于两层的机械式停车设备。

根据国家质检总局颁布的《特种设备目录》，起重机械分为：桥式起重机、门式起重机、塔式起重机、流动式起重机、门座式起重机、升降机、缆索式起重机、桅杆式起重机、机械式停车设备。

一、简介

起重作业是将机械设备或其他物件从一个地方运送到另一个地方的一种工业过程。多数起重机械在吊具取料之后即开始垂直或垂直兼有水平的工作行程，到达目的地后卸载，再空行程到取料地点，完成一个工作循环，然后再进行第二次吊运。

一般来说，起重机械工作时，取料、运移和卸载是依次进行的，各相应机构的工作是间歇性的。起重机械主要用于搬运成件物品，配备抓斗后可搬运煤炭、矿石、粮食之类的散状物料，配备盛桶后可吊运钢水等液态物料。有些起重机械如电梯也可用来载人。在某些使用场合，起重设备还是主要的作业机械，例如在港口和车站装卸物料的起重机就是主要的作业机械。

二、工作原理

起重机械通过起重吊钩或其他取物装置起升或起升加移动重物。起重机械的工作过程一般包括起升、运行、下降及返回原位等步骤。起升机构通过取物装置从取物地点把重物提起，经运行、回转或变幅机构把重物移位，在指定地点下放重物后返回到原位。

三、组成结构

（一）工作机构包括

起升机构、运行机构、变幅机构和旋转机构，被称为起重机的四大机构。

1. 起升机构

是用来实现物料的垂直升降的机构，是任何起重机不可缺少的部分，因而是起重机最主要、最基本的机构。

2. 运行机构

是通过起重机或起重小车运行来实现水平搬运物料的机构，有无轨运行和有轨运行之分，按其驱动方式不同分为自行式和牵引式两种。

3. 变幅机构

是臂架起重机特有的工作机构。变幅机构通过改变臂架的长度和仰角来改变作业幅度。

4. 旋转机构

是使臂架绕着起重机的垂直轴线作回转运动，在环形空间运移动物料。起重机通过某一机构的单独运动或多机构的组合运动，来达到搬运物料的目的。

（二）驱动装置

驱动装置是用来驱动工作机构的动力设备的。常见的驱动装置有电力驱动、内燃机驱动和人力驱动等。电能是清洁、经济的能源，电力驱动是现代起重机的主要驱动型式，几乎所有的在有限范围内运行的有轨起重机、升降机、电梯等都采用电力驱动。对于可以远距离移动的流动式起重机（如轮胎起重机和履带起重机）多采用内燃机驱动。人力驱动适用于一些轻小起重设备，也用作某些设备的辅助、备用驱动和意外（或事故状态）的临时动力。

（三）取物装置

取物装置是通过吊、抓、吸、夹、托或其他方式，将物料与起重机联系起来进行物料吊运的装置。根据被吊物料不同的种类、形态、体积大小，采用不同种类的取物装置。例如，成件的物品常用吊钩、吊环；散料（如粮食、矿石等）常用抓斗、料斗；液体物料使用盛筒、料罐等。也有针对特殊物料的特种吊具，如吊运长形物料的起重。吊运导磁性物料的起重电磁吸盘，专门为冶金等部门使用的旋转吊钩，还有螺旋卸料和斗轮卸料等取物装置，以及集装箱专用吊具等。合适的取物装置可以减轻作业人员的劳动强度，大大提高工作效率。防止吊物坠落，保证作业人员的安全和吊物不受损伤是对取物装置安全的基本要求。

（四）金属结构

金属结构是以金属材料轧制的型钢（如角钢、槽钢、工字钢、钢管等）和钢板作为基本构件，通过焊接、铆接、螺栓连接等方法，按一定的组成规则连接，承受起重机的自重和载荷的钢结构。金属结构的重量约占整机重量的 40% ~ 70% 左右，重型起重机可达 90%；其成本约占整机成本的 30%。金属结构按其构造可分为实腹式（由钢板制成，也称箱型结构）和格构式（一般用型钢制成，常见的有桁架和格构柱）两类，组成起重机金属结构的基本受力构件。这些基本受力构件有柱（轴心受力构件）、梁（受弯构件）和臂架（压弯构件），各种构件的不同组合形成功能各异的起重机。受力复杂、自重大、耗材多和整体可移动性是起重机金属结构的工作特点。

（五）操纵系统

通过电气、液压系统控制操纵起重机各机构及整机的运动，进行各种起重作业。控制操纵系统包括各种操纵器、显示器及相关元件和线路，是人机对话的接口。安全人机学的要求在这里得到集中体现。该系统的状态直接关系到起重作业的质量、效率和安全。

起重机与其他一般机器的显著区别是庞大、可移动的金属结构和多机构的组合工作。间歇式的循环作业、起重载荷的不均匀性、各机构运动循环的不一致性、机构负载的不等时性、多人参与的配合作业等特点，又增加了起重机的作业复杂性、安全隐患多、危险范围大。事故易发点多、事故后果严重，因而起重机的安全格外重要。

四、主要用途

起重机械基本机构各种起重机械的用途不同，构造上有很大差异，但都具有实现升降这一基本动作的起升机构。有些起重机械还具有运行机构、变幅机构、回转机构或其他专用的工作机构。物料可以由钢丝绳或起重链条等挠性件吊挂着升降，也可由螺杆或其他刚性件顶举。起重机械是一种空间运输设备，主要作用是完成重物的位移。它可以减轻劳动强度，提高劳动生产率。起重机械是现代化生产不可缺少的组成部分，有些起重机械还能在生产过程中进行某些特殊的工艺操作，使生产过程实现机械化和自动化。起重机械帮助人类在征服自然改造自然的活动中，实现了过去无法实现的大件物件的吊装和移动，如重型船舶的分段组装，化工反应塔的整体吊装，体育场馆钢屋架的整体吊装等。使用起重机械有巨大的市场需求和良好的经济性，重机械制造行业发展迅速，年均增长约 20%。因为从原材料到产品的生产过程中，利用起重运输机械对物料的搬运量常常是产品重量的几十倍，甚至数百倍。据统计，机械加工行业每生产 1t 产品，在加工过程中要装卸、搬运 50t 物料，在铸造过程中要搬运 80 吨物料。在冶金行业每冶炼 1t 钢，需要搬运 9t 原料，车间之间的转运量为 63t，车间内部的转运量达 160t。起重运输费用在传统行业中也占有较高比例，如机械制造业用于起重运输的费用占全部生产费用的 15 ~ 30%，冶金行业用于起重运输的费用占全部生产费用的 35 ~ 45%，交通运输行业货物的装卸储存都要依靠起重运输机械，据统计海运费用中装卸费用占总运费的 30% ~ 60%。

五、品种分类

起重机械按结构不同可分为轻小型起重设备、升降机、起重机和架空单轨系统等几类。轻小型起重设备主要包括起重滑车、吊具、千斤顶、手动葫芦、电动葫芦和普通绞车，大多体积小、重量轻、使用方便。除电动葫芦和绞车外，绝大多数用人力驱动，适用于工作不繁重的场合。它们可以单独使用，有的也可作为起重机的起升机构。有些轻小型起重设备的起重能力很大，如液压千斤顶的起重量已达 750t。升降机主要作垂直或近于垂直的升降运动，具有固定的升降路线，包括电梯、升降台、矿井提升机和料斗升降机等。起重机是在一定范围内垂直提升并水平搬运重物的多动作起重机械。架空单轨系统具有刚性吊挂轨道所形成的线路，能把物料运输到厂房各部分，也可扩展到厂房的外部。

六、性能参数

起重机械的性能参数用来表征起重机械基本工作能力的最主要的性能参数是起重量和工作级别。

（一）起重量

是指在规定工作条件下允许起吊的重物的最大重量，即额定起重量。一般带有电磁吸盘（见起重吸盘）或抓斗的起重机，其起重量还应包括电磁吸盘或抓斗的重量。臂架型起重机的起重量还包括吊钩组的重量。

（二）工作级别

是反映起重机械总的工作状况的性能参数，是设计和选用起重机械的重要依据。它由起重机械在要求的使用期间内需要完成的工作循环总次数和载荷状态来决定。国际标准化组织（ISO）规定将起重机械工作级别划分为 8 级。中国只规定将起重机划分为 8 级，轻小型起重设备、升降机、架空单轨系统还没有划分级别。

（三）对于作业程序规律性强、重复性大的起重机械

例如码头上装卸船舶货物的起重机、高架仓库用的堆垛起重机和为高炉送料的料斗升降机，工作周期也是一个重要参数。工作周期指完成一个工作循环所需要的时间，它取决于机构的工作速度，并与搬运距离有关。

上述起重机有时也用生产率作为重要参数，通常以每小时完成的吊运量来表示。

七、主要参数

（一）起重量 G

起重量 G（过去常用字母 Q 表示），是指被起升重物的质量，单位为千克（kg）或吨（t）。一般分为额定起重量、最大起重量、总起重量、有效起重量等。

1. 额定起重量 Gn（不含起重钢丝绳、吊钩和滑轮组的质量），是指起重机能吊起的重物或物料连同可分吊具或属具（如抓斗、电磁吸盘、平衡梁等）质量的总和。对于幅度可变的起重机，其额定起重量是随幅度变化的。

2. 最大起重量 Gmax，是指起重机正常工作条件下，允许吊起的最大额定起重量。对于幅度可变的起重机，最小幅度时，起重机安全工作条件下允许提升的最大额定起重量，也称名义额定起重量。

3. 总起重量 Gt，是指起重机能吊起的重物或物料，连同可分吊具和长期固定在起重机上的吊具或属具（包括吊钩、滑轮组、起重钢丝绳以及在臂架或起重小车以下的其他起吊物）的质量总和。

4. 有效起重量 Gp，是指起重机能吊起的重物或物料的净质量。如带有可分吊具抓斗的起重机，允许抓斗抓取物料的质量就是有效起重量，抓斗与物料的质量之和则是额定起重量。

（二）跨度 S 桥架型起重机支撑中心线之间的水平距离称为跨度，用字母"S"表示，单位为米（m）

（三）轨距 k 对于小车，为小车轨道中心线之间的距离。

（四）基距 B 基距也称轴距，是指沿纵向运动方向的起重机或小车支承中心线之间的距离。

（五）幅度 L 起重机置于水平场地时，空载吊具垂直中心线至回转中心线之间的水平距离称为幅度 L。幅度有最大幅度和最小幅度之分。

（六）起重力矩 M 起重力矩是幅度 L 与其相对应的起吊物品重力 G 的乘积，M=G·L。

（七）起重倾覆力矩 MA 起重倾覆力矩，是指起吊物品重力 G 与其至倾覆线距离 A 的乘积。

（八）轮压 P 轮压是指一个车轮传递到轨道或地面上的最大垂直载荷。单位为 N。

（九）起升高度 H 和下降深度 h 起重高度，是指起重机水平停机面或运行轨道至吊具允许位置的垂直距离，单位为 m。

（十）起升速度 Vn 起升（下降）速度 Vn，是指稳定运动状态下，额定载荷的垂直位移速度（m/min）。

（十一）小车运行速度 Vt 是指稳定运动状态下，带额定载荷的小车在水平轨道上运行的速度（m/min）。

（十二）起重机工作级别是考虑起重量和时间的利用程度以及工作循环次数的工作特性。它是按起重机利用等级（整个设计寿命期内，总的工作循环次数）和载荷状态划分的。起重机载荷状态按名义载荷谱系分为轻、中、重、特四级；起重机的利用等级分为U0 ~ U9十级。起重机工作级别，也就是金属结构的工作级别，按主起升机构确定，分为A1 ~ A8级。

十、工作特点

（一）起重机械通常结构庞大，机构复杂，能完成起升运动、水平运动

例如，桥式起重机能完成起升、大车运行和小车运行三个运动；门座起重机能完成起升、变幅、回转和大车运行四个运动。在作业过程中，常常是几个不同方向的运动同时操作，技术难度较大。

（二）起重机械所吊运的重物多种多样，载荷是变化的

有的重物重达几百吨乃至上千吨，有的物体长达几十米，形状也很不规则，有散粒、热融状态、易燃易爆危险物品等，吊运过程复杂而危险。

（三）大多数起重机械，需要在较大的空间范围内运行

有的要装设轨道和车轮（如塔吊、桥吊等）；有的要装上轮胎或履带在地面上行走（如汽车吊、履带吊等）；有的需要在钢丝绳上行走（如客运、货运架空索道），活动空间较大，一旦造成事故影响的范围也较大。

（四）有的起重机械需要直接载运人员在导轨、平台或钢丝绳上做升降运动（如电梯、升降平台等），其可靠性直接影响人身安全。

（五）起重机械暴露的、活动的零部件较多，且常与吊运作业人员直接接触（如吊钩、钢丝绳等），潜在许多偶发的危险因素。

（六）作业环境复杂

从大型钢铁联合企业，到现代化港口、建筑工地、铁路枢纽、旅游胜地，都有起重机械在运行；作业场所常常会遇有高温、高压、易燃易爆、输电线路、强磁等危险因素，对设备和作业人员形成威胁。

（七）起重机械作业中常常需要多人配合，共同进行

一个操作，要求指挥、捆扎、驾驶等作业人员配合熟练、动作协调、互相照应。作业人员应有处理现场紧急情况的能力。多个作业人员之间的密切配合，通常存在较大的难度。起重机械的上述工作特点，决定了它与安全生产的关系很大。如果对起重机械的设计、制造、安装使用和维修等环节上稍有疏忽，就可能造成伤亡或设备事故。一方面造成人员的伤亡，另一方面也会造成很大的经济损失。

十一、选购方法

企业在选购起重机械时，首先要对使用范围、工作频繁程度、利用率、额定起重量等因素进行综合考虑，选择适合本单位使用要求工作级别的起重机。根据拟定的技术参数，进行市场调研。选择的供货厂家，必须是具备特种设备安全许可证的专业起重机制造企业，并考察制造厂家加工设备的配套性，生产的规范性，产品的先进性，进行比较后选择价格合理，质量好，性能优良，安全装置齐全的起重机械。设备到货后，开箱验收时要检查随机技术资料是否齐全，随机配件、工具、附件是否与清单一致，设备及配件是否有损伤、缺陷等，并做好开箱验收记录。

十二、安装方法

起重机械的安装队伍可选择有安装资格的制造厂家，形成制造、安装、调试一条龙的服务模式。除此之外，选择的安装单位必须是具有省级质量技术监督部门颁发的《特种设备安装（维修）安全认可证》的专业队伍，并具有安装相应起重量的安装资格。安装单位确定后，安装前要协助安装单位办理特种设备开工报告，并检查安装队伍的施工组织方案、安装设备、安装程序、技术要求、安装过程中隐蔽工程验收记录、自检报告等是否符合要求。安装完毕后要监督安装单位进行全面自检和运行试验、载荷试验，确认自检合格后，申报特种设备检验机构进行安装验收。验收合格并取得了《安全使用许可证》后，方可投入使用。验收合格后，使用单位应将起重机随机技术资料、安装资料及检验报告书等有关技术资料存档。以后在使用中发生的定期检验、大修、改造、事故记录等资料也一并存入起重机械安全技术档案。

第二节　索具设备

索具是指与绳缆配套使用的器材，如钩、松紧器、紧索夹、套环、卸扣等，统称索具，也有把绳缆归属于索具的。索具主要有金属索具和合成纤维素具两大类。包括各桅杆、桅桁（桅横杆）、帆桁（帆脚杆）、斜桁和所有索、链以及用来操作这些的用具的总的术语。

一、现状及前景

我国索具行业最近几年发展迅速，但技术标准很不完善，国内企业随意生产，甚至擅自降低安全系数，因此我国的吊装安全有很大的隐患。比如，运输捆绑带方面，我国还没有标准。吊装带方面也只有推广标准，还没有强制性标准。

我们必须不断发展中外技术合作，不断完善有关技术标准，出台有关强制法规，才能保证我国吊装及运载安全。2010 年中国经济已经开始逐步复苏，但主要制造行业，如造船、钢铁、冶金、机床等行业不可能有大的发展，更不可能达到 2008 年 11 月份之前的水平，因此，国内索具在 2010 的市场总量上，比 2009 年会有一定的提高，但不可能达到 2008 年 10 月前的用量水平。

二、分类及应用

（一）分类

索具主要有金属索具和合成纤维索具两大类。

金属索具主要有：钢丝绳吊索类、链条吊索类、卸扣类、吊钩类、吊（夹）钳类、磁性吊具类等。

合成纤维索具主要有：以锦纶、丙纶、涤纶、高强高模聚乙烯纤维为材料生产的绳类和带类索具。

（二）应用

索具包括：D 型环、安全钩、弹簧钩、紧索具、链接双环扣、美式吊环罗栓等应用范围。

索具广泛应用于港口、电力、钢铁、造船、石油化工、矿山、铁路、建筑、冶金化工、汽车制造、工程机械、造纸机械、工业控制、物流、大件运输、管道铺设、海上救助、海洋工程、机场建设、桥梁、航空、航天、场馆等重要行业。

三、常见索具

（一）卸扣

卸扣是用于连接各种绳头眼环、链环和其他索具的可卸环形金属构件。卸扣由本体和横栓两部分组成。有的横拴带螺纹，有的带销钉，常见的有直形卸扣和圆形卸扣两种。卸扣常按使用的部位命名，例如用在锚杆上的称锚卸扣；用在锚链上的称锚链卸扣；用在绳头上的称绳头卸扣。

（二）钩

钩是用于悬挂货物或器材的工具，由钢铁制成。钩分钩把、钩背、钩尖三部分。

根据钩把上眼环的方向不同，又分为正面钩和侧面钩，正面钩的钩尖与钩把上眼环的平面垂直，侧面钩的钩尖与钩把上眼环同在一平面上。普通吊货钩多采用有转坏的侧而钩。

钩的使用注意事项：钩使用时应保持受力在钩背的中心部分，以免将钩拉断；钩的强度比同直径的卸扣小，吊挂重量较大的重物时，应改用卸扣，以免将钩拉直、折断。

（三）链索

链索是由无档链环组成的链条，船上常用作舵链、吊货短链、千斤链、保险稳索的调节链节等，也用于拉牵、绑扎。链索的大小是以链环的直径来表示，单位用毫米（mm）。其重量可由每米长度的重量来计算。

使用链索时，应先将链环调顺，以免横向受力，要避免骤然受力，以防链索断裂。链索应经常检查保养，以保持良好技术状态。链环与链环、链环与卸扣的接触部分，容易磨损、生锈，要注意其磨损、锈蚀的程度，若超过原直径的 1/10 就不能使用。还应注意检查链坏有无裂纹，检查时不能只从外观上检视，要用铁锤逐个链环敲打，听其声音是否清脆、响亮。

消除链索的铁锈宜采用火烧撞击法，链环加热后膨胀能使铁锈松脆，再经撞击链环相互碰击，可较彻底地消除铁锈，同时还可消除链环上的小裂纹。除锈后的链索应涂油保养，以防生锈，减少锈损。

四、注意事项

（一）不要使用已损坏的索具。

（二）在吊装时，不要扭、绞索具。

（三）不要让索具打结。

（四）避免撕开缝纫联合部位或超负荷工作。

（五）当移动索具的时候，不要拖拉它。

（六）避免强夺或震荡负载。

（七）每一个索具在每一次使用前必须要检查。

（八）涤纶有耐无机酸的机能，但易受有机酸的伤害。

（九）丙纶适用于最能抗化学物品的场所使用。

（十）锦纶有耐无机酸的能力，易受有机酸的伤害。

（十一）锦纶在受潮时，强力损失可达 15%。

（十二）如果索具是在可能受化学品污染或者是在高温下使用，则应向供应商寻求参考意见。

第三节　装配式钢筋混凝土单层工业厂房结构吊装

结构吊装是装配式建筑的主导工序，在装配式钢筋混凝土单层工业厂房的构件制作完成后，经过养护，混凝土已达到设计强度，对外加工的构件也已具备提货运入的时间，这样厂房的吊装作业就可以开始了。

一、结构吊装的施工特点

（一）构件的尺寸、重量、安装高度决定选择何种超重设备。

（二）构件制作的质量，如尺寸长短、埋件位置准确与否、强度，都会影响吊装的质量和施工进度。

（三）构件在起吊、就位、运输的吊装过程中，吊点和支点必须选好，必要时要进行构件强度和刚度的验算。

（四）构件制作时的平面布置和吊装的运行路线，都要事先结合在一起考虑。

（五）结构吊装构件重、体量大、高空作业，施工时要特别强调安全，并应制定安全技术措施。

二、结构吊装的施工程序

构件吊装的总体程序是先柱后梁再屋盖，它们各自的吊装工艺流程为：定吊点绑扎钢丝绳→起吊→就位→临时固定→校正→电焊→正式固定。

三、构件吊装施工

（一）柱子的吊装

1. 施工准备

（1）将基础杯口清理干净，并根据标高把杯口底的找平层抹好（当厚度大于 20mm 时要用细石混凝土），找出已弹在杯口边的柱轴线、边线作立柱的标准。

（2）在预制好的柱上弹出两小面的轴线，并标出轴线号。在一大面上弹出纵向轴线的位置及上柱侧面的中心线，通到柱根，并标出纵轴号。

（3）检查厂房的柱距与跨度，可用钢卷尺测量基础上弹出的轴线尺寸。如果误差太大应及时研究处理措施并在吊装前处理完毕。

（4）检查预制柱牛腿面到柱根的尺寸是否与图纸一致，如有出入应结合杯底抹找平层来调整，目的是使柱子吊装校正固定后，牛腿面的标高达到一致。

（5）对预制柱翻身、吊装就位。柱子翻身可利用正式吊装的机械进行，亦可用合适的汽车吊事先就位。

（6）准备好吊装的有关索具、工具和观测两台经纬仪，并将柱间支撑构件准备好。

2. 柱子的吊装

（1）选定起吊点，绑扎起吊索。自重小的中小型柱，大多绑扎 1 点；重型柱或配筋少而细长的柱，则需绑扎 2 ~ 3 点，1 点绑扎往往选在牛腿下部。

（2）起吊。用单机吊装时一般采用旋转法或滑行法。

（3）就位和临时固定。起吊后放入杯口前，配合吊装就位人员应准备木楔或钢楔，待柱子插入杯口后，每面在柱与杯口边的间隙中插入两个楔子，观察并高速至柱基本垂直。

（4）用经纬仪放置于柱子垂直方向的两个面，进行垂直观测，以校正柱子的垂直度。校正方法可用钢钎撬柱根，或打楔子，或在柱中部用钢管斜顶。

（5）校正完毕无误，即在杯口空隙内浇灌准备的细石混凝土，作为正式固定。第一次浇到楔子底面，待混凝土强度达到设计强度 30% 时，可以拔出楔子再进行第二次浇灌，直浇至杯口上平。

（二）吊车梁的吊装

1. 施工准备

在吊车梁端头弹出梁的中心线，同时或在弹柱子线时，在柱牛腿上弹出吊车梁中心线应在位置线；准备垫铁、电焊机、连接铁板等，准备吊索等工具。

2. 吊装

吊车梁的吊装必须在基础杯口第二次浇灌的混凝土强度达到设计强度的 70% 以上才能进行。吊车梁面有的有预埋的吊环，吊装时只要吊索相等挂上小吊钩即可；如无预埋吊环则要捆绑钢丝绳索用卡环卡牢，再用等长索小吊钩起吊，起吊后要使吊车梁保持水平以便于安装。吊车梁就位后，临时用麻绳兜牢与柱拉住，并根据牛腿面上轴线用线锤检查吊车梁位置和垂直度，无误后将吊车梁根部和上部端头与柱上预埋件电焊点牢，待纵向两排柱及吊车梁已吊装完毕后，用尺量两吊车梁的中心线距离，即以后桥式吊车的轨距，经检测合格后，则可将该部分吊车梁全部焊死。

（三）屋架及天窗架吊装

1. 屋架吊装的施工准备

在屋架上弦顶面，弹出屋架中心线；在屋架端头弹出与柱顶支座线相符的支座线，并在端头立面上弹出轴线、标上轴线号；在上弦按屋面板的宽度弹出与中心线垂直的短线，以便安装屋面板和天窗架；在天窗架端头侧面弹出中心线，以便在屋架上安装时与屋架中心线吻合；准备好垫铁、电焊机、吊索、临时固定屋架的拉杆、溜绳等。

2. 屋架翻身

屋架在工地制作时是平卧式的，在翻身起立时，当屋架跨度在 18m 及 18m 以上时，要求在屋架腹杆及弦杆上绑扎水平及竖向钢管，以增加屋架的刚度，吊装至柱顶安装完毕后才可拆下。

3. 屋架的吊装

屋架吊装时，先起吊离地 50cm 左右，并使屋架中心对准跨中位置，然后升高到超过柱顶 30cm 左右时，用溜绳拉正使与轴线平行，缓缓下落一次对中落好。将临时固定拉杆拉住屋架，用经纬仪或线锤吊挂检查其垂直度无误后即吊上屋面板两块，一端一块并随即焊于屋架上。屋架正式固定好位置后，在支座处将端头铁板与柱顶铁板焊牢；有螺栓的把螺母拧牢并点上电焊防止松扣。

4. 天窗架的吊装

基本和屋架的吊装一样。

（四）屋面板及其他的构件吊装

1. 准备工作

现场屋面板堆放场地的平整、夯实，并有坡度可排水；屋面板堆放要有垫木，第一块下面应用枕木，其上用 5×10cm 方木，垫木离板端不超过 20cm，垫木在一堆板处应上下一条线，每一堆板的块数不宜超过 6 块；吊装前要准备汽车和汽车吊进行场内二次倒运。

2. 屋面板吊装

屋面板一般都有预埋的吊环，用吊索钩住吊环即可起吊，如无吊环，应用兜索绑扎后卡环起吊。吊装屋面板要呈水平，吊索与板面的角度应大于 60°。吊装中应对称屋架中心从两面向中心吊装。吊装中板缝应均匀，落点要看屋架上的线，每块板要用垫铁垫平并有三处焊牢。

3. 其他构件的吊装

（1）柱间支撑、屋架支撑等的安装

这些支撑都是用型钢加工焊接或螺栓连接的。用电焊连接的，应先将柱及屋架上的预埋件清理干净；用螺栓连接的，如要开孔一定要用电钻，禁用气割及电焊扩孔。

（2）连系梁、墙梁的安装

应与吊车梁同时进行。墙梁支座于反向牛腿上，以承担围护墙的重量，吊装时要求两端支座在同一水平面上，支座处与柱牛腿面预埋件焊牢。连梁是起纵向结构稳定、联系的作用，支座于两柱侧面之间。

（3）天窗侧板的安装

天窗侧板为天窗架两端下部的挡板。要求随吊随校正，并电焊焊牢。

（4）天沟板的安装

屋面板的外侧如无女儿墙的厂房，一般要安装天沟板，以便屋面排水。吊装时要拉线观测，使其在同一条直线上，并要求与沟底在同一水平面上。

四、质量要求

（一）构件吊装

其混凝土强度应达到设计许可的要求，或施工规范规定的要求（不低于设计强度的70%），构件无危害性裂缝，柱子吊装后基础灌缝强度达到设计要求时，才允许吊装上部构件。

（二）吊点位置要选准

吊索与构件水平面成不小于 45° 的角，必要时对构件进行吊点验算。

（三）构件安装中及就位后

应具备临时固定的措施和工具，保证构件临时稳定，防止倾倒砸坏构件自身和其他构件。

（四）安装的构件

必须经过校正达到符合要求后，才可正式焊接和浇灌接头的混凝土。

（五）构件中浇灌的接头、接缝

凡承受内力的，其混凝土强度等级应不小于构件的强度等级。

第七章　钢结构工程

第一节　钢结构构件的加工制作

一、钢材的储存

（一）钢材储存的场地条件

钢材的储存可露天堆放，也可堆放在有顶棚的仓库里。露天堆放时，场地要平整，并应高于周围地面，四周留有排水沟；堆放时要尽量使钢材截面的背面向上或向外，以免积雪、积水，两端应有高差，以利排水。堆放在有顶棚的仓库内时，可直接堆放在地坪上，下垫楞木。

（二）钢材堆放要求

钢材的堆放要尽量减少钢材的变形和锈蚀；钢材堆放时每隔 5～6 层放置楞木，其间距以不引起钢材明显的弯曲变形为宜，楞木要上下对齐，在同一垂直面内；考虑材料堆放之间留有一定宽度的通道以便运输。

（三）钢材的标识

钢材端部应树立标牌，标牌要标明钢材的规格、钢号、数量和材质验收证明书编号。钢材端部根据其钢号涂以不同颜色的油漆。钢材的标牌应定期检查。

（四）钢材的检验

钢材在正式入库前必须严格执行检验制度，经检验合格的钢材方可办理入库手续。钢材检验的主要内容有：钢材的数量、品种与订货合同相符；钢材的质量保证书与钢材上打印的记号符合；核对钢材的规格尺寸；钢材表面质量检验。

二、钢结构加工制作的准备工作

（一）详图设计和审查图纸

一般设计院提供的设计图，不能直接用来加工制作钢结构，而是要考虑加工工艺，如公差配合、加工余量、焊接控制等因素后，在原设计图的基础上绘制加工制作图。详图设计一般由加工单位负责进行，应根据建设单位的技术设计图纸以及发包文件中所规定的规范、标准和要求进行。加工制作图是最后沟通设计人员及施工人员意图的详图，是实际尺寸、画线、剪切、坡口加工、制孔、弯制、拼装、焊接、涂装、产品检查、堆放、发送等各项作业的指示书。

1. 图纸审核的主要内容包括以下项目

（1）设计文件是否齐全，设计文件包括设计图、施工图、图纸说明和设计变更通知单等。

（2）构件的几何尺寸是否标注齐全。

（3）相关构件的尺寸是否正确。

（4）节点是否清楚，是否符合国家标准。

（5）标题栏内构件的数量是否符合工程和总数量。

（6）构件之间的连接形式是否合理。

（7）加工符号、焊接符号是否齐全。

（8）结合本单位的设备和技术条件考虑，能否满足图纸上的技术要求。

（9）图纸的标准化是否符合国家规定等。

2. 图纸审查后要做技术交底准备，其内容主要有

（1）根据构件尺寸考虑原材料对接方案和接头在构件中的位置。

（2）考虑总体的加工工艺方案及重要的工装方案。

（3）对构件的结构不合理处或施工有困难的地方，要与需方或者设计单位做好变更签证的手续。

（4）列出图纸中的关键部位或者有特殊要求的地方，加以重点说明。

（二）备料和核对

根据图纸材料表计算出各种材质、规格、材料净用量，再加一定数量的损耗提出材料预算计划。工程预算一般可按实际用量所需的数值再增加 10% 进行提料和备料。核对来料的规格、尺寸和重量，仔细核对材质；如进行材料代用，必须经过设计部门同意，并进行相应修改。

（三）编制工艺流程

编制工艺流程的原则是操作能以最快的速度、最少的劳动量和最低的费用，可靠地加工出符合图纸设计要求的产品。内容包括：

1. 成品技术要求

2. 具体措施

（1）关键零件的加工方法、精度要求、检查方法和检查工具。

（2）主要构件的工艺流程、工序质量标准、工艺措施（如组装次序、焊接方法等）。

（3）采用的加工设备和工艺设备。

编制工艺流程表（或工艺过程卡）基本内容包括零件名称、件号、材料牌号、规格、件数、工序名称和内容、所用设备和工艺装备名称及编号、工时定额等。关键零件还要标注加工尺寸和公差，重要工序要画出工序图。

（四）组织技术交底

上岗操作人员应进行培训和考核，特殊工种应进行资格确认，充分做好各项工序的技术交底工作。技术交底按工程的实施阶段可分为两个层次。第一个层次是开工前的技术交底会，参加的人员主要有：工程图纸的设计单位，工程建设单位，工程监理单位及制作单位的有关部门和有关人员。

技术交底主要内容有：

1. 工程概况。

2. 工程结构件的类型和数量。

3. 图纸中关键部位的说明和要求。

4. 设计图纸的节点情况介绍。

5. 对钢材、辅料的要求和原材料对接的质量要求。

6. 工程验收的技术标准说明。

7. 交货期限、交货方式的说明。

8. 构件包装和运输要求。

9. 涂层质量要求。

10. 其他需要说明的技术要求。

第二个层次是在投料加工前进行的本工厂施工人员交底会，参加的人员主要有：制作单位的技术、质量负责人，技术部门和质检部门的技术人员、质检人员，生产部门的负责人、施工员及相关工序的代表人员等。此类技术交底主要内容除上述 10 点外，还应增加工艺方案、工艺规程、施工要点、主要工序的控制方法、检查方法等与实际施工相关的内容。

（五）钢结构制作的安全工作

钢结构生产效率很高，工件在空间大量、频繁地移动，各个工序中大量采用的机械设备都须作必要的防护和保护。因此，生产过程中的安全措施极为重要，特别是在制作大型、超大型钢结构时，更必须十分重视安全事故的防范。

进入施工现场的操作者和生产管理人员均应穿戴好劳动防护用品，按规程要求操作。

对操作人员进行安全学习和安全教育，特殊工种必须持证上岗。

为了便于钢结构的制作和操作者的操作活动，构件宜在一定高度上测量。装配组装胎架、焊接胎架、各种搁置架等，均应与地面离开 0.4 ~ 1.2m。

构件的堆放、搁置应十分稳固，必要时应设置支撑或定位。构件堆垛不得超过二层。

索具、吊具要定时检查，不得超过额定荷载。正常磨损的钢丝绳应按规定更换。

所有钢结构制作中各种胎具的制造和安装，均应进行强度计算，不能仅凭经验估算。

生产过程中所使用的氧气、乙炔、丙烷、电源等必须有安全防护措施，并定期检测泄漏和接地情况。

对施工现场的危险源应做出相应的标志、信号、警戒等，操作人员必须严格遵守各岗位的安全操作规程，以避免意外伤害。

构件起吊应听从一个人的指挥。构件移动时，移动区域内不得有人滞留和通过。

所有制作场地的安全通道必须畅通。

三、钢结构加工制作的工艺流程

（一）样杆、样板的制作

样板可采用厚度 0.50 ~ 0.75mm 的铁皮或塑料板制作，样杆一般用铁皮或扁铁制作，当长度较短时可用木尺杆。样杆、样板应注明工号、图号、零件号、数量及加工边、坡口部位、弯折线和弯折方向、孔径和滚圆半径等。样杆、样板应妥善保存，直至工程结束后方可销毁。

（二）号料

核对钢材规格、材质、批号，并应清除钢板表面油污、泥土及赃物。号料方法有集中号料法、套料法、统计计算法、余料统一号料法四种。

若表面质量满足不了质量要求，钢材应进行矫正，钢材和零件的矫正应采用平板机或型材矫直机进行，较厚钢板也可用压力机或火焰加热进行，逐渐取消用手工锤击的矫正法。碳素结构钢在环境温度低于 -16℃，低合金结构钢在低于 -12℃时，不应进行冷矫正和冷弯曲。

矫正后的钢材表面，不应有明显的凹面和损伤，表面划痕深度不得大于 0.5mm，且不应大于该钢材厚度负允许偏差的 1/2。

（三）画线

利用加工制作图、样杆、样板及钢卷尺进行画线。目前已有一些先进的钢结构加工厂采用程控自动划线机，不仅效率高，而且精确、省料。画线的要领有两条：

1. 画线作业场地要在不直接受日光及外界气温影响的室内，最好是开阔、明亮的场所。

2. 用划针画线比用墨尺及画线用绳的画线精度高。划针可用砂轮磨尖，粗细度可达 0.3mm 左右。画线有三种办法：先画线、后画线、一般先画线及他端后画线。当进行下料部分画线时要考虑剪切余量、切削余量。

（四）切割

钢材的切割包括气割、等离子切割类高温热源的方法，也有使用剪切、切削、摩擦热等机械力的方法。要考虑切割能力、切割精度、切剖面的质量及经济性。

（五）边缘加工和端部加工

方法主要有铲边、刨边、铣边、碳弧气刨、气割和坡口机加工等。

1. 铲边

有手工铲边和机械铲边两种。铲边后的棱角垂直误差不得超过弦长的 1/3000，且不得大于 2mm。

2. 刨边

使用的设备是刨边机。刨边加工有刨直边和刨斜边两种。一般的刨边加工余量 2 ~ 4mm。

3. 铣边

使用的设备是铣边机，工效高，能耗少。

4. 碳弧气刨

使用的设备是气刨枪。效率高，无噪音，灵活方便。

5. 坡口加工

一般可用气体加工和机械加工，在特殊的情况下采用手动气体切割的方法，但必须进行事后处理，如打磨等。现在坡口加工专用机已开始普及，最近又出现了 H 型钢坡口及弧形坡口的专用机械，效率高、精度高。焊接质量与坡口加工的精度有直接关系，如果坡口表面粗糙有尖锐且深的缺口，就容易在焊接时产生不熔部位，将在事后产生焊接裂缝。又如，在坡口表面黏附油污，焊接时就会产生气孔和裂缝，因此要重视坡口质量。

（六）制孔

在焊接结构中，不可避免地将会产生焊接收缩和变形，因此在制作过程中，把握好什么时候开孔将在很大程度上影响产品精度。特别是对于柱及梁的工程现场连接部位的孔群的尺寸精度直接影响钢结构安装的精度，因此，把握好开孔的时间是十分重要的，一般有四种情况：

第一种：在构件加工时顶先划上孔位，待拼装、焊接及变形矫正完成后，再画线确认进行打孔加工。

第二种：在构件一端先进行打孔加工，待拼装、焊接及变形矫正完成后，再对另一端进行打孔加工。

第三种：待构件焊接及变形矫正后，对端面进行精加工，然后以精加工面为基准，画线、打孔。

第四种：在画线时，考虑了焊接收缩量、变形的余量、允许公差等，直接进行打孔。

机械打孔有电钻及风钻、立式钻床、摇臂钻床、桁式摇臂钻床、多轴钻床、NC 开孔机。

气体开孔，最简单的方法是在气割喷嘴上安装一个简单的附属装置，可打出 $\phi30$ 的孔。

钻模和板叠套钻制孔。这是目前国内尚未流行的一种制孔方法，应用夹具固定，钻套应采用碳素钢或合金钢。如 T8、GCr13、GCr15 等制作，热处理后钻套硬度应高于钻头硬度 HRC2～3。

钻模板上下两平面应平行，其偏差不得大于 0.2mm，钻孔套中心与钻模板平面应保持垂直，其偏差不得大于 0.15mm，整体钻模制作允许偏差符合有关规定。

数控钻孔：近年来数控钻孔的发展更新了传统的钻孔方法，无须在工件上画线，打样冲眼，整个加工过程自动进行，高速数控定位，钻头行程数字控制，钻孔效率高，精度高。

制孔后应用磨光机清除孔边毛刺，并不得损伤母材。

（七）组装

钢结构组装的方法包括地样法、仿形复制装配法、立装法、卧装法、胎模装配法。

1. 地样法

用 1：1 的比例在装配平台上放出构件实样，然后根据零件在实样上的位置，分别组装起来成为构件。此装配方法适用于桁架、构架等小批量结构的组装。

2. 仿形复制装配法

先用地样法组装成单面（单片）的结构，然后定位点焊牢固，将其翻身，作为复制胎模，在其上面装配另一单面结构，往返两次组装。此种装配方法适用于横断面互为对称的桁架结构。

3. 立装法

根据构件的特点及其零件的稳定位置，选择自上而下或自下而上的顺序装配。此装配方法适用于放置平稳，高度不大的结构或者大直径的圆筒。

4. 卧装法

将构件放置于卧的位置进行的装配。适用于断面不大，但长度较大的细长构件。

5. 胎模装配法

将构件的零件用胎模定位在其装配位置上的组装方法。此种装配方法适用于制造构件批量大、精度高的产品。

拼装必须按工艺要求的次序进行，当有隐蔽焊缝时，必须先予施焊，经检验合格方可覆盖。为减少变形，尽量采用小件组焊，经矫正后再大件组装。

组装的零件、部件应经检查合格，零件、部件连接接触面和沿焊缝边缘约30 ~ 50mm 范围内的铁锈、毛刺、污垢、冰雪、油迹等应清除干净。

板材、型材的拼接应在组装前进行；构件的组装应在部件组装、焊接、矫正后进行，以便减少构件的残余应力，保证产品的制作质量。构件的隐蔽部位应提前进行涂装。

钢构件组装的允许偏差见《钢结构工程施工质量验收规范》GB50205 — 2001 有关规定。

（八）焊接

焊接是钢结构加工制作中的关键步骤。

（九）摩擦面的处理

高强度螺栓摩擦面处理后的抗滑移系数值应符合设计的要求（一般为 0.45 ~ 0.55）。摩擦面的处理可采用喷砂、喷丸、酸洗、砂轮打磨等方法，一般应按设计要求进行，设计无要求时施工单位可采用适当的方法进行施工。采用砂轮打磨处理摩擦面时，打磨范围不应小于螺栓孔径的 4 倍，打磨方向宜与构件受力方向垂直。高强度螺栓的摩擦连接面不得涂装，高强度螺栓安装完后，应将连接板周围封闭，再进行涂装。

（十）涂装、编号

涂装环境温度应符合涂料产品说明书的规定，无规定时，环境温度应在 5 ~ 38℃之间，相对湿度不应大于 85%，构件表面没有结露和油污等，涂装后 4h 内应保护免受淋雨。

钢构件表面的除锈方法和除锈等级应符合规范的规定，其质量要求应符合国家标准《涂装前钢材表面锈蚀等级和除锈等级》的规定。构件表面除锈方法和除锈等级应与设计采用的涂料相适应。

施工图中注明不涂装的部位和安装焊缝处的 30 ~ 50mm 宽范围内以及高强度螺栓摩擦连接面不得涂装。涂料、涂装遍数、涂层厚度均应符合设计的要求。

构件涂装后，应按设计图纸进行编号，编号的位置应符合便于堆放、便于安装、便于检查的原则。对于大型或重要的构件还应标注重量、重心、吊装位置和定位标记等记号。编号的汇总资料与运输文件、施工组织设计的文件、质检文件等统一起来，编号可在竣工验收后加以复涂。

加工制作图的绘制、号料、放线、切割、坡口加工、开制孔、组装（包括矫正）、焊接、摩擦面的处理、涂装与编号是钢结构加工制作的主要工艺。

四、钢结构构件的验收、运输、堆放

（一）钢结构构件的验收

钢构件加工制作完成后，应按照施工图和国标《钢结构工程施工及验收规范》（GB50205－2001）的规定进行验收，有的还分工厂验收、工地验收，因工地验收还增加了运输的因素，钢构件出厂时，应提供下列资料：

1. 产品合格证及技术文件。

2. 施工图和设计变更文件。

3. 制作中技术问题处理的协议文件。

4. 钢材、连接材料、涂装材料的质量证明或试验报告。

5. 焊接工艺评定报告。

6. 高强度螺栓摩擦面抗滑移系数试验报告，焊缝无损检验报告及涂层检测资料。

7. 主要构件检验记录。

8. 预拼装记录，由于受运输、吊装条件的限制，另外设计的复杂性，有时构件要分二段或若干段出厂，为了保证工地安装的顺利进行，在出厂前进行预拼装（需预拼装时）。

9. 构件发运和包装清单。

（二）构件的运输

发运的构件，单件超过 3t 的，宜在易见部位用油漆标上重量及重心位置的标志，以免在装、卸车和起吊过程中损坏构件；节点板、高强度螺栓连接面等重要部分要有适当的保护措施，零星的部件等都要按同一类别用螺栓和铁丝紧固成束或包装发运。

大型或重型构件的运输应根据行车路线、运输车辆的性能、码头状况、运输船只来编制运输方案。在运输方案中要着重考虑吊装工程的堆放条件、工期要求来编制构件的运输顺序。

运输构件时，应根据构件的长度、重量断面形状选用车辆；构件在运输车辆上的支点、两端伸长的长度及绑扎方法均应保证构件不产生永久变形、不损伤涂层。构件起吊必须按设计吊点起吊，不得随意。

公路运输装运的高度极限 4.5m，如需通过隧道时，则高度极限 4m，构件长出车身不得超过 2m。

（三）构件的堆放

构件一般要堆放在工厂的堆放场和现场的堆放场。构件堆放场地应平整坚实，无水坑、冰层，地面平整干燥，并应排水通畅，有较好的排水设施，同时有车辆进出的回路。

构件应按种类、型号、安装顺序划分区域，插竖标志牌。构件底层垫块要有足够的支承面，不允许垫块有大的沉降量，堆放的高度应有计算依据，以最下面的构件不产生永久变形为准，不得随意堆高。钢结构产品不得直接置于地上，要垫高 200mm。

在堆放中，发现有变形不合格的构件，则严格检查，进行矫正，然后再堆放。不得把不合格的变形构件堆放在合格的构件中，否则会大大地影响安装进度。

对于已堆放好的构件，要派专人汇总资料，建立完善的进出厂的动态管理，严禁乱翻、乱移。同时对已堆放好的构件进行适当保护，避免风吹雨打、日晒夜露。

不同类型的钢构件一般不堆放在一起。同一工程的钢构件应分类堆放在同一地区，便于装车发运。

第二节　钢结构构件焊接

一、焊接方法

（一）焊接方法概述

焊接是借助于能源，使两个分离的物体产生原子（分子）间结合而连接成整体的过程。用焊接方法不仅可以连接金属材料，如钢材、铝、铜、钛等，还能连接非金属，如塑料、陶瓷，甚至还可以解决金属和非金属之间的连接，我们统称为工程焊接。用焊接方法制造的结构称为焊接结构，又称工程焊接结构。根据对象和用途大致可分为建筑焊接结构、贮罐和容器焊接结构、管道焊接结构、导电性焊接结构四类，我们所称的钢结构包含了这四类焊接结构。选用的结构材料是钢材，而且大多为普通碳素钢和低合金结构钢，常用的钢号有 Q235、16Mn、16Mnq、15MnV、15MnVq 等，主要的焊接方法有手工电弧焊、气体保护焊、自保护电弧焊、埋弧焊、电渣焊、等离子焊、激光焊、电子束焊、栓焊等。

在钢结构制作和安装领域中，广泛使用的是电弧焊。在电弧焊中又以药皮焊条手工电弧焊、自动埋弧焊、半自动与自动 CO_2 气体保护焊和自保护电弧焊为主。在某些特殊应用场合，则必须使用电渣焊和栓焊。

（二）手工电弧焊

依靠电弧的热量进行焊接的方法称为电弧焊，手工电弧焊是用手工操作焊条进行焊接的一种电弧焊，是钢结构焊接中最常用的方法。焊条和焊件就是两个电极，产生电弧，电弧产生大量的热量，熔化焊条和焊件，焊条端部熔化形成熔滴，过渡到熔化的焊件的母材上融合，形成熔池并进行一系列复杂的物理—冶金反应。随着电弧的移动，液态熔池逐步冷却、结晶，形成焊缝。在高温作用下，冷敷于电焊条钢芯上的药皮熔融成熔渣，覆盖在熔池金属表面，它不仅能保护高温的熔池金属不与空气中有害的氧、氮发生化学反应，并且还能参与熔池的化学反应和渗入合金等，在冷却凝固的金属表面，形成保护渣壳。

（三）气体保护电弧焊

又称为熔化极气体电弧焊，以焊丝和焊件作为两个极，两极之间产生电弧热来熔化焊丝和焊件母材，同时向焊接区域送入保护气体，使电弧、熔化的焊丝、熔池及附近的母材与周围的空气隔开，焊丝自动送进，在电弧作用下不断熔化，与熔化的母材一起融合，形成焊缝金属。这种焊接法简称 GMAW（Gas Metal Arc Welding）由于保护气体的不同，又可分为：CO_2 气体保护电弧焊，是目前最广泛使用的焊接法，特点是使用大电流和细焊丝，焊接速度快、熔深大、作业效率高；M1G（Metal-Inert-Gas）电弧焊，是将 CO_2 气体保护焊的保护气体变成 Ar 或 He 等稀有气体；MAG（Metal-Active-Gas）电弧焊，使用 CO_2 和 Ar 的混合气体作为保护气体（80%Ar+20%CO_2），这种方法既经济又有 MIG 的好性能。

（四）自保护电弧焊

自保护电弧焊曾称为无气体保护电弧焊。与气体保护电弧焊相比抗风性好，风速达 10m/s 时仍能得到无气孔而且力学性能优越的焊缝。由于自动焊接，焊接效率极高。焊枪轻，不用气瓶，因此，操作十分方便，但焊丝价格比 CO_2 保护焊的要高。在海洋平台、目前美国的超高层建筑钢结构广泛使用这种方法。

自保护电弧焊用焊丝是药芯焊丝，使用的焊机为比交流电源更稳定焊接的直流平特性电源。

（五）埋弧焊

埋弧焊是电弧在可溶化的颗粒状焊剂覆盖下燃烧的一种电弧焊。原理如下：向熔池连续不断送进的裸焊丝，既是金属电极，也是填充材料，电弧在焊剂层下燃烧，将焊丝、母材熔化而形成熔池。熔融的焊剂成为熔渣，覆盖在液态金属熔池的表面，使高温熔池金属与空气隔开。焊剂形成熔渣除了起保护作用外，还与熔化金属参与冶金反应，从而影响焊缝金属的化学成分。

二、焊接变形的种类

焊接变形可分为线性缩短、角变形、弯曲变形、扭曲变形、波浪形失稳变形等。

（一）线性缩短

是指焊件收缩引起的长度缩短和宽度变窄的变形，分为纵向缩短和横向缩短。

（二）角变形

是由于焊缝截面形状在厚度方向上不对称所引起的，在厚度方向上产生的变形。

（三）波浪变形

大面积薄板拼焊时，在内应力作用下产生失稳而使板面产生翘曲成为波浪形变形。

（四）扭曲变形

焊后构件的角变形沿构件纵轴方向数值不同及构件翼缘与腹板的纵向收缩不一致，综合而形成的变形形态。扭曲变形一旦产生则难以矫正。主要由于装配质量不好，工件搁置不正，焊接顺序和方向安排不当造成的，在施工中特别要引起注意。

构件和结构的变形使其外形不符合设计图纸和验收要求不仅影响最后装配工序的正常进行，而且还有可能降低结构的承载能力。如已产生角变形的对接和搭接构件在受拉时将引起附加弯矩，其附加应力严重时可导致结构的超载破坏。

三、焊接残余变形量的影响因素

（一）焊缝截面积的影响

焊缝面积越大，冷却时引起的塑性变形量越大。焊缝面积对纵向、横向及角变形的影响趋势是一致的，而且起主要的影响。

（二）焊接热输入的影响

一般情况下，热输入大时，加热的高温区范围大，冷却速度慢，使接头塑性变形区增大。对纵向、横向及角变形都有变形增大的影响。

（三）工件的预热、层间温度影响

预热、层间温度越高，相当于热输入增大，使冷却速度慢，收缩变形增大。

（四）焊接方法的影响

各种焊接方法的热输入差别较大，在其他条件相同情况下，收缩变形值不同。

（五）接头形式的影响

焊接热输入、焊缝截面积、焊接方法等因素条件相同时，不同的接头形式对纵向、横向及角变形量有不同的影响。

（六）焊接层数的影响

横向收缩在对接接头多层焊时，第一道焊缝的横向收缩符合对接焊的一般条件和变形规律，第一层以后相当于无间隙对接焊，接近于盖面焊时已与堆焊的条件和变形规律相似，因此，收缩变形相对较小；纵向变形，多层焊时的纵向收缩变形比单层焊时小得多，而且焊的层数越多，纵向变形越小。

四、焊接的主要缺陷

国标《金属熔化焊缝缺陷分类及说明》将焊缝缺陷分为六类，裂纹、孔穴、固体夹杂、未熔合和未焊透、形状缺陷和上述以外的其他缺陷。每一缺陷大类用一个三位阿拉伯数字标记，每一缺陷小类用一个四位阿拉伯数字标记，同时，采用国际焊接学会（IIW）"参考射线底片汇编"中字母代号来对缺陷进行简化标记。

（一）裂纹缺陷

以焊缝冷却结晶时出现裂纹的时间阶段区分有热裂纹（高温裂纹）、冷裂纹、延迟裂纹。

1. 热裂纹

热裂纹是由于焊缝金属结晶时造成严重偏析，存在低熔点杂质，另外是由于焊接拉伸应力的作用而产生的。

防止措施有：

（1）控制焊缝的化学成分

降低母材及焊接材料中形成低熔点共晶物即易于偏析的元素，如硫、磷含量；降低碳含量；提高 Mn 含量，使 Mm/S 比值达到 20 ~ 60。

（2）控制焊接工艺参数

控制焊接电流和焊接速度，使各焊道截面上部的宽度和深度比值达到 1.1 ~ 1.2，同时控制焊接熔池形状；避免坡口和间隙过小使焊缝成形系数太小；焊前预热可降低预热裂纹的倾向；合理的焊接顺序可以使大多数焊缝在较小的拘束度下焊接，减小焊缝收缩时所受拉应力，也可减小热裂纹倾向。

2. 冷裂纹和延迟裂纹

冷裂纹发生于焊缝冷却过程中较低温度时，或沿晶或穿晶形成，视焊接接头所受的应力状态和金相组织而定。冷裂纹也可以在焊后经过一段时间（几小时或几天）才出现，称之为延迟裂纹。

防止的办法是：

（1）焊前烘烤，彻底清理坡口和焊丝表面的油、水、锈、污等减少扩散氢含量。

（2）焊前预热、焊后缓冷，进行焊后热处理。采取降低焊接应力的工艺措施，如：

在实际工作中，如果施焊条件许可双面焊，结构承载条件允许部分焊透焊接时，应尽量采用对称坡口或部分焊透焊缝作为降低冷裂纹倾向的措施之一。

（二）孔穴缺陷分为气孔和弧坑缩孔两种

1. 气孔造成的主要原因

（1）焊条、焊剂潮湿，药皮剥落。

（2）坡口表面有油、水、锈污等未清理干净。

（3）电弧过长，熔池面积过大；保护气体流量小，纯度低；焊炬摆动大，焊丝搅拌熔池不充分。

（4）焊接环境湿度大，焊工操作不熟练。

2. 防止措施

（1）不得使用药皮剥落、开裂、变质、偏心和焊芯锈蚀的焊条，对焊条和焊剂要进行烘烤。

（2）认真处理坡口。

（3）控制焊接电流和电弧长度。

（4）提高操作技术，改善焊接环境。

弧坑缩孔是由于焊接电流过大，灭弧时间短而造成的，因此要选用合适的焊接参数，焊接时填满弧坑或采用电流衰减灭弧。利用超声波探伤，搞清缺陷的位置后，用碳弧气刨等完全铲除焊缝，搞成船底形的沟再进行补焊，焊后再次检查。

（三）固体夹杂缺陷有夹渣和金属夹杂两种缺陷

1. 固体夹杂缺陷

（1）造成固体夹杂的原因

1）多道焊层清理不干净。

2）电流过小，焊接速度快，熔渣来不及浮出。

3）焊条或焊炬角度不当，焊工操作不熟练，坡口设计不合理，焊条形状不良。

（2）防止办法

1）彻底清理层间焊道。

2）合理选用坡口，改善焊层成形，提高操作技术。

2. 金属夹杂缺陷

（1）造成金属夹杂的原因

1）氩弧焊采用接触引弧，操作不熟练。

2）钨级与熔池或焊丝短路。

3）焊接电流过大，钨棒严重烧损。

（2）防止办法

氩弧焊时尽量采用高频引弧，提高操作技术，选用合适的焊接工艺。

（五）未熔合缺陷

1. 造成缺陷的原因

（1）运条速度过快，焊条焊炬角度不对，电弧偏吹。

（2）坡口设计不良，电流过小，电弧过长，坡口或夹层清理不干净造成的。

2. 防止办法

提高操作技术，选用合适的工艺参数，选用合理的坡口，彻底清理焊件。

（六）未焊透缺陷

1. 产生的原因

坡口设计不良，间隙过小，操作不熟练等造成的。

2. 防止办法

选用合理的坡口形式，保证组对间隙，选用合适的规范参数，提高操作技术。

（七）形状缺陷

分为咬边、焊瘤、下塌、根部收缩、错边、角度偏差、焊缝超高、表面不规则等。

1. 咬边缺陷

由于电流过大或电弧过长，埋弧焊时电压过低，焊条和焊丝的角度不合适等原因造成的。对咬边部分需用直径 3.2 ～ 4.0mm 的焊丝进行修补焊接。

2. 焊瘤

由于电流偏大或火焰率过大造成的，另外，焊工技术差也是主要原因。对于重要的对接焊部分的焊瘤要用砂轮等除去。

3. 下塌缺陷

又称为压坑缺陷，是由于焊接电流过大，速度过慢，因此，熔池金属温度过高而造的。用碳弧气刨进行铲除，然后修补焊接。

4. 根部收缩缺陷

主要是焊接电流过大或火焰率过大，使熔池体积过大造成的，因此要选合适的工艺参数。

5. 错边缺陷

主要是组对不好，因此，要求组对时严格要求。从背面进行补焊，也可使用背衬焊剂垫进行底层焊接，希望焊成倾斜度为 1/2.5。

6. 角度偏差缺陷

主要由于组对不好，焊接变形等造成的，因此要求组对好，采用控制变形的措施才能防止发生。

7. 焊缝超高、焊脚不对称、焊缝宽度不齐、表面不规则等缺陷

产生的主要原因是焊接层次布置不好，焊工技术差，护目镜颜色过深，影响了观察熔池情况。

（八）其他缺陷

其他缺陷主要有电弧擦伤、飞溅、表面撕裂等。

1. 电弧擦伤

由于焊把与工件无意接触，焊接电缆破损；未在坡口内引弧，而是在母材上任意引弧而造成的。因此，启动电焊机前，检查焊接，严禁与工件短路；包裹绝缘带，必须在坡口内引弧，严肃工艺纪律。

2. 飞溅

由于焊接电流过大，或没有采取防护措施，也有因 CO_2 气体保护焊接回路电感量不合适造成的。可采用涂白噁粉调整 CO_2 气体保护焊焊接回路的电感。

五、焊接的质量检验

焊接质量检验包括焊前检验、焊接生产中检验和成品检验。

（一）焊前检验

检验技术文件（图纸、标准、工艺规程等）是否齐备。焊接材料（焊条、焊丝、焊剂、气体等）和钢材原材料的质量检验，构件装配和焊接件边缘质量检验、焊接设备（焊机和专用胎、模具等）是否完善。焊工应经过考试取得合格证，停焊时间达 6 个月及以上，必须重新考核方可上岗操作。

（二）焊接生产中的检验

主要是对焊接设备运行情况、焊接规范和焊接工艺的执行情况，以及多层焊接过程中夹渣、焊透等缺陷的自检等，目的是防止焊接过程中缺陷的形成，及时发现缺陷，采取整改措施，特别是为了提高焊工对产品质量的高度责任心和认真执行焊接工艺的严明的纪律性。

（三）焊接工艺评定

首次使用的钢材应进行工艺评定，但当该钢材与已评定过的钢材具有同一强度等级和

类似的化学成分时，可不进行焊接工艺评定。

首次采用的焊接方法，采用新的焊接材料施焊，首次采用的重要的焊接接头形式，需要进行预热、后热或焊后热处理的构件，都应进行工艺评定。

进行工艺评定用的钢材、焊接材料和焊接方法应与工程所使用的相同；对于要求熔透的 T 形接头焊接试件，应与工程实物相当。焊接工艺评定应由较高技能的焊工施焊。

六、焊接工艺

（一）施焊电源的网络电压波动值

应在 ±5% 范围内，超过时应增设专用变压器或稳压装置。

（二）根据焊接工艺评定编制工艺指导书，焊接过程中应严格执行。

（三）对接接头、T 形接头、角接接头、十字接头等对接焊缝及组合焊缝

应在焊缝的两端设置引弧和引出板；其材料和坡口形式应与焊件相同。引弧和引出的焊缝长度：埋弧焊应大于 50mm，手弧焊及气体保护焊应大于 20mm。焊接完毕应采用气割切除引弧和引出板，不得用锤击落，并修磨平整。

（四）角焊缝转角处宜连续绕角施焊

起落弧点距焊缝端部宜大于 10mm；角焊缝端部不设引弧和引出板的连续焊缝，起落弧点距焊缝端部宜大于 10mm，弧坑应填满。

（五）下雪或下雨时不得露天施焊

构件焊区表面潮湿或冰雪没有清除前不得施焊，风速超过或等于 8m/s（CO_2，保护焊风速 > 2m/s），应采取挡风措施，定位焊工应有焊工合格证。

（六）不得在焊道以外的母材表面引弧、熄弧

在吊车梁、吊车桁架及设计上有特殊要求的重要受力构件其承受拉应力区域内，不得焊接临时支架、卡具及吊环等。

（七）多层焊接宜连续施焊

每一层焊道焊完后应及时清理并检查，如发现焊接缺陷应清除后再施焊，焊道层间接头应平缓过渡并错开。

（八）焊缝同一部位返修次数

不宜超过两次，超过二次时，应经焊接技术负责人核准后再进行。

（九）焊缝坡口和间隙超差

不得采用添加金属块或焊条的方法处理。

（十）对接和 T 形接头要求熔透的组合焊缝

当采用手弧焊封底，自动焊盖面时，反面应进行清根。

（十一）T 形接头要求熔透的组合焊缝

应采用船形埋弧焊或双丝埋弧自动焊，宜选用直流电流；厚度 t ≤ 8mm 的薄壁构件

宜采用 CO_2 气体保护焊。厚度 t > 5mm 板的对接立焊缝宜采用电渣焊。

（十二）栓钉焊接前

应用角向磨光机对焊接部位进行打磨，焊后，焊接处未完全冷却之前，不得打碎瓷环。栓钉的穿透焊，应使压型钢板与钢梁上翼缘紧密相贴其间隙不得大于 1mm。

（十三）轨道间采用手弧焊焊接时应符合下列规定

轨道焊接宜采用厚度不小于 12mm，宽不小于 100mm 的紫铜板弯制成与轨道外形相吻合的垫模；焊接的顺序由下向上，先焊轨底，后焊轨腰、轨头，最后修补四周；施焊轨底的第一层焊道时电流应稍大些以保证焊透和便于排渣。每层焊完后要清理，前后两层焊道的施焊方向应相反；采取预热、保温和缓冷措施，预热温度为 200℃～300℃，保温可采用石棉灰等。焊条选用氢型焊条。

（十四）当压轨器的轨板与吊车梁采用焊接时

应采用小直径焊条，小电流跳焊法施焊。

（十五）柱与柱，柱与梁的焊接接头

当采用大间隙加垫板的接头形式时，第一层焊道应熔透。

（十六）焊接前预热及层间温度控制

宜采用测温器具测量（点温计、热电偶温度计等）。预热区在焊道两侧，其宽度应各为焊件厚度的 2 倍以上，且不少于 100mm，环境温度低于 0℃时，预（后）热温度应通过工艺试验确定。

（十七）焊接 H 型钢

其翼缘板和腹板应采用半自动或自动气割机进行切割，翼缘板只允许在长度方向拼接；腹板在长度和宽度方向均可拼接，拼接缝可为"十"字形或"T"形，翼缘板的拼接缝与腹板的错开 200mm 以上，拼接焊接应在 H 型钢组装前进行。

（十八）对需要进行后热处理的焊缝

应焊接后钢材没有完全冷却时立即进行，后热温度为 200℃～300℃，保温时间可按板厚每 30mm/h 计，但不得少于 2h。

七、焊接检验

全部焊接工作结束，焊缝清理干净后进行成品检验。检验的方法有很多种，通常可分为无损检验和破坏性检验两大类。

（一）无损检验

可分为外观检查、致密性检验、无损探伤。

1. 外观检查

是一种简单而应用广泛的检查方法，焊缝的外观用肉眼或低倍放大镜进行检查表面气孔、夹渣、裂纹、弧坑、焊瘤等，并用测量工具检查焊缝尺寸是否符合要求。

根据结构件承受荷载的特点，产生脆断倾向的大小及危害性，将对接焊缝分为三级，不同质量等级的焊缝，质量要求不一样，规定采用的检验比例、验收标准也不一样。

（1）一级焊缝

重级工作制和起重量大于 50t 的中级工作制的吊车梁，其腹板、翼缘板、吊车桁架的上下弦杆的拼接焊缝。

母材板厚 Q235 钢 t ＞ 38mm，16Mn 钢 t ＞ 30mm，16Mnq、15Mnq 钢 t ＞ 25mm，且要求熔敷金属在 -20℃的冲击功 Akv ≥ 27J，承受动载或静载结构的全焊透对接焊缝。

（2）二级焊缝

除上述之外的其他全焊透对接焊缝及吊车梁腹板和翼缘板间组合焊缝为二级焊缝。

（3）三级焊缝

非承载的不要求焊透或部分焊透的对接焊缝、组合焊缝以及角焊缝为三级焊缝。

2. 致密性检验

主要用水（气）压试验、煤油渗漏、渗氨试验、真空试验、氨气探漏等方法，这些方法对于管道工程、压力容器等是很重要的方法。

3. 无损探伤

主要有磁粉探伤、涡流探伤、渗透探伤、射线探伤、超声波探伤等，所谓无损探伤就是利用放射线、超声波、电磁辐射、磁性、涡流、渗透性等物理现象，在不损伤被检产品的情况下，发现和检查内部或表面缺陷的方法。

（1）磁粉探伤（MT）

是利用焊件在磁化后，在缺陷的上部会产生不规则的磁力线这一现象来判断焊缝中缺陷位置。可分为干粉法、湿粉法、荧光法等几种。

（2）涡流探伤（ET）

将焊件处于交流磁场的作用下，由于电磁感应的结果会在焊件中产生涡流。涡流产生的磁场将削弱主磁场，形成叠加磁场。焊件中的缺陷会使涡流发生变化，也会使叠加磁场发生变化，探伤仪将通过测量线圈发现缺陷。

（3）渗透探伤（PT）

是依靠液体的渗透性能来检查和发现焊件表面的开口缺陷，一般有着色法和荧光法。

（4）射线探伤（RT）

是检验焊缝内部缺陷的准确而可靠的方法。当射线透过焊件时，焊缝内的缺陷对射线的衰减和吸收能力与密实材料不同，使射线作用在胶片上，由于射线强度不同，胶片冲洗后深浅影像不同，而判断出内部缺陷。

（5）超声波探伤（UT）

是利用频率超过 20kHz 的超声波在渗入金属材料内部遇到异质界面时会产生反射的原

理来发现缺陷。

（二）破坏性检验

焊接质量的破坏性检验包括焊接接头的机械性能试验、焊缝化学成分分析、金相组织测定、扩散含量测定、接头的耐腐蚀性能试验等，主要用于测定接头或焊缝性能是否能满足使用要求。

1. 机械性能试验

包括测定焊接接头的强度、延伸率、断面收缩率、拉伸试验、冷弯试验、冲击试验等，国标《焊接接头机械性能试验取样方法》（GB2649）规定了取样方法，国标《焊接接头拉伸试验方法》（GB2651）规定了金属材料焊接接头横向拉伸试验和点焊接头的剪切试验方法；国标《金属拉伸试验方法》（GB228）和国标《金属高温拉伸试验方法》（GB4338）规定了拉伸试验的方法；国标《焊接接头弯曲及压扁试验方法》（GB2653）规定了焊接接头正弯及背弯试验，横向侧弯试验，纵向正弯及背弯试验，管材压扁试验等的方法；国标《焊接接头冲击试验方法》规定了焊接接头的夏比冲击试验方法，以测定试样的冲击吸收功。

2. 化学成分分析

是对焊缝的化学成分分析，是测定熔敷金属化学成分，我国的焊条标准中对此做出了专门的规定。

3. 金相组织测定

是为了了解焊接接头各区域的组织，晶粒度大小和氧化物夹杂，氢白点等缺陷的分布情况，通常有宏观和微观方法之分。

4. 扩散氢测定

国标《电焊条熔敷金属中扩散氢测定方法》（GB3965）适用于手工电弧焊药皮焊条熔敷金属中扩散氢含量的测定。

5. 耐腐蚀试验方法

国标《不锈钢耐腐蚀试验方法》（GB4334）等规定不同腐蚀试验方法，不同的原理和评定判断法。

第三节 螺栓连接

螺栓作为钢结构主要连接紧固件，通常用于钢结构中构件间的连接、固定、定位等，钢结构中使用的连接螺栓一般分为普通螺栓和高强度螺栓两种。

一、普通螺栓连接

钢结构普通螺栓连接即将螺栓、螺母、垫圈机械地和连接件连接在一起形成的一种连接方式。一般受力较大的结构或承受动荷载的结构，当采用普通螺栓连接时，螺栓应采用精制螺栓以减小接头的变形量。精制螺栓连接是一种紧配合连接，即螺栓孔径和螺栓直径差一般在 0.2 ~ 0.5mm，有的要求螺栓孔径和螺栓直径相等，施工时需要强行打入。精制螺栓连接加工费用高、施工难度大，工程上已极少使用，逐渐被高强度螺栓连接所替代。

（一）普通螺栓种类

1. 普通螺栓的材性

螺栓按照性能等级分 3.6、4.6、4.8、5.6、5.8、6.8、8.8、9.8、10.9、12.9 十个等级，其中 8.8 级以上螺栓材质为低碳合金钢或中碳钢并经过热处理（淬火、回火），通称为高强度螺栓，8.8 级以下（不含 8.8 级）通称为普通螺栓。

螺栓性能等级标号由两部分数字组成，分别表示螺栓的公称抗拉强度和材质的屈强比。如性能等级分 4.6 级的螺栓其含义为：第一部分数字（4.6 中的"4"）为螺栓材质公称抗拉强度（N/mm²）的 1/100；第二部分数字（4.6 中的"6"）为螺栓材质的屈强比的 10 倍；两部分数字的乘积（4×6="24"）为螺栓材质公称屈服点的（N/mm²）的 1/10。

2. 普通螺栓的规格

普通螺栓按照形式可分为六角头螺栓、双头螺栓、沉头螺栓等；按制作精度可分为 A、B、C 级三个等级，A、B 级为精制螺栓，C 级为粗制螺栓，钢结构用连接螺栓，除特殊说明外，一般即为普通粗制 C 级螺栓。

3. 螺母

钢结构常用的螺母，其公称高度 h 大于或等于 0.8D（D 为与其相匹配的螺栓直径），螺母强度设计应选用与之其相匹配螺栓中最高性能等级的螺栓强度，当螺母拧紧到螺栓保证荷载时，必须不发生螺纹脱扣。

螺母性能等级分 4、5、6、8、9、10、12 等，其中 8 级（含 8 级）以上螺母与高强度螺栓匹配，8 级以下螺母与高强度螺栓匹配。

螺母的螺纹应和螺栓相一致，一般应为粗牙螺纹（除非特殊说明用细牙螺纹），螺母的机械性能主要是螺母的保证应力和强度，其值应符合 GB3098.2 的规定。

4. 垫圈

常用钢结构连接的垫圈，按形状及其使用功能可以分成以下几类：

（1）圆平垫圈

一般放置于紧固螺栓头及螺母的支承面下面，用以增加螺栓头及螺母的支承面，同时防止被连接件表面损伤。

（2）方型垫圈

一般置于地脚螺栓头及螺母的支承面下，用以增加支承面及遮盖较大螺栓孔眼。

（3）斜垫圈

主要用于工字钢、槽钢翼缘倾斜面的垫平，使螺母支承面垂直于螺杆，避免紧固时造成螺母支承面和被连接的倾斜面局部接触。

（4）弹簧垫圈

防止螺栓拧紧后在动载作用下的振动和松动，依靠垫圈的弹性功能及斜口摩擦面防止螺栓的松动，一般用于有动荷载（振动）或经常拆卸的结构连接处。

（二）普通螺栓的施工

1. 一般要求

普通螺栓作为永久性连接螺栓时，应符合下列要求：

（1）对一般的螺栓连接，螺栓头和螺母下面应放置平垫圈，以增大承压面积。

（2）螺栓头下面放置的垫圈一般不应多于两个，螺母头下的垫圈一般应多于一个。

（3）对于设计有要求放松的螺栓、锚固螺栓应采用有放松装置的螺母或弹簧垫圈，或用人工方法采取放松措施。

（4）对于承受动荷载或重要部位的螺栓连接，应按设计要求放置弹簧垫圈，弹簧垫圈必须设置在螺母一侧。

（5）对于工字钢、槽钢类型钢应尽量使用斜垫圈，使螺母和螺栓头部的支承面垂直于螺杆。

2. 螺栓直径及长度的选择

（1）螺栓直径

原则上应由设计人员按等强原则通过计算确定，但对一个工程来讲，螺栓直径规格应尽可能少，有的还需要适当归类，便于施工和管理。

（2）螺栓长度

通常是指螺栓螺头内侧面到螺杆端头的长度，一般都是以 5mm 进制；从螺栓的标准规格上可以看出，螺纹的长度基本不变，显而易见，影响螺栓长度的因素主要有：被连接件的厚度、螺母高度、垫圈的数量及厚度等，一般可按下列公式计算：

$$L= \delta +H+nh+C（6-1）$$

式中　　　δ—被连接件总厚度，mm；

H—螺母高度，mm，一般为 0.8D（D 为与其相匹配的螺栓直径）；

n—垫圈个数；

h—垫圈的厚度，mm；

C —螺纹外露部分长度（mm）（2～3 扣为宜，一般为 5mm）。

3. 常用螺栓连接形式

常用螺栓连接形式主要有：平接连接、搭接连接、T 型连接等连接方式。

4. 螺栓的布置

螺栓的连接接头中螺栓的排列布置主要有并列和交错排列两种形式，螺栓间的间距确定既要考虑连接效果（连接强度和变形），同时要考虑螺栓的施工要求。

5. 螺栓孔

对于精制螺栓（A、B 级螺栓），螺栓孔必须是Ⅰ类孔，应具有 H12 的精度，孔壁表面粗糙度 Ra 不应大于 12.5μm，为保证上述精度要求必须钻孔成型。

对于粗制螺栓（C 级螺栓），螺栓孔为Ⅱ类孔，孔壁表面粗糙度 Ra 不应大于 25μm，其允许偏差为：直径，0～+1.0mm；圆度，2.0mm；垂直度，0.03t 且不大于 2.0mm（t 为连接板的厚度）。

6. 螺栓的紧固及其检验

普通螺栓连接对螺栓紧固轴力没有要求，因此，螺栓的紧固施工以操作者的手感及连接接头的外形控制为准，保证被连接接触面能密贴，无明显的间隙。螺栓的紧固次序应从中间开始，对称向两边进行；对大型接头应采用复拧，即两次紧固方法，保证接头内各个螺栓能均匀受力。

普通螺栓连接螺栓紧固检验比较简单，即用 3kg 小锤，一手扶螺栓（或螺母）头，另一手用锤敲，要求螺栓头（或螺母）不偏移、不颤动、不松动，锤声比较干脆，否则说明螺栓紧固质量不好，需要重新紧固施工。

二、高强度螺栓连接

高强度螺栓连接已经发展成为与焊接并举的钢结构主要连接形式之一，它具有受力性能好、耐疲劳、抗震性能好、连接刚度高，施工简便等优点，被广泛应用在建筑钢结构和桥梁钢结构的工地连接中，成为钢结构安装的主要手段之一。

高强度螺栓连接按其受力状况，可分为摩擦型连接、摩擦 - 承压型连接、承压型连接和张拉型连接等几种类型，其中摩擦型连接是目前广泛采用的基本连接形式。

（一）高强度螺栓种类

高强度螺栓从外形上可分为大六角头和扭剪型两种；按性能等级可分为 8.8 级、10.9 级、12.9 级等，目前我国使用的大六角头高强度螺栓有 8.8 级和 10.9 级两种，扭剪型高强度螺栓只有 10.9 级一种。

大六角头高强度螺栓连接副：含一个螺栓、一个螺母、两个垫圈（螺头和螺母两侧各一个垫圈）。螺栓、螺母、垫圈在组成一个连接副时，其性能等级要匹配。

扭剪型高强度螺栓连接副：含一个螺栓、一个螺母、一个垫圈。螺栓、螺母、垫圈在组成一个连接副时，其性能等级要匹配。

高强度螺栓连接副实物的机械性能主要包括螺栓的抗拉荷载、螺母的保证荷载及实物硬度等。对于高强度螺栓连接副，不论是 10.9 级和 8.8 级螺栓，所采用的垫圈是一致的，其硬度要求都是 HV30 329 ~ 436（HRC35 ~ 45）。

（二）高强度螺栓施工

（1）高强度螺栓连接在施工前应对连接副实物和摩擦面进行检验和复验，合格后才能进入安装施工。

（2）对每一个连接接头，应先用临时螺栓或冲钉定位，为防止损伤螺纹引起扭矩系数的变化，严禁把高强度螺栓作为临时螺栓使用。对一个接头来说，临时螺栓和冲钉的数量原则上应根据该接头可能承担的荷载计算确定，并应符合下列规定：

1）不得少于安装螺栓总数的 1/3。

2）不得少于两个临时螺栓。

3）冲钉穿入数量不宜多于临时螺栓的 30%。

（3）高强度螺栓的穿入，应在结构中心位置调整后进行，其穿入方向应以施工方便为准，力求一致；安装时要注意垫圈的正反面，即：螺母带圆台面的一侧应朝向垫圈有倒角的一侧；对于大六角头高强度螺栓连接副靠近螺头一侧的垫圈，其有倒角的一侧朝向螺栓头。

（4）高强度螺栓的安装应能自由穿入孔，严禁强行穿入，如不能自由穿入时，该孔应用铰刀进行修整，修整后孔的最大直径应小于 1.2 倍螺栓直径。修孔时，为了防止铁屑落入板迭缝中，铰孔前应将四周螺栓全部拧紧，使板迭密贴后再进行，严禁气割扩孔。

（5）高强度螺栓连接中连接钢板的孔径略大于螺栓直径，并必须采取钻孔成型方法，钻孔后的钢板表面应平整、孔边无飞边和毛刺，连接板表面应无焊接飞溅物、油污等。

（6）高强度螺栓连接板螺栓孔的孔距及边距除应符合规范要求外，还应考虑专用施工机具的可操作空间。

（7）高强度螺栓在终拧以后，螺栓丝扣外露应为 2 ~ 3 扣，其中允许有 10% 的螺栓丝扣外露 1 扣或 4 扣。

（三）大六角头高强度螺栓连接施工

1. 扭矩法施工

对大六角头高强度螺栓连接副来说，当扭矩系数 k 确定之后，由于螺栓的轴力（预拉力）P 是由设计规定的，则螺栓应施加的扭矩值 M 就可以根据公式很容易地计算确定，根据计算确定的施工扭矩值，使用扭矩扳手（手支、电动、风动）按施工扭矩值进行终拧，这就是扭矩法施工的原理。

扭矩值 M 与轴力（预拉力）P 之间对应关系：

$$M = K \cdot D \cdot P$$

式中　　　D —螺栓公称直径（mm）；

P —螺栓轴力，kN；

M —施加于螺母上扭矩值，kN·m；

K —扭矩系数

在确定螺栓的轴力 P 时应根据设计预拉力值，一般考虑螺栓的施工预拉力损失 10%，即螺栓施工预拉力（轴力）P 按 1.1 倍的设计预拉力取值。

螺栓在储存和使用过程中扭矩系数易发生变化，所以，在工地安装前一般都要进行扭矩系数复检，复检合格后根据复验结果确定施工扭矩，并以此安排施工。

扭矩系数试验用螺栓、螺母、垫圈试样，应从同批螺栓副中随机抽取，按批量大小一般取 5 ~ 10 套，试验状态应与螺栓使用状态相同，试样不允许重复使用。扭矩系数复验应在国家认可的有资质的检测单位进行，试验所用的轴力计和扭矩扳手应经计量认证。

在采用扭矩法终拧前，应首先进行初拧，对螺栓多的大接头，还需进行复拧。初拧的目的就是使连接接触面密贴，螺栓"吃上劲"，一般常用规格螺栓（M20、M22、M24）的初拧扭矩在 200 ~ 300N·m，螺栓轴力达到 10 ~ 50kN 即可，在实际操作中，可以让一个操作工作用普通扳手用自己的手力拧紧即可。

初拧、复拧及终拧的次序，一般地讲都是从中间向两边或四周对称进行，初拧和终拧的螺栓都应做不同的标记，避免漏拧、超拧等安全隐患，同时也便于检查人员检查紧固质量。

2. 转角法施工

因扭矩系数的离散性，特别是螺栓制造质量或施工管理不善，扭矩系数超过标准值（平均值和变异系数），在这种情况下采用扭矩法施工，即用扭矩值控制螺栓轴力的方法就会出现较大的误差，欠拧或超拧问题突出。为解决这一问题，引入转角法施工，即利用螺母旋转角度以控制螺杆弹性伸长量来控制螺栓轴向力的方法。

试验结果表明，螺栓在初拧以后，螺母的旋转角度与螺栓轴向力成对应关系，当螺栓受拉处于弹性范围内，两者呈线性关系，因此，根据这一线性关系，在确定了螺栓的施工预拉力（一般为 1.1 倍设计预拉力）后，就很容易得到螺母的旋转角度，施工操作人员按照此旋转角度紧固施工，就可以满足设计上对螺栓预拉力的要求，这就是转角法施工的基本原理。

高强度螺栓转角法施工分初拧和终拧两步进行（必要时需增加复拧），初拧的要求比扭矩法施工要严，因为起初连接板间隙的影响，螺母的转角大都消耗于板缝，转角与螺栓轴力关系极不稳定，初拧的目的是为消除板缝影响，给终拧创造一个大体一致的基础。转角法施工在我国已有 30 多年的历史，但对初拧扭矩的大小没有标准，各个工程根据具体情况确定，一般地讲，对于常用螺栓（M20、M22、M24），初拧扭矩定在 200 ~ 300 N•m 比较合适，原则上应该使连接板缝密贴为准。终拧是在初拧的基础上，再将螺母拧转一定的角度，使螺栓轴向力达到施工预拉力。

转角法施工次序如下：

（1）初拧：采用定扭扳手，从栓群中心顺序向外拧紧螺栓。

（2）初拧检查：一般采用敲击法，即用小锤逐个检查，目的是防止螺栓漏拧。

（3）画线：初拧后对螺栓逐个进行画线。

（4）终拧：用专用扳手使螺母再旋转一下额定角度，螺栓群坚固的顺序同初拧。

（5）终拧检查：对终拧后的螺栓逐个检查螺母旋转角度是否符合要求，可用量角器检查螺栓与螺母上画线的相对转角。

（6）作标记：对终拧完的螺栓用不同颜色笔做出明显的标记，以防漏拧和重拧，并供质检人员检查。

3. 扭剪型高强度螺栓连接施工

扭剪型高强度螺栓连接副紧固施工相对于大六角头高强度螺栓连接副紧固施工要简便得多，正常的情况采用专用的电动扳手进行终拧，梅花头拧掉标志着终拧的结束，对检查人员来说也很直观明了，只要检查梅花头掉没掉就可以了。

为了减少接头中螺栓群间相互影响及消除连接板面间的缝隙，坚固要分初拧和终拧两个步骤进行，对于超大型的接头还要进行复拧。扭剪型高强度螺栓连接副的初拧扭矩可适当加大，一般初拧螺栓轴力可以控制在螺栓终拧轴力值的 50% ~ 80%，对常用规格的高强度螺栓（M20、M22、M24）初拧扭矩可以控制在 400 ~ 600 N•m，若用转角法初拧，初拧转角控制在 45° ~ 75°，一般以 60° 为宜。

由于扭剪型高强度螺栓是利用螺尾梅花头切口的扭断力矩来控制坚固扭矩的，所以用专用扳手进行终拧时，螺母一定要处于转动状态，即在螺母转动一定角度后扭断切口，才能起到控制终拧扭矩的作用。否则由于初拧扭矩达到可超过切口扭断扭矩或出现其他一些不正常情况，终拧时螺母不再转动切口即被拧断，失去了控制作用，螺栓坚固状态成为未知，造成工程安全隐患。

4. 扭剪型高强度螺栓终拧过程如下

（1）先将扳手内套筒套入梅花头上，再轻压扳手，再将外套筒套在螺母上。完成本项操作后最好晃动一下扳手，确认内、外套筒均已套好，且调整套筒与连接板面垂直。

（2）按下扳手开关，外套筒旋转，直至切口拧断。

（3）切口断裂，扳手开关关闭，将外套筒从螺母上卸下，此时注意拿稳扳手，特别是高空作业。

（4）启动顶杆开关，将内套筒中已拧掉的梅花头顶出，梅花头应收集在专用容器内，禁止随便丢弃，特别是高空坠落伤人。

（四）高强度螺栓连接摩擦面

1. 影响摩擦面抗滑移系数的因素

（1）摩擦面处理方法及生锈时间。

（2）摩擦面状态。

（3）连接母材钢种。

（4）连接板厚度。

（5）环境温度。

（6）摩擦面重复使用。

2. 摩擦面的处理方法

（1）喷砂（丸）法

利用压缩空气为动力，将砂（丸）直接喷射到钢材表面，使钢材表面达到一定的粗糙度，铁锈除掉，经喷砂（丸）后的钢材表面呈铁灰色。这种方法一般效果较好，质量容易达到，目前大型金属结构厂基本上都采用。实验结果表明，经过喷砂（丸）处理过的摩擦面，在露天生锈一段时间，安装前除掉浮锈，此方案能够得到比较大的抗滑移系数值，理想的生锈时间为 60 ~ 90 天。

（2）化学处理—酸洗法

一般将加工完的构件浸入酸洗槽中，停留一段时间，然后放入石灰槽中，中和及清水清洗，酸洗后钢板表面应无轧制铁皮，呈银灰色。这种方法的优点是处理简便，省时间，缺点主要是残留酸液极易引起钢板腐蚀，特别是在焊缝及边角处。因此已较少使用。实验结果表明，酸洗后生锈 60 ~ 90 天，表面粗糙度可达 45 ~ 50 μm。

（3）砂轮打磨法

对于小型工程或已有建筑物加固改造工程，常常采用手工方法进行摩擦面处理，砂轮打磨是最直接，最简便的方法。在用砂轮机打磨钢材表面时，砂轮打磨方向垂直于受力方向，打磨范围应为 4 倍螺栓直径。打磨时应注意钢材表面不能有明显的打磨凹坑。实验结果表明，砂轮打磨以后，露天生锈 60 ~ 90 天，摩擦面粗糙度可达 50 ~ 55 μm。

（4）钢丝刷人工除锈

用钢丝刷将摩擦面处的铁磷、浮锈、尘埃、油污等污物刷掉，使钢材表面露出金属光泽，保留原轧制表面，此方法一般用在不重要的结构或受力不大的连接处，试验结果表明，此法处理过的摩擦面抗滑移系数值能达到 0.3 左右。

（五）高强度螺栓连接施工的主要检验项目

1. 主要检验项目

包括：螺栓实物最小荷载检验；扭剪型高强度螺栓连接副预拉力复验；高强度螺栓连

接副扭矩检验；高强度大六角头螺栓连接副扭矩系数复验；高强度螺栓连接摩擦面的抗滑系数检验。

2. 主控项目

（1）钢结构制作和安装单位应按《钢结构工程施工质量验收规范》（GB50205—2001）附 B 的有关规定分别进行高强度螺栓连接摩擦面的抗滑系数试验和复验，现场处理的构件摩擦面应单独进行摩擦面的抗滑系数试验，其结果应符合设计要求。

（2）高强度大六角头螺栓连接副终拧完成 1h 后、48h 内应进行终拧扭矩检查，检查结果应符合规范规定。检查数量：按节点数抽查 10%，且不应少于 10 个节点；每个被抽查节点按螺栓数抽查 10%，且不应少于两个。

（3）扭剪型高强度螺栓连接副终拧后，除因构造原因无法使用专用扳手拧掉梅花头者外，未在终拧中拧掉梅花头的螺栓数不应大于该节点螺栓数 5%。对所有梅花头未拧掉的扭剪型高强度螺栓连接副应采用扭矩法或转角法进行终拧并作标记，且按上述（2）条中的规定进行终拧扭矩检查。检查数量：按节点数抽查 10%，但不应少于 10 个节点，被抽查点中梅花头未拧掉的扭剪型高强度螺栓连接副全数进行终拧扭矩检查。

3. 一般项目

（1）高强度螺栓连接副的施拧顺序和初拧、复拧扭矩应符合设计要求和国家现行行业标准《钢结构高强度螺栓连接的设计施工及验收规程》JGJ82 的规定。

（2）高强度螺栓连接副终拧后，螺栓丝扣外露应为 2 ~ 3 扣，其中允许有 10% 的螺栓丝扣外露 1 扣或 4 扣。检查数量：按节点数抽查 5%，且不应少于 10 个。

（3）高强度螺栓连接摩擦面应保持干燥、整洁，不应有飞边、毛刺、焊接飞溅物、焊疤、氧化铁皮、污垢等，除设计要求外摩擦面不应涂漆。

（4）高强度螺栓应自由穿入螺栓孔。高强度螺栓孔不应采用气割扩孔，扩孔数量应征得设计同意，扩孔后的孔径不应超过 1.2d（d 为螺栓直径）。

（5）螺栓球节点网架总拼完成后，高强度螺栓与球节点应紧固连接，高强度螺栓拧入螺栓球内的螺纹长度不应小于 1.0 d（d 为螺栓直径），连接处不应出现有间隙、松动等未拧紧情况。

第四节　钢结构构件的防腐与涂饰

钢结构工程所处的工作环境不同，自然界中酸雨介质或温度、湿度的作用可能使钢结构产生不同的物理和化学作用而受到腐蚀破坏，严重的将影响其强度、安全性和使用年限，为了减轻并防止钢结构的腐蚀，目前国内外主要采用涂装方法进行防腐。

一、除锈的工艺、操作方法

从钢结构的零、部件到结构整体的防腐和涂膜的质量，主要决定于基层的除锈质量。钢结构的防腐与除锈采用的工艺、技术要求及质量控制，均应符合以下要求。

（一）钢结构的除锈

是构件在施涂之前的一道关键工序，除锈干净可提高底防锈涂料的附着力，确保构件的防腐质量。

1. 除锈及施涂工序要协调一致。金属表面经除锈处理后应及时施涂防锈涂料，一般应在 6h 以内施涂完毕。如金属表面经磷化处理，须经确认钢材表面生成稳定的磷化膜后，方可施涂防腐涂料。

2. 施工现场拼装的零部件，在下料、切割及矫正之后，均可进行除锈；并应严格控制施涂防锈涂料的涂层。

3. 对于拼装的组合（包括拼合和箱合空间构件）零件，在组装前应对其内面进行除锈并施涂防腐涂料。

4. 拼装后的钢结构构件，经质量检查合格后，除安装连接部位不准涂刷涂料外，其余部位均可进行除锈和施涂。

（二）除锈的工艺和技术应符合以下要求

手工和动力工具除锈。用钢丝刷或风动、电动等设备配以砂轮片、圆形钢丝刷头，将零部件表面锈蚀全部除去。

1. 酸洗除锈

将构件放入酸洗槽内除去构件上的油污和铁锈，并应将酸洗液清洗干净。酸洗后应进行磷化处理，使其金属表面产生一层具有不溶性的磷酸铁和磷酸锰保护膜，增加涂膜的附着力。

2. 喷射或抛射除锈

用喷砂机将砂（石英砂、铁砂或铁丸）喷击在从属表面除去铁锈并将表面清除干净；喷砂过程中的机械粉尘应有自动处理的装置，防止粉末飞扬，确保环境卫生。

（三）钢结构防腐的除锈等级应符合设计要求

二、施涂的工艺、操作方法

（一）施涂方法及顺序

1. 施涂方法

主要根据涂料的性质和结构形状等特点确定，一般采用刷涂法和喷涂法。

刷涂法：适用于油性基料的涂料。

喷涂法：适用于快干性和挥发性强的涂料。

2. 施涂顺序

一般是先上后下、先难后易、先左后右、先内后外，以保持涂层的厚度均匀一致，不漏涂、不流坠为准。在第一道防锈涂料涂膜干燥后应进行打磨、刮腻子、再打磨并除去表面浮粉，然后施涂第一道防腐底涂料。施涂饰面涂料，应按设计要求的品种、颜色施涂，面层涂层的施涂方法与防锈涂料施涂方法相同。

（二）施涂的环境与温度湿度

1. 施涂作业宜在晴天和通风良好的环境下进行，环境温度规定宜为 15 ~ 30℃，还应按涂料的产品说明书的规定执行。

2. 涂料施工环境的湿度一般宜在相对湿度小于 80% 的条件下进行。

3. 钢材表面的温度必须高于空气露点温度 3℃以上，方能进行施工。

4. 在有雨、雾、雪和较大灰尘的环境下，涂层可能受到油污、腐蚀介质、盐分等污染的环境下，没有安全措施和防火、防爆工具条件下均需有可靠的防护措施。

施工前应对涂料型号、名称、颜色进行校对，同时检查制造日期，如超过储存期，重新取样检验，质量合格后才能使用，否则禁止使用。涂料及辅助材料不允许露天存放，严禁用敞口容器储存和运输。

（三）涂膜的遍数及厚度、验收要求

涂料、涂装遍数、涂层厚度均应符合设计要求。当设计对涂层厚度无要求时，涂层干漆膜总厚度，室外应为 150μm，室内应为 125μm；其允许偏差为 -25μm。每遍涂层干漆膜厚度的合格质量偏差为 -5μm。抽查数量按构件数抽查 10%。且同类构件不应少于三件。

构件表面不应误涂、漏涂，涂层不应脱皮和返锈等。涂层应均匀、无明显皱皮、流坠、针眼和气泡等。

（四）钢结构防火涂料涂装要求

1. 防火涂料涂装前钢材表面除锈及防锈底漆涂装应符合设计要求和国家现行有关标准的规定。

2. 钢结构防火涂料的黏结强度、抗压强度应符合国家现行标准《钢结构防火涂料应用技术规程》CECS24：90 的规定。

3. 薄涂型防火涂料的涂层厚度应符合有关耐火等级的设计要求。厚涂防火涂料涂层的厚度，80% 及以上面积应符合有关耐火等级的设计要求，且最薄处厚度不应低于设计要求的 85%。

4. 涂料涂装基层不应有油污、灰尘和泥沙等污垢；防火涂料不应有误涂、漏涂，涂层应闭合无脱层、空鼓、明显凹陷、粉化松散和浮浆等外观缺陷，乳突已剔除。

第五节　钢结构吊装

一、机具设备

（一）塔式起重机

塔式起重机有行走式、固定式、附着式与内爬式几种类型。塔式起重机由提升、行走、变幅、回转等机构及金属结构两大部分组成，其中金属结构的重量占起重机总重量的很大比例。塔式起重机提升高度高、动作平稳，但起重量一般都不大，转移、安装、拆卸都比较麻烦，行走式还需要铺设轨道。塔式起重机主要用于高层建筑物的结构安装中。常用的型号有 TC6020 型、TOPKIT HK40/21B 型、FO/23B 型、H3/36B 型、C7022 型、TOPKIT MC 300K12 型等。

（二）汽车起重机

汽车起重机的起重机构和回转台安装在载重汽车底盘或专业的汽车底盘上。底盘两侧设有四个支腿，以增加起重机的稳定性。汽车起重机机动性能好，运行速度高，可与汽车编队行驶，但不能负荷行驶，对工作场地的要求较高。常用的型号有 QY20 型、QY25A 型、QY32 型 NK-450 型、QY50 型等。

（三）履带式起重机

履带式起重机由回转台和履带行驶机构两部分组成。在回转台上装有起重臂、动力装置、绞车和操纵室，尾部装有平衡重，回转台能做360° 回转。履带式起重机可以做负载行驶，可在一般平整坚实的路面上工作与行驶。履带式起重机的起重量一般都较大，行驶速度慢、自重大，对路面有破坏性。履带式起重机是目前结构安装工程中的主要起重机械。常用的型号有 KH 180-3 型、KU 300-2 型、P & H5300R 型等。

（四）千斤顶

常用的有：螺旋式 LQ 型千斤顶；3 ～ 200t 油压、5 ～ 100t 油压千斤顶。

（五）手拉葫芦

常用的有：0.5 ～ 20tSH 型，起重高度不超过 12m，1/2 ～ 2t 间隔 0.5m 选用，3 ～ 20t 间隔 1m 选用。起重高度是指最低与最高工作之间的距离。

（六）卷扬机

电动卷扬机是起重吊装作业中常用的动力设备。电动卷扬机的牵引力大、速度快、操作方便。卷扬机的安装位置应选择在地势稍高、地基坚实之处，以防积水和保持稳定；卷扬机与构件起吊点之间的距离应大于起吊高度，以便机械操作人员观察起吊情况。卷扬机必须加以固定。卷扬机使用应注意安全。

（七）管式人字抱杆

侧向稳定性好，但构件起吊后活动范围小。

（八）滑车及滑车组

既能省力又能改变力的方向。使用时应查明其允许荷载，不得超荷使用。使用前应检查各构造部件，如有损伤、裂缝、转动或转动不灵的不得使用。其吊钩中心应在所吊构件的中心垂直线上，以免起吊时构件摆动。滑车组起重时，上下滑车之间应有 1.0 ～ 3.0m 之间的距离，以防钢丝绳相互扭结。

（九）吊具

1. 白棕绳（又称麻绳）

建筑工地应用广泛，多用于牵拉、捆绑，有时也用于吊装轻型构件绑扎绳。安全系数选择：做缆风绳 K=6；吊索绳 K ≥ 6；重要处 K=10；穿滑车组吊构件 K=5。使用中，如发生扭结，应设法抖直，否则绳子受拉时容易折断。应放在干燥和通风良好的地方，以免腐烂；不要与油漆、酸、碱等化学物品接触，以防腐蚀。

2. 钢丝绳

是由 0.3 ～ 3mm 直径的冷拔钢丝绕成。建筑工地用的多为普通绳，主要规格是 6×19、6×37、6×61 三种。按其结构形式可分为普通式、复合式、闭合式；按捻制方向分为顺绕、反绕、混合绕。使用中不准超载；为了减少腐蚀和磨损，应定期加润滑油；存放时，应保持干燥，并成卷排列，不得堆压。使用旧钢丝绳，应事先进行检查。

（十）吊装工具

1. 撬杠（撬棍）

用于移动物体和校正构件。选用时规格要合适，撬杠头的插入深度要适宜。

2. 吊具

包括吊钩、卡环、卡扣（钢丝绳夹头）、花篮螺丝、吊索（又称捆绑升）、横吊梁（又称铁扁担）组成。

二、钢结构单层工业厂房安装

（一）构件吊装前的准备工作

1. 编制钢结构工程的施工组织设计

其内容包括：计算钢结构构件和连接件数量；选择起重机械；确定流水程序；确定构件吊装方法；制订进度计划；确定劳动组织；规划钢构件堆场；确定质量标准、安全措施和特殊施工技术等。

其中选择起重机械是钢结构吊装的关键，起重机械的型号和数量必须满足钢构件的吊装要求和工期要求；单层工业厂房面积大，宜选用自行式起重机械。

2. 钢柱基础的准备

钢柱基础的顶面通常设计为一平面，通过地脚螺栓将钢柱与基础连成整体。施工时应保证基础顶面标高及地脚螺栓位置的准确。

为了保证地脚螺栓位置准确，施工时可用角钢做成固定架，将地脚螺栓安置在与基础模板相接的固定架上，然后浇注混凝土。为保证地脚螺栓螺纹不损伤，应涂黄油并用套子套住。为了保证基础顶面标高符合设计要求。可根据柱脚型式和施工条件，采用下面两种方法。

（1）一次浇筑法

将柱脚基础支承面混凝土一次浇筑到设计标高。为了保证支承面标高准确，首先将混凝土浇筑到比设计标高低 20 ~ 30mm 处，然后在设计标高处设角钢或槽钢制导架，测准其标高，再以导架为依据用水泥砂浆找平到设计标高。

（2）二次浇筑法

柱脚支承面混凝土分两次浇筑到设计标高。第一次将混凝土浇到比设计标高低 40 ~ 60mm。待混凝土达到一定强度后放置钢垫板并精确校准钢垫板的标高，然后吊装钢柱。当钢柱校正后，在柱脚板下浇筑细石混凝土。二次浇筑法虽然多了一道工序，但钢柱容易校正，故重型钢柱多采用此法。

3. 构件的检查

钢构件外形和几何尺寸正确，可以保证结构安装顺利进行。为此吊装之前应根据《钢结构工程施工质量验收规范（GBJ50205－2001）》中有关的规定，仔细检验钢构件的外形和几何尺寸，如超出规定的偏差，在吊装之前应设法消除。

4. 构件的弹线

为便于校正钢柱的平面位置和垂直度、屋架和吊车梁的标高等。需在钢柱的底部和上部标出两个方向的轴线，在钢柱底部适当高度处标出标高基准线，同时要标出绑扎点的位置。对不易辨别上下、左右的构件，还应在构件上加以注明，以免吊装时搞错。

（二）构件的吊装工艺

单层厂房钢结构构件，包括柱、吊车梁、屋架、天窗架、檩条、支撑及墙架等，构件的形式、尺寸、质量、安装标高都不同，应采用不同的起重机械、吊装方法，以达到经济、合理的目的。

1. 钢柱的吊装

（1）钢柱的吊装

单层工业厂房占地面积较大，通常用自行式起重机或塔式起重机吊装钢柱。钢柱的吊升方法与装配式钢筋混凝土柱子相似，分为旋转法和滑行法。对重型钢柱可采用双机抬吊的方法进行吊装，用一台起重机抬柱的上吊点（近牛腿处的吊点），另一台起重机抬下吊点。采用双机并立相对旋转法进行吊装。

（2）钢柱的校正和固定

钢柱的校正要做三件工作：柱基标高调整，对准纵横十字线，柱身垂直调正。

钢柱垂直度的偏差用经纬仪检验，如超过允许偏差，用螺旋千斤顶或油压千斤顶进行校正。在校正过程中，随时观察柱底部和标高控制块之间是否脱空，以防校正过程中造成水平标高的误差。

为防止钢柱校正后的轴线位移，应在柱底板四边用10mm厚钢板定位，并用电焊固定。钢柱复校后，再紧固地脚螺栓，并将承重块上下点焊固定，防止走动。

2. 钢吊车梁的吊装

在钢柱吊装完成后，即可吊装吊车梁。单层工业厂房内的吊车梁，根据起重设备的起重能力分为轻、中、重型三类。轻型质量只有几吨，重型的有跨度大于30m、质量达100t以上。

钢吊车梁均为简支梁形式，梁端之间留有10mm左右的空隙。梁的搁置处与牛腿面之间留有空隙，设钢垫板。梁与牛腿用螺栓连接，梁与制动梁之间用高强度螺栓连接。

（1）吊装前注意事项

注意钢柱吊装后的位移和垂直度偏差；实测吊车梁搁置处梁高制作的误差；认真做好临时标高垫块工作；严格控制定位轴线。

（2）钢吊车梁的吊升

吊装吊车梁常用自行式起重机，以履带式起重机应用最多。亦可用塔式起重机、拔杆、桅杆式起重机等进行吊装。对重量很大的吊车梁，可用双机抬吊，特别巨大者还可设置临时支架分段进行吊装。

（3）钢吊车梁的校正与固定

吊车梁的校正主要是标高、垂直度、轴线和跨距的校正。标高的校正可在屋盖吊装前进行，其他项目的校正宜在屋盖吊装完成后进行，因为屋盖的吊装可能引起钢柱变化。

检验吊车梁轴线的方法与钢筋混凝土吊车梁相同，可用通线法或平移轴线法。

吊车梁跨距的检验，用钢皮尺测量，跨度大的车间用弹簧秤拉测（拉力一般为100～200N）。测时应防止钢尺下垂，必要时应进行验算。

吊车梁标高校正，主要是对梁作竖向的移动，可用千斤顶或起重机等。轴线和跨距的校正是对梁作水平方向的移动，可用撬棍、钢楔、花篮螺丝、千斤顶等。

吊车梁校正后，紧固连接螺栓，并将钢垫板用电焊固定。

3. 钢屋架的吊装与校正

钢屋架的吊装可用自行式起重机（尤其是履带式起重机）、塔式起重机和桅杆式起重机等进行。由于屋架的跨度、重量和安装高度不同，宜选用不同的起重机械和吊装方法。钢屋架的侧向刚度较差，在其翻身扶直与吊装时一般应绑扎几道杉杆，作为临时加固措施。屋架多用悬空吊装，为使屋架在吊起后不致发生摇摆而和其他构件碰撞，起吊前在屋架两端应绑扎溜绳，随吊随放松，以此保证其正确位置。屋架临时固定用临时螺栓和冲钉。

钢屋架的侧向稳定性较差，如果起重机械的起重量和起重臂长度允许时，最好经扩大拼装后进行组合吊装，即在地面上将两榀屋架及其上的天窗架、檩条、支撑等拼装成整体，一次进行吊装，这样不但提高吊装效率，也有利于保证其吊装稳定性。

钢屋架要检验校正其垂直度和弦杆的正直度。屋架的垂直度可用垂球检验，而弦杆的正直度则可用拉紧的测绳进行检验。钢柱、钢吊车梁、钢屋架等构件安装的允许偏差，详见《钢结构工程施工及验收规范》。钢屋架的最后固定，用电焊或高强螺栓。

三、吊装工程质量通病及防治

在结构吊装过程中，各类构件是否能够按照设计规定的位置就位，吊装时是否能够保证构件的安全完好等，将直接影响整个工程的质量和工期。下面就一些常见的钢结构吊装工程吊装质量问题分析如下。

（一）钢柱位移

即钢柱底部预留孔与预埋螺栓不对中，位移超过允许偏差。产生这种现象的主要原因是：预埋螺栓埋设时，未设固定架，浇灌混凝土时受碰或振动发生错位；钢柱底脚螺栓孔钻孔未设样板或画线不准；测量定位错误等等。

防治措施：预埋螺栓在浇灌基础混凝土前应用固定卡盘或固定架固定，防止受振错位；钢柱底部预留孔应放大样，确定孔位后再钻孔；对柱子轴线应进行测量复核。

（二）钢柱垂直度偏差过大

即钢柱垂直度偏差超过设计或规范规定的允许值。产生这种现象的主要原因是：钢柱弹性较大，受外力作用易发生变形；由于阳光照射，热胀冷缩造成柱子偏差等等。

防治措施：对于细长钢柱，一点吊装变形较大时，可采取两点、三点等吊装方法，以减少变形；吊装后，及时加临时支撑，以防受风力或碰撞而变形；对整排柱应及时固定，将柱间支撑安装后，再吊装上部结构。由于阳光照射而影响钢柱垂直偏差，其防治措施与钢筋混凝土柱相同。

（三）钢屋架（天窗架）垂直偏差过大

即钢屋架或天窗架垂直偏差超过允许值。产生这种现象的主要原因是：钢屋架或天窗架在制作时或拼装过程中，本身存在较大的侧向弯曲未予纠正即吊装；安装工艺不合理，吊装后未进行校正就固定；或误差累积，使垂直偏差超过允许值，等等。

防治措施：严格检查构件几何尺寸，超过允许值应及时处理好再吊装；应严格按照合理的安装工艺安装，屋架安装后及时在中部吊线锤进行校正、固定，控制误差在允许范围内，避免误差积累。天窗架垂直偏差可采用经纬仪或线锤对天窗架两支柱进行校正；屋架（天窗架）垂直偏差过大应在屋架间加设垂直支撑，以增强稳定性。

（四）安装孔位移

即构件安装孔不重合，安装时螺栓穿不进去。产生这种现象的主要原因是：螺栓孔放线不准，未设样板，制作偏差大；钢部件小拼装累积偏差大，或螺栓紧固程度不一等等。

防治措施：螺栓钻孔应设样板，保证尺寸、位置准确，安装前应对螺栓孔及安装面做好修整，注意消除钢部件小拼装偏差，防止累积；螺栓紧固程度应保持一致。

（五）螺栓位移

即柱底脚预埋螺栓位置与轴线相对位置超过允许偏差。产生这种现象的主要原因是：螺栓固定框尺寸和轴线有误或孔不准确；螺栓固定架刚度不够，浇筑混凝土时产生位移；测量放线存在偏差，未经复查就使用等等。

防治措施：螺栓固定框尺寸应经校核，螺栓固定架应保证足够的强度和刚度；螺栓安装后应经复查；浇筑混凝土应有测量人员监测，发现问题及时纠正；加强测量放线的复查工作；已出现超差，可用氧乙炔火焰将底板螺栓孔扩大，安装时另加焊钢板，或将螺栓根部混凝土凿击 50 ~ 100 下，将螺栓加热调直。

（六）夹渣、未焊透、咬肉

即钢结构柱与柱的横缝，柱与梁、梁与梁节点的平缝，手工焊出现夹渣、未焊透、咬肉等缺陷超出规范允许要求。产生这种现象的主要原因是：被焊工件与垫板接触不严密，工件间间隙过小；施焊中起弧末设引弧板；换焊条处接口处理不好，清理药皮不及时；焊缝排列顺序不当，出现凹焊缝；焊接设备差，电源不稳定，出现施焊中断弧；焊接规范选择不当，所用焊条与被焊工件材质不符，等等。

防治措施：被焊工件与垫板必须贴紧密，采用 φ4、φ3.2 焊条打底，其间隙分别不大于 8 和 6mm。断弧、换焊条时应将药皮清净、搭接好；焊接前应通过试验选用合理的焊接顺序和操作方法；施焊前要加以预热，根据不同材质、气候掌握预热温度；焊条应在 300℃下烘 2h，以防表面有化学物质引起气化；焊机二次空载电压应不小于 80V，以防熔透力不够；最后一层焊缝距母材表面间距宜控制在 1 ~ 1.5mm；最后一道焊缝要将电流调到 120A，降温 15min 左右再焊；压低弧快速通过被焊件，加工细致，可避免咬边。焊接件材质和焊条不明，应进行可焊性试验、机械性能试验和化学分析合格后才用。

（七）紧固扭矩或预拉力不够

即高强螺栓按规定扭矩紧固后，螺栓仍达不到要求的预拉力而影响连接强度。产生这种现象的主要原因是：电动或手动扳手有毛病或误差较大，未进行校正就使用；连接板不平整，螺栓孔不重合，用锤将螺栓强行打入，影响顶紧效果；紧固顺序不正确，使部分轴力消耗在克服变形上，使顶紧力不足，摩擦系数降低；螺栓紧固未分两次进行，或有的螺栓漏掉初拧或终拧，使螺栓组受力不均，或终拧未达到要求的顶紧轴力数值。摩擦面处理马虎或油漆掺入摩擦面，使摩擦系数大大下降而降低连接强度；螺丝杆、螺母和垫圈随意互换使用，或螺丝杆不满扣，或把高强螺栓当临时安装螺栓使用，而导致顶紧力不足；用火焰切断尾部卡头，导致螺栓退火、伸长，使螺栓强度和顶紧力大大降低，等等。

防治措施：定期校正电动或手动扳手的扭矩值，使偏差在 5% 以内；螺栓孔不重合或有偏差，应用电钻修孔，忌用锤强行打入孔内，避免使螺纹损伤。紧固顺序应从螺栓组中间向两端对称紧固，操作必须分两次进行，避免部分轴力消耗在钢板变形上；第一次初拧不小于终拧扭矩的 30%，第二次终拧使达到标准紧固扭矩，加强检查，防止漏拧。认真处理摩擦面；涂刷油漆应在周边涂抹腻子、快干红丹漆或稠铅油封闭，防止油漆渗入；螺丝杆、螺母和垫圈应配套使用，螺纹要高出螺帽三扣，以防使用时松扣降低顶紧力；同时避免把高强螺栓当作临时安装螺栓使用，螺栓尾部卡头必须用扳手拧掉。

四、钢结构构件的安装

（一）钢结构构件安装前的准备工作

1. 钢结构安装前，应按构件明细表核对进场的构件，核查质量证明书，设计变更文件、加工制作图、设计文件、构件交工时所提交的技术资料。

2. 进一步落实和深化施工组织设计，对起吊设备、安装工艺做出明确规定，对稳定性较差的物件，起吊前应进行稳定性验算，必要时应进行临时加固。大型构件和细长构件的吊点位置和吊环构造应符合设计或施工组织设计的要求，对大型或特殊的构件吊装前应进行试吊，确认无误后方可正式起吊。确定现场焊接的保护措施。

3. 应掌握安装前后外界环境，如风力、温度、风雪、日照等资料，做到胸中有数。

4. 钢结构安装前，应对下列图纸进行自审和会审。

应使项目管理组的主要成员、质保体系的主要人员、监理公司的主要人员，都熟悉图纸，掌握设计内容，发现和解决设计文件中影响构件安装的问题，同时提出与土建和其他专业工程的配合要求。特别要十分有把握地确认，土建基础轴线，预埋件位置标高、楼房、檐口标高和钢结构施工图中的轴线、标高、檐高要一致。一般情况下，钢结构柱与基础的预埋件是由钢结构安装单位来制作、安装、监督、浇筑混凝土的。因此，一方面吃透图纸制作好预埋件，同时委派将来进行构件安装的技术负责人到现场指挥安放预埋件，至少做到两点：安装的埋件在浇筑混凝土时不会由于碰撞而跑动；外锚栓的外露部分，用设计要求的钢夹板夹固。

5. 基础验收

（1）基础混凝土强度达到设计强度的 75% 以上。

（2）基础周围回填完毕，同时有较好的密实性，吊车行走不会塌陷。

（3）基础的轴线、标高、编号等都以设计图标注在基础面上。

（4）基础顶面平整，如不平，要事先修补，预留孔应清洁，地脚螺栓应完好，二次浇灌处的基础表面应凿毛。基础顶面标高应低于柱底面安装标高 40 ~ 60mm。

（5）支承面、地脚螺栓（锚栓）预留孔的允许偏差应符合规范要求。

6. 垫板的设置原则

（1）垫板要进行加工，有一定的精度。

（2）垫板应设置在靠近地脚螺栓（锚栓）的柱脚底板加劲板或柱肢下，每根地脚螺栓（锚栓）侧应设 1 ~ 2 组垫板。

（3）垫板与基础面接触应平整、紧密。二次浇灌混凝土前垫板组间应点焊固定。

（4）每组垫板板叠不宜超过 5 块，同时宜外露出柱底板 10 ~ 30mm。

（5）垫板与基础面应紧贴、平稳，其面积大小应根据基础的抗压强度和柱脚底板二次浇灌前，柱底承受的荷载及地脚螺栓（锚栓）的紧固手拉力计算确定。

（6）每块垫板间应贴合紧密，每组垫板都应承受压力，使用成对斜垫板时，两块垫板斜度应相同，且重合长度不应少于垫板长度的 2/3。

（7）采用座浆垫板时，其允许偏差应符合如下要求：

顶面标高 0.0 ~ -3.0（mm）；水平度 ι/1000 mm；位置 20.0mm。灌注的砂浆应采用无收缩的微膨胀砂浆，一定要作砂浆试块，强度应高于基础混凝土强度一个等级。

（8）采用杯口基础时，杯口尺寸的允许偏差应符合如下规定：

底面标高 0.0 ~ -5.0（mm）；杯口深度 H ±5.0mm；杯口垂直度 H/100，且不应大于 10.0mm；位置 10.0mm。

（二）钢柱子安装

1. 柱子安装前应设置标高观测点和中心线标志，并且与土建工程相一致。标高观测点的设置应与牛腿（肩梁）支承面为基准，设在柱的便于观测处，无牛腿（肩梁）柱，应以柱顶端与桁架连接的最后一个安装孔中心为基准。

2. 中心线标志的设置应符合下列规定

（1）在柱底板的上表面各方向设中心标志。

（2）在柱身表面的各方向设一个中心线，每条中心线在柱底部、中部（牛腿或肩梁部）和顶部各设一处中心标志。

（3）双牛腿（肩梁）柱在行线方向两个柱身表面分别设中心标志。

3. 多节柱安装时，宜将柱组装后再整体吊装。

4. 钢柱安装就位后需要调整，校正应符合下列规定

（1）应排除阳光侧面照射所引起的偏差。

（2）应根据气温（季节）控制柱垂直度偏差：气温接近当地年平均气温时（春、秋季），柱垂直偏差应控制在"0"附近。气温高于或低于当地平均气温时，应以每个伸缩段（两伸缩缝间）设柱间支撑的柱子为基准，垂直度校正至接近"0"，行线方向连跨应以与屋架刚性连接的两柱为基准；此时，当气温高于平均气温（夏季）时，其他柱应倾向基准点相反方向；气温低于平均气温（冬季）时，其他柱应倾向基准点方向。柱的倾斜值应根据施工时气温和构伴跨度与基准点的距离而定。

5. 柱子安装的允许偏差应符合《钢结构工程施工质量验收规范》（GB50205 — 2001）有关要求。

7. 屋架、吊车梁安装后，进行总体调整，然后固定连接。固定连接后尚应进行复测，超差的应进行调整。

8. 对长细比较大的柱子，吊装后应增加临时固定措施。

9. 柱子支撑的安装应在柱子找正后进行，只有确保柱子垂直度的情况下，才可安装柱间支撑，支撑不得弯曲。

（三）吊车梁安装

1. 吊车梁的安装应在柱子第一次校正和柱间支撑安装后进行。安装顺序应从有柱间支撑的跨间开始，吊装后的吊车梁应进行临时固定。

2. 吊车梁的校正应在屋面系统构件安装并永久连接后进行，其允许偏差应符合《钢结构工程施工质量验收规范》（GB50205－2001）有关要求。

3. 吊车梁面标高的校正可通过调整柱底板下垫板厚度；调整吊车梁与柱牛腿支承面间的垫板厚度，调整后垫板应焊接牢固。

4. 吊车梁下翼缘与柱牛腿连接应符合：吊车梁是靠制动桁架传给柱子制动力的简支梁（梁的两端留有空隙，下翼缘的一端为长螺栓连接孔）连接螺栓不应拧紧，所留间隙应符合设计要求，并应将螺母与螺栓焊牢固。纵向制动由吊车梁和辅助桁架共同传给柱的吊车梁，连接螺栓应拧紧后将螺母焊牢固。

5. 吊车梁与辅助桁架的安装宜采用拼装后整体吊装。其侧向弯曲，扭曲和垂直度应符合《钢结构工程施工质量验收规范》（GB50205－2001）有关要求。

拼装吊车梁结构其他尺寸的允许偏差应符合《钢结构工程施工质量验收规范》（GB50205－2001）有关要求。

6. 当制动板与吊车梁为高强螺栓连接，与辅助桁架为焊接连接时按以下顺序安装：

（1）安装制动板与吊车梁应用冲钉和临时安装螺栓，制动板与辅助桁架用点焊临时固定。

（2）经检查各部尺寸，并确认符合有关规程后，焊接制动板之间的拼接缝。

（3）安装并紧固制动板与吊车梁连接的高强度螺栓。

7. 焊接制动板与辅助桁架的连接焊缝，安装吊车梁时，中部宜弯向辅助桁架，并应采取防止产生变形的焊接工艺施焊。

（四）吊车轨道安装

1. 吊车轨道的安装应在吊车梁安装符合规定后进行。

2. 吊车轨道的规格和技术条件应符合设计要求和国家现行有关标准的规定，如有变形应经矫正后方可安装。

3. 在吊车梁顶面上弹放墨线的安装基准线，也可在吊车梁顶面上拉设钢线，作为轨道安装基准线。

4. 轨道接头采用鱼尾板连接时，要做到：

（1）轨道接头应顶紧，间隙不应大于 3mm。接头错位，不应大于 1mm。

（2）伸缩缝应符合设计要求，其允许偏差为 ±3mm。

5. 轨道采用压轨器与吊车梁连接时，要做到：

（1）压轨器与吊车梁上翼应密贴，其间隙不得大于 0.5mm，有间隙的长度不得大于压轨器长度的 1/2。

（2）压轨器固定螺栓紧固后螺纹露长不应少于 2 倍螺距。

（3）当设计要求压轨器底座焊接在吊车梁上翼缘时，应采取适当焊接工艺，以减少吊车梁的焊接变形。

（4）当设计要求压轨器由螺栓连接在吊车梁上翼缘时，特别垫圈安装应符合设计要求。

（5）轨道端头与车挡之间的间隙应符合设计要求，当设计无要求时，应根据温度留出轨道自由膨胀的间隙。两车挡应与起重机缓冲器同时接触。

（6）轨道安装的允许偏差见《钢结构工程施工质量验收规范》（GB50205 − 2001）有关要求。

（五）屋面系统结构安装

1. 屋架的安装应在柱子校正符合规定后进行。

2. 对分段出厂的大型桁架，现场组装时应符合：

（1）现场组装的平台，支点间距为 L，支点的高度差不应大于 L/1000，且不超过 10mm。

（2）构件组装应按制作单位的编号和顺序进行，不得随意调换。

（3）桁架组装，应先用临时螺栓和冲钉固定，腹杆应同时连接，经检查达到规定后，方可进行节点的永久连接。

3. 屋面系统结构可采用扩大组合拼装后吊装，扩大组合拼装单元宜成为具有一定刚度的空间结构，也可进行局部加固达到此目的。扩大拼装后结构的允许偏差见《钢结构工程施工质量验收规范》（GB50205 − 2001）有关规定。

4. 每跨第一、第二榀屋架及构件形成的结构单元，是其他结构安装的基准。安全网、脚手架，临时栏杆等可在吊装前装设在构件上。垂直支撑、水平支撑、檩条和屋架角撑的安装应在屋架找正后进行，角撑安装应在屋架两侧对称进行，并应自由对位。

5. 有托架且上部为重屋盖的屋面结构，应将一个柱间的全部屋面结构构件安装完，并且连接固定后再吊装其他部分。

6. 天窗架可组装在屋架上一起起吊。

第八章 防水工程

第一节 屋面防水工程

屋面防水分为四个等级：Ⅰ级防水使用年限 25 年；Ⅱ级防水使用年限 15 年；Ⅲ级防水使用年限 10 年；Ⅳ级防水使用年限 5 年；屋面防水常用的种类卷材防水屋面、涂膜防水屋面和刚性防水屋面等。根据不同的防水等级规定防水层的材料选用及设防要求。屋面防水工程一般包括屋面卷材防水、屋面涂膜防水、屋面刚性防水、瓦屋面防水、屋面接缝密封防水。屋面防水层严禁在雨天、雪天和五级以上大风时施工。其施工的环境气温条件要求应与所使用的防水层材料及施工方法相适应。

一、屋面卷材防水施工

（一）找平层

找平层的排水坡度应符合设计要求。平屋面采用结构找坡不应小于 3%，采用材料找坡宜为 2%；天沟、檐沟纵向找坡不应小于 1%，沟底水落差不得超过 200mm。基层与突出屋面结构（女儿墙、山墙、天窗壁、变形缝、烟囱等）的交接处和基层的转角处，找平层均应做成圆弧形。内部排水的水落口周围，找平层应做成略低的凹坑。找平层宜设分格缝，并嵌填密封材料。分格缝应留设在板端缝处，其纵横缝的最大间距：水泥砂浆或细石混凝土找平层，不宜大于 6m；沥青砂浆找平层，不宜大于 4m。为增强防水材料与基层之间的黏结力，在找平层上预先涂刷基层处理剂，其选择与所用卷材的材料性能相容。

（二）保温层

屋面保温层干燥有困难时，宜采用排气屋面排气道从保温层开始断开至防水层止。排气道通常设置间距宜为 6m，屋面每 36m² 宜设置一个排气孔，排气孔应作防水处理。

（三）卷材铺贴方向

屋面坡度小于 3% 时，卷材宜平行屋脊铺贴；屋面坡度在 3%~15% 时，卷材可平行或垂直屋脊铺贴；屋面坡度大于 15% 或屋面受震动时，沥青防水卷材应垂直屋脊铺贴，高聚物改性沥青防水卷材和合成高分子防水卷材可平行或垂直屋脊铺贴；上下层卷材不得相互垂直铺贴。

（四）卷材的铺贴方法

卷材防水层上有重物覆盖或基层变形较大时，应优先采用空铺法、点粘法、条粘法或机械固定法，但距屋面周边 800mm 内以及叠层铺贴的各层卷材之间应满粘；防水层采取满粘法施工时，找平层的分格缝处宜空铺，空铺的宽度宜为 100mm；在坡度大于 25% 的屋面上采用卷材做防水层时，应采取防止卷材下滑的固定措施。

（五）卷材铺贴顺序

屋面卷材防水层施工时，应先做好节点、附加层和屋面排水比较集中等部位的处理；然后，由屋面最低处向上进行。铺贴天沟、檐沟卷材时，宜顺天沟、檐沟方向，减少卷材的搭接。当铺贴连续多跨的屋面卷材时，应按先高跨后低跨、先远后近的次序。

（六）卷材搭接

平行于屋脊的搭接缝，应顺流水方向搭接；垂直于屋脊的搭接缝，应顺年最大频率风向搭接。叠层铺贴的各层卷材，在天沟与屋面的交接处，应采用叉接法搭接，搭接缝应错开；搭接缝宜留在屋面或天沟侧面，不宜留在沟底。上下层及相邻两幅卷材的搭接缝应错开。

（七）卷材收头

天沟、檐沟、檐口、泛水和立面卷材收头的端部应裁齐，塞口预留凹槽内，用金属压条钉压固定，最大钉距不应大于 900mm，并用密封材料嵌填封严。

（八）卷材防水保护层

卷材防水层完工并经验收合格后，应做好成品保护。保护层的施工应符合下列规定：

1. 绿豆砂应清洁、预热、铺撒均匀，并使其与沥青玛琦脂黏结牢固，不得残留未黏结的绿豆砂。

2. 云母或蛭石保护层不得有粉料，撒铺应均匀，不得露底，多余的云母或蛭石应清除。也可以用附有铝箔或石英颗粒的卷材为面层卷材，直接作为防水保护层。

3. 水泥砂浆保护层的表面应抹平压光，并设表面分格缝，分格面积宜为 $1m^2$。

4. 块体材料保护层应留设分格缝，分格面积不宜大于 $100m^2$，分格缝宽度不宜小于 20mm。

5. 细石混凝土保护层，混凝土应密实，表面抹平压光，并留设分格缝。

6. 浅色涂料保护层应与卷材黏结牢固，厚薄均匀，不得漏涂。

7. 水泥砂浆、块材或细石混凝土保护层与防水层之间应设置隔离层。

8. 刚性保护层与女儿墙、山墙之间应预留宽度为 30mm 的缝隙，并用密封材料嵌填严密。

二、屋面涂膜防水施工

（一）屋面找平层及保温层的要求

同屋面卷材防水施工，基层的干燥程度应视所用涂料特性确定。当采用溶剂型涂料时，屋面基层应干燥。

（二）防水涂膜应分遍涂布，不得一次涂成

应待先涂布的涂料干燥成膜后，方可涂布后一遍涂料，且前后两遍涂料的涂布方向应相互垂直。

（三）铺设胎体增强材料

当屋面坡度小于 15%，可平行屋脊铺设；当屋面坡度大于 15%，应垂直于屋脊铺设，并由屋面最低处向上进行。胎体增强材料长边搭接宽度不得小于 50mm，短边搭接宽度不得小于 70mm。采用二层胎体增强材料时，上下层不得相互垂直铺设，搭接缝应错开，其间距不应小于幅宽的 1/3。

（四）涂膜防水层的收头，应用防水涂料多遍涂刷或用密封材料封严

（五）涂膜防水屋面应设置保护层

保护层材料可采用细砂、云母、蛭石、浅色涂料、水泥砂浆、块体材料或细石混凝土等。采用水泥砂浆、块体材料或细石混凝土时，应在涂膜与保护层之间设置隔离层。水泥砂浆保护层厚度不宜小于 20mm。

三、屋面刚性防水施工

（一）材料要求

1. 水泥强度等级不宜低于 32.5 级，不得使用火山灰质水泥。水泥用量不得少于 330kg/m³；宜掺入外加剂，混凝土强度不得低于 C20。

2. 含砂率宜为 35% ~ 40%，灰砂比宜为 1 : 2 ~ 1 : 2.5。

3. 水灰比不应大于 0.55。

4. 粗骨料粒径不宜超过 15mm，含泥量不应大于 1%，细骨料应采用中砂或粗砂，含泥量不应大于 1%。细石混凝土施工气温在 5℃ ~ 350C，养护时间不得少于 14 天。

（二）基层要求

1. 屋面刚性防水层主要分为普通细石混凝土防水层、补偿收缩混凝土防水层、块体刚

性防水层、预应力混凝土防水层、钢纤维混凝土防水层，尤以前两种应用最为广泛。

2.刚性防水屋面应采用结构找坡，坡度宜为2%～3%。天沟、檐沟应用水泥砂浆找坡，找坡厚度大于20mm时，宜采用细石混凝土。刚性防水层内严禁埋设管线。

（三）风格缝的设置

刚性防水层应设置分格缝，分格缝内应嵌填垂封材料。分格缝应设在屋面板的支承端、屋面转折处、防水层与突出屋面结构的交接处，并应与板缝对齐。普通细石混凝土和补偿收缩混凝土防水层的分格缝，宽度宜为5～30mm，纵横间距不宜大于6m，上部应设置保护层。

（四）防水层施工

1.施工时气温宜在5℃～350C，刚性防水层与山墙、女儿墙、变形缝两侧墙体等突出屋面结构的交接处，应留宽度为30mm的缝隙，并应用密封材料嵌填；泛水处应铺设卷材或涂膜附加层。

2.细石混凝土防水层与基层间宜设置隔离层，隔离层可采用纸筋灰、麻刀灰、低强度等级砂浆、干铺卷材等。

3.细石混凝土防水层的厚度不应小于40mm，并应配置直径为4～6mm、间距为100～200mm的双向钢筋网片(宜采用冷拔低碳钢丝)，且施工时应放置在混凝土中的上部，钢筋网片在分格缝处应断开，其保护层厚度不应小于10mm。

4.混凝土浇筑12～24h后进行养护，时间不少于14天。

四、瓦屋面防水施工

（一）瓦屋面卷材防水施工

1.平瓦屋面应在基层上先铺设一层卷材，其搭接宽度不宜小于100mm，并用顺水条将卷材压钉在基层上；顺水条的间距宜为500mm，再在顺水条上铺钉挂瓦条。

2.油毡瓦屋面应在基层上面先铺设一层卷材，卷材铺设在木基层上时，可用油毡钉固定卷材；卷材铺设在混凝土基层上时，可用水泥钉固定卷材。天沟、橡沟的防水层，可采用或防水涂膜，也可采用金属板材或成品天沟。

（二）瓦屋面涂膜防水施工

所有阴阳角、预埋筋穿出处应事先做好圆弧；圆弧处粘贴附加层，涂刷严密。涂刷前，基层应干燥、平整。涂刷厚度符合设计要求。成膜前不得污染、踩踏或淋水。

五、细部防水构造要求

（一）天沟、檐沟

1. 沟内附加层在天沟、檐沟与屋面交接处宜空铺，空铺的宽度不应小于200mm。

2. 卷材防水层应由沟底翻上至沟外檐顶部，卷材收头应用水泥钉固定，并用密封材料封严。

3. 涂膜收头应用防水涂料多遍涂刷或用密封材料封严。

4. 在天沟、檐沟与细石混凝土防水层的交接处，应留凹槽并用密封材料嵌填严密。

（二）檐口

1. 铺贴檐口800mm范围内的卷材应采取满粘法，

2. 卷材收头应压入凹槽，采用金属压条钉压，并用密封材料封口。

3. 涂膜收头应用防水涂料多遍涂刷或用密封材料封严。

4. 檐口下端应抹出鹰嘴和滴水槽。

（三）女儿墙泛水

1. 铺贴泛水处的卷材应采取满粘法。

2. 砖墙上的卷材收头可直接铺压在女儿墙压顶下，压顶应做防水处理；也可压入砖墙凹槽内固定密封，凹槽距屋面找平层不应小于250mm，凹槽上部的墙体应做防水处理。

3. 涂膜防水层应直接涂刷至女儿墙的压顶下，收头处理应用防水涂料多遍涂刷封严，压顶应做防水处理。

4. 混凝土墙上的卷材收头应采用金属压条钉压，并用密封材料封严。

（四）水落口

1. 水落口杯上口的标高应设置在沟底的最低处。

2. 防水层贴入水落口杯内不应小于50mm。

3. 水落口周围直径500mm范围内的坡度不应小于5%，并采用防水涂料或密封材料涂封，其厚度不应小于2mm。

4. 水落口杯与基层接触处应留宽20mm、深20mm凹槽，并嵌填密封材料。

（五）变形缝

1. 变形缝的泛水高度不应小于250mm。

2. 防水层应铺贴到变形缝两侧砌体的上部。

3. 变形缝内应填充聚苯乙烯泡沫塑料，上部填放衬垫材料，并用卷材封盖。

4. 变形缝顶部应加扣混凝土或金属盖板，混凝土盖板的接缝应用密封材料嵌填。

（六）伸出屋面的管道

1. 管道根部直径 500mm 范围内，找平层应抹出高度不小于 30mm 的圆台。

2. 管道周围与找平层或细石混凝土防水层之间，应预留 20×20mm 的凹槽，并用密封材料嵌填严密。

3. 管道根部四周应增设附加层，宽度和高度均不应小于 300mm。

4. 管道上的防水层收头处应用金属箍紧固，并用密封材料封严。

第二节　地下防水工程

地下防水工程根据不同的防水等级要求设防，防水等级分为 4 级。防水方案有结构自防水和表面防水层防水。

一级：不允许渗水，结构表面无湿渍。

二级：不允许渗水，结构表面可有少量湿渍。工业与民用建筑湿渍总面积不大于总防水面积的 1‰。单个湿渍面积不大于 $1m^2$，任意 $100m^2$ 防水面积不超过 1 处。

三级：有少量漏点，不得有线流和漏泥沙。单个湿渍面积不大于 $0.3m^2$，单个漏水点的漏水量不大于 2.5L/d，任意 $100m^2$ 防水面积不超过 7 处。

四级：有漏水点，不得有线流和漏泥沙。整个工程平均漏水量不大于 $2L/m^2·d$，任意 $100m^2$ 防水面积漏水量不大于 $4L/m^2·d$。地下防水工程防水层，严禁在雨天、雪天和五级以上大风时施工。其施工的环境气温条件要求应与所使用的防水层材料及施工方法相适应。

一、防水混凝土

（一）防水混凝土

适用于地下防水等级为 1 ~ 4 级的整体式防水混凝土结构。配合比应符合下列规定：

1. 水泥用量不得少于 $300kg/m^3$；掺有活性掺合料时，水泥用量不得少于 $280kg/m^3$；

2. 含砂率宜为 35% ~ 45%，灰砂比宜为 1：2 ~ 1：2.5；

3. 水灰比不得大于 0.55；

4. 普通防水混凝土塌落度不宜大于 50mm，泵送时入泵塌落度宜为 100 ~ 140mm。水泥强度等级不应低于 32.5MPa，不得使用碱活性骨料（碱活性骨料，在一定条件下会与混凝土中的水泥、外加剂、掺合剂等中的碱物质发生化学反应，导致混凝土结构产生膨胀、开裂甚至破坏的骨料）。

（二）防水混凝土应连续浇筑，宜少留施工缝

当留设施工缝时，墙体水平施工缝不应留在剪力与弯矩最大处或底板与侧墙的交接处，应留在高出底板表面不小于 300mm 的墙体上；拱（板）墙结合的水平施工缝，宜留在拱（板）墙接缝线以下 150～300mm 处；墙体有预留孔洞时，施工缝距孔洞边缘不应小于 300mm，垂直施工缝应避开地下水和裂隙水较多的地段，并宜与变形缝相结合。

（三）防水混凝土终凝后应立即进行养护，养护时间不得少于 14 天

二、卷材防水

（一）防水卷材厚度按防水等级划分

1.一级防水等级

二道或三道以上设防，合成高分子卷材单层不应小于 1.5mm、双层不应小于 1.2mm；高聚物改性沥青防水卷材单层不应小于 4mm、双层不应小于 3mm。

2.二级防水等级

二道设防，合成高分子卷材单层不应小于 1.5mm、双层不应小于 1.2mm；高聚物改性沥青防水卷材单层不应小于 4mm、双层不应小于 3mm。

3.三级防水等级

一道设防，合成高分子卷材不应小于 1.5mm；高聚物改性沥青防水卷材不应小于 4mm。

二道设防，合成高分子卷材不应小于 1.2mm；高聚物改性沥青防水卷材不应小于 3mm。

（二）施工应注意的重点

1.卷材防水层应铺设在混凝土结构主体的迎水面上。铺贴高聚物改性沥青卷材应采用热熔法施工，铺贴合成高分子卷材采用冷粘法施工。

2.采用外防外贴法铺贴卷材防水层时，应先铺平面，后铺立面，交接处应交叉搭接。当施工条件受到限制时，可采用外防内贴法铺贴卷材防水层。卷材宜先铺立面，后铺平面。铺贴立面时，应先铺转角，后铺大面。保护层根据卷材特性选用。

3.底板垫层混凝土平面部位的卷材宜采用空铺法或点粘法，其他与混凝土结构相接触的部位应采用满粘法；厚度小于 3mm 的高聚物改性沥青卷材，严禁采用热熔法施工；冷粘法施工合成高分子卷材时，必须采用与卷材材性相容的胶粘剂，并应涂刷均匀；铺贴时应展平压实，卷材与基面和各层卷材间必须黏结紧密；卷材接缝必须粘贴封严，两幅卷材

短边和长边的搭接宽度均不应小于 100mm；采用多层卷材时，上下两层和相邻两幅卷材的接缝应错开 1/3 ～ 1/2 幅宽，且两层卷材不得相互垂直铺贴；在立面与平面的转角处，卷材的接缝应留在平面上，距立面不应小于 600mm；阴阳角处找平层应做成圆弧或 45°（135°）角，并应增加 1 层相同的卷材，宽度不宜小于 500mm。

三、涂料防水

（一）涂料防水层包括无机防水涂料和有机防水涂料

无机防水涂料宜用于结构主体的背水面，有机防水涂料，可用于结构主体的迎水面。用于背水面的有机防水涂料应具有较高的抗渗性，且与基层有较强的黏结性。

（二）涂料施工前

基层阴阳角应做成圆弧形，阴角直径宜大于 50mm，阳角直径宜大于 10mm。涂料涂刷前应先在基面上涂一层与涂料相容的基层处理剂。

（三）涂膜应多遍完成，涂刷应待前遍涂层干燥成膜后进行

每遍涂刷时应交替改变涂层的涂刷方向，同层涂膜的先后搭槎宽度宜为 30 ～ 50mm。涂料防水层的施工缝（甩槎）应注意保护，搭接缝宽度应大于 100mm，接涂前应将其鬼槎表面处理干净。

（四）涂刷程序应先做施工缝、阴阳角、穿墙管道、变形缝等细部薄弱部位的涂料加强层，后进行大面积涂刷。

（五）涂料防水层中铺贴的胎体增强材料，同层相邻的搭接宽度应大于 100mm，上下层接缝应错开 1/3 幅宽。

四、防水特殊部位细部构造

（一）施工缝、后浇带

防水混凝土水平施工缝应加设止水钢板，垂直施工缝加设止水钢板或遇水膨胀止条。选用的遇水膨胀止水条应具有膨胀性能，其 7d 的膨胀率不应大于最终膨胀率的 60%；遇水膨胀止水条应牢固地安装在缝表面或预留槽内；采用中埋式止水带时，应确保位置准确、固定牢靠。后浇带及施工缝处应先做防水附加层，再做大面积防水施工。

（二）接缝与收头

采用外防外贴法铺贴卷材防水层时，应先铺平面，后铺立面，交接处应交叉搭接。临时性保护墙应用石灰砂浆砌筑，内表面应用石灰砂浆做找平层，并刷石灰浆；如用模板代替临时性保护墙时，应在其上涂刷隔离剂。从底面折向立面的卷材与永久性保护墙的接触部位，应采用空铺法施工。与临时性保护墙或围护结构模板接触的部位，应临时贴附在该

墙上或模板上，卷材铺好后，其顶端应临时固定。当不设保护墙时，从底面折向立面的卷材的接槎部位应采取可靠的保护措施。主体结构完成后，铺贴立面卷材时，应先将接槎部位的各层卷材揭开，并将其表面清理干净，如卷材有局部损伤，应及时进行修补。卷材接槎的搭接长度，高聚物改性沥青卷材为 15mm，合成高分子卷材为 100mm。当使用两层卷材时，卷材应错槎接缝，上层卷材应盖过下层卷材。

从底板折向里面的卷材与永久保护墙的接触部位，采用空铺法施工。两层卷材接槎部位先甩出搭接长度 300mm、450mm，铺贴外墙卷材时两层卷材应错槎接缝，上层卷材应盖过下层卷材。外墙散水防水收口末端宜先用金属压条钢钉固定后再用密封胶将上口密封。

（三）穿墙螺杆

防水混凝土结构内部设置的各种钢筋或绑扎钢丝，不得接触模板。固定模板用的螺栓必须穿过混凝土结构时，可采用工具式螺栓或螺栓加堵头，螺栓上应加焊止水片，止水片必须双面焊严。拆模后应采取加强防水措施，将留下的凹槽封堵密实。

（四）穿墙管迎水面

浇筑墙体混凝土时预埋带有止水环的穿墙管。在进行大面积防水卷材铺贴前，穿墙管应先灌实缝隙，做一层矩形加强层防水卷材。穿墙管与内墙角凹凸部位的距离应大于 250mm，管与管的间距应大于 300mm。

五、防水保护层

防水层经检查合格后，应及时施工保护层。顶板防水层上的细石混凝土保护层厚度不应小于 70mm，防水层为单层卷材时，在防水层与保护层之间应设置隔离层。底板防水层上的细石混凝土保护层厚度不应小于 50mm。侧墙防水层宜采用聚苯乙烯泡沫塑料保护层，或砌砖保护墙（边砌边填实）和铺抹 30mm 厚水泥砂浆。

第九章 装饰工程

第一节 楼地面装饰施工

一、陶瓷地砖地面

（一）工艺流程

基层处理→弹线冲筋→洒水湿润基层→刷素水泥浆结合层→铺设找平层→铺贴面砖→修整→填缝→养护。

（二）施工要点

1. 基层处理

（1）检查基层质量，如有缺损、空鼓、起壳、泛砂等问题应做必要的处理。

（2）浮浆应凿除、杂物应扫净、油污应刷净。旧房新做应将原装饰层全部清除。

（3）在水泥浆结合层上铺贴陶瓷地砖时，基层表面应粗糙、洁净和湿润，并不得有积水，在预制混凝土楼板上铺设时，应在已压光的板面上划（凿）毛，凿毛深度为 5～10mm，间距为 30mm 左右。

2. 弹线冲筋

（1）标高基准线应弹画在墙面距基层 50cm 处。

（2）做灰饼，冲灰筋应依据标高线进行，灰筋的上表面应为地砖的底面标高。

（3）有地漏的房间筋条应朝地漏方向放坡，坡度一般为 1%～2%。

（4）在地面上弹出与门道口成直角的基准线，弹线应从门口开始，以保证进口处为整砖，非整砖置于阴角或家具下面，弹线应弹出纵横定位控制线。

3. 洒水湿润基层

（1）其作用是调整基层含水量，使水泥砂浆找平层硬化时有足够的水分保证。

（2）洒水适量，不应产生积水。

4. 刷素水泥浆结合层

（1）其作用是加强基层与找平层层间的黏结。

（2）素水泥浆的水灰比为 2 ∶ 1，可加入水重量 20% 的建筑胶，以增加黏结力。

（3）涂刷后应立即进行找平层的施工。

5. 铺设找平层

（1）找平层应采用干硬性水泥砂浆，灰砂比为 1 ∶ 2.5。

（2）干硬程度以手捏成团落地开花为标准。

（3）铺灰后以灰筋条为标准刮平、拍实、搓毛。

（4）施工应由里向外进行，完成后应放置 24 小时方可上人进行下道工序。

6. 铺贴地砖

（1）选料：要剔除不合格和有缺陷的材料。

（2）湿水：用水浸泡地砖避免水泥黏结层因失水过快使黏结力和强度降低，湿润程度以水不再冒气泡为标准，且不少于 2h。

（3）找方正、排砖：在房间中心弹画十字线检查房间的方正，测量房间的几何尺寸，并根据十字线进行排砖，排砖时要考虑墙柱、洞口等因素，半块砖应置于边角处，砖缝应与踢脚或墙面砖对应。

（4）拌和黏结水泥浆：水泥浆的干湿程度应适宜，以不流淌为准。可按水重量的 20% 掺入建筑胶以增强黏结力。

（5）铺贴：铺贴前找平层应洒水湿润；水泥黏结层应满抹，厚度以 6mm 宜；铺贴时砖面应略高于标高控制线；安放平稳后在砖面上垫方木并用木槌或橡皮锤敲击拍实，见砖缝中溢出水泥浆即可；锤击地砖应垫木块，以防面砖破损；先依据十字控制线纵横各铺一条作为标准；铺贴顺序应遵循先里后外，先大面后边角的原则；宜用密贴法，不留缝隙。

7. 修整

边铺贴，边拉线检查缝隙是否顺直，用靠尺检查表面是否平整，发现问题应及时修整。

8. 填缝

（1）铺贴完成两天后再次进行检查修整。

（2）先灌稀水泥浆，再撒干水泥，稍干后用棉纱反复揉擦，将缝填满。

（3）溢出表面的水泥浆应用湿布擦拭干净。

9. 养护

（1）铺锯末或覆盖草袋、塑料薄膜并洒水进行养护。

（2）养护时间不应少于 7 天。

（3）养护期内不能上人。

二、石材地面

（一）工艺流程

清理基层→试拼→弹线→试排→刷素水泥浆→铺水泥砂浆结合层→铺砌→灌浆、擦缝→养护、打蜡。

（二）施工要点

1. 清理基层

（1）检查基层质量、修补基层。

（2）旧房原地面应全部凿除。

（3）清除基层浮浆、杂物、油污，并冲洗干净、晾干。

2. 试拼

（1）根据房间的形状、尺寸和石材的大小确定铺砌方法以及洞口、边角处石材的摆法。

（2）根据石材的花纹、颜色试拼，并按两个方向进行编号，半块板应对称置于墙边，色差较大的应放在边角处。

3. 弹线

（1）正十字位置线弹画在基层上，以检查房间的方正并据此确定石材的摆放方向。

（2）水平标高线弹画在墙壁上，距基层面50cm，据此确定面层的标高以及相邻房间地面高度的关系。

4. 试排

（1）按十字线铺两条干砂，宽度大于石材，厚度不小于3cm。

（2）将石材按试拼位置放在砂条上。

（3）检查缝隙大小，核对石材与墙面、柱、垛、洞口的相对位置。

5. 刷素水泥浆

（1）试排后移开石材、扫清干砂、洒水湿润。素水泥浆掺水重20%的建筑胶，以增加黏结力。

（2）先拌后刷，涂刷要均匀，严禁直接在基层上浇水、撒干水泥进行"扫浆"。

（3）刷浆后应随即铺设水泥砂浆结合层。

6. 铺砌

（1）铺砌前石材应先浸水湿润以免黏结层失水过快降低黏结力和强度，铺砌时擦干表面水分。

（2）铺砌从十字位置控制线的交叉点开始依据试拼编号顺序进行。

（3）将石板材顺依控制丝安放在结合层上，用橡皮锤敲击木方并用水平尺找平。

（4）铺砌顺序为：从十字线交点开始向两侧及后退方向进继续，先纵横各铺一行，再分块依次进行，一般宜先里后外、先大后面后边角，逐步退至门口。

（5）铺砌时应严格按试拼编号进行，注意尽量减小缝隙宽度，当设计无规定时一般不应大于 1mm。

7. 灌缝、擦浆

（1）应在铺砌完成两天后进行。

（2）灌缝水泥浆可用白水泥掺加与石材颜色相近的颜料拌制，水灰比为 1 ： 1。

（3）灌浆应饱满，至见水泥浆溢出为止。

（4）擦缝应于灌浆完成 1 ~ 2h 后进行，板面多余的水泥浆应用棉纱擦拭干净。

8. 养护、打蜡

（1）石材地面施工完成后应用湿草袋或塑料薄膜覆盖并进行洒水养护。

（2）养护期不应少于 7 天，养护期内不宜上人踩动。

（3）打蜡应在交工前进行，最好请专业公司采用机械进行，人工打蜡可用麻布蘸熔化的石蜡在板面反复擦磨至表面光滑亮洁。

三、木地板地面

（一）工艺流程

清理基层→确定标高→安装木龙骨→安装基层板→安装面层板→磨光、油漆。

（二）施工要点

1. 清理基层

（1）检查基层平整情况，必要时用自流平水泥砂浆找平。

（2）浮浆应凿除、杂物应扫净、油污应刷净。

2. 确定标高

（1）在墙面距基层 50cm 处弹出标高控制线。

（2）木地板面层的标高由地板构造厚度、使用要求及相邻房间的标高情况确定。

（3）木地板的构造厚度一般不宜大于 5cm，否则会造成与其他形式地面的高差太大。

（4）木地板与其他形式地面的高差不宜大于 1.5 ~ 2cm。

3. 安装木龙骨

（1）木龙骨一般选用易钉钉子的木材，如白松等。

（2）木龙骨铺设前应进行防腐防虫处理。防腐可涂水柏油，防虫要放杀虫剂或天然樟脑丸。

（3）木龙骨的间距应根据面层板的长度决定，一般板长应为龙骨间距的整倍数，且龙骨的中心距不宜大于31cm。

（4）木龙骨的铺设方向应与面层板的铺设方向相垂直。

（5）木龙骨采用地板钉与安装在基层中的木楔钉牢固定。

（6）木楔的安装应弹线进行，其间距不应大于25cm。

（7）木龙骨固定前应仔细检查标高是否准确。并用水平尺检查水平度，如有误差应采用木垫片进行调整。

4. 安装基层板

（1）基层板的作用是增加厚实感，减小地板的空洞声，以复合地板为面层必须使用，以实木地板为面层的可不用。

（2）基层板的材料应用钉子与龙骨呈30°或45°斜向钉牢。

（3）基层板间隙不应大于3mm。

（4）基层板与墙壁间应留有8~10mm间隙。

（5）固定时，钉距不应大于龙骨间距，钉长应为板厚的2.5倍。

5. 安装面层板

（1）实木地板安装前应先选材，将不合格的材料剔除，并检查木地板的含水率，含水率超标的不能马上使用，应放置一段时间或进行干燥处理。

（2）铺设时，木地板的长向应与房门的进出方向一致。

（3）实木面层板与基层之间应先铺一层薄塑胶垫，以消除层间空隙，防止产生响声和底面潮气的侵蚀。

（4）复合地板安装前应先在基层板上铺一层胶垫，胶垫展开方向应与面层板铺设方向垂直，胶垫接缝处应用胶带封闭。

（5）实木面层板板间应接缝严密。

（6）实木面层板应在侧面用地板钉与木龙骨斜向钉牢，每块板固定点不宜少于两处。

（7）面层板与墙壁间应留有8~10mm的伸缩缝隙。

（8）面层板的短向接头应交错布置，不留通缝。

6. 磨光、油漆

（1）实木地板安装后应先细刨一遍后再用磨光机打磨。

（2）刨磨的总厚度不宜超过1.5mm。

（3）刨磨后地板表面不应留有刨痕。

（4）实木地板磨光后可放置一段时间待胀缩稳定后再进行油漆。

第二节 墙柱体表面装饰施工

墙面作为室内空间的临界面，是人眼的正视面；墙面装潢的色彩、图案、材料质感所产生的装饰效果和室内空间的气氛是一目了然。所以，墙面装潢除了保证它的使用功能，如：坚固、防潮、隔声、吸音、保温、隔热，对结构层有保护作用外，主要是体现出艺术性、美的原理，突出主人的个性，达到特定的意境。不同区域空间的墙面，因使用目的不同，所选用的材料不同，达到的装潢效果也不同。要达到最佳装饰效果，除了合理选用装饰材料外。装饰施工（亦称施工工艺）亦很重要；有好的材料，没有先进的施工工艺；有好的施工，没有配套材料，都很难达到预定的装饰效果。

墙柱面装饰常用材料有：木质装饰类、塑料类、贴面类、裱糊类、刷涂类等。其施工方法有：粘贴法、钉固法、镶嵌法、刷涂法等。在实际施工中，根据不同材料采用不同施工方法，有时是几种施工方法混合使用。下面以不同的材质从不同的角度对墙面进行分门别类的装潢进行介绍。

一、护墙板的制作与安装

护墙板是保护抹灰墙面和装饰的，是常用的一种室内墙面装修，用于人们容易接触的部位。护墙板一般可分为局部型和全高型两种。其高度一般为 900 ~ 2400mm，护墙板的表面分为平面护墙板、凹面护墙板和凸面护墙板。护墙板的材料有：木板、胶合板、装饰板、微孔木贴面板、纤维板、防火板，软木装饰板、塑料扣板、铝合金扣板、石膏板等。

（一）木护墙板的安装

木护墙板是当今室内装饰中较高级装饰工程之一。常用的材料有：木方、木板、胶合板、木装饰条微薄木板、纤维板、高中密度纤维板、刨花板、防火板等。木护墙板的安装制作程序是：弹线→检查预埋件→刷防潮层→制作安装木龙骨→装钉面板→磨光→油漆。

1. 安装工艺

（1）材料准备

在安装前，需备齐施工材料，以便加快进度。

1）木骨架料

也叫墙筋，一般是用杉木或红、白松制作，一般木骨架间距 400 ~ 600mm，具体间距还须根据面板规格而定，横向骨架与竖向相同，骨架断面尺寸 20 ~ 45mm×40 ~ 50mm，高度及横料长度按设计要求截断，并在大面刨平、刨光，保证厚度尺寸一致。含水率不得大于 15%。

2）面板料

多用 3 ~ 5 层的胶合板，若做清漆装饰面，应尽量挑选同树种、同纹理、同颜色的胶合板。

3）装饰线与压条

用于墙裙上部装饰造型，压条线形式很多。从材质上分，可分硬杂木条、白木条、水曲柳木条、核桃木线、柚木线，桐木线等，长度在 2 ~ 5m。从用途上分，可分墙裙压条、墙裙面板装饰线、顶角线、吊顶装饰线、踢脚板、门窗套装饰线（在后面门窗装饰套重点介绍）等。

4）冷底子油和油毡，用于防潮层。

5）钉木骨架和面板的钉子。

（2）工具准备

护墙板施工的主要工具有：刨子、磨石、榔头、手锯、扁铲、方尺、粉线包、裁口刨等。

（3）作业条件

在施工前，需检查墙面基层质量，合格后方可施工。

1）抹灰墙面已干燥，含水率在 8%~10% 以下，墙面应平整。

2）干燥后涂刷冷底子油，并贴上油毡防潮层。

（4）施工方法

1）弹线，检查预埋件

根据施工图上的尺寸，先在墙上划出水平标高，弹出分档线。根据线档在墙上加木橛或预先砌入木砖。木砖（或木橛）位置应符合龙骨分档尺寸。木砖的间距，横竖一般不大于 400mm，如木砖位置不适用可不设。

2）安装木龙骨

全高型护墙板应根据房间四角和上下龙骨先找平、找直，按面板分块大小由上到下做好木标筋，然后在空档内根据设计要求钉横、竖龙骨，先装直龙骨，再装横龙骨。局部型护墙板根据高度和房间大小，做成龙骨架，整片或分片安装，在龙骨与墙之间铺一层油毡以防潮气。

一般横龙骨间距为 400mm，竖龙骨间距可放大到 450mm。龙骨必须与每块木砖钉牢。如果没埋木砖，也可用钢钉直接把木龙骨钉入水泥砂浆面层上。当木龙骨钉完后，要检查表面平整与立面垂直，阴阳角用方尺套方。调整龙骨表面偏差处垫木块，必须与龙骨钉牢。如需隔音，中间需填隔音轻质材料。

3）装钉面板

如果面板上涂刷清漆显露木纹时，应挑选相同树种及颜色，木纹相近似的面板应装在同一房间里。镶面板时，木纹根部向下、对称，颜色一致，嵌合严密，分格拉缝均匀一致，顺直光洁。如果面板上涂刷色漆时可不受上述条件的限制。护墙板面层一般竖向分格拉缝以防翘鼓。

面板的固定有两种方法：一种是粘钉结合，做法是先在木龙骨上刷胶粘剂，将面板粘在木龙骨上，然后用气钉枪钉（目的是为了使面板和木龙骨粘贴牢固）。待胶粘剂干后，将小钉拔出。护墙板面层的竖向拉缝形式有直拉缝和斜面拉缝两种。为了美观起见，竖向拉缝处可镶钉压条。目前压条均采用机器预制成品。

如果做全高型护墙板，护墙板纵向需有接头，接头最好在窗口上部或窗台以下，有利于美观。

厚木板作面层时，板的背面应做卸力槽，以免板面弯曲，卸力槽间距不大于 150mm，槽宽 10mm，深 5 ~ 8mm。

4）磨光油漆。护墙板安装完毕后，应对木墙裙进行打磨、批填腻子、刷底漆、磨光滑、涂刷清漆。

（二）质量标准

护墙板安装完毕后，按设计要求，应尺寸正确、表面光滑、条条顺直、面层无锤印、与基层镶钉牢固、无松动、出墙厚度一致。

二、块面材料装饰墙柱面的施工

块面材料装饰墙柱面，称之为贴面装饰。贴面装饰是把各种饰面板、砖（即贴面材料）镶贴到基层上的一种面层装饰，贴面材料的种类很多，常用的有天然石饰面板、人造石饰面板和饰面砖等。内墙贴面类的饰面材料一般质感细腻、表面光滑洁净、光彩夺目，如大理石、瓷砖、马赛克、各种陶瓷锦砖等。在居室装潢中，主要应用于客厅、餐厅、厨房、卫浴间等墙面。

（一）釉面砖贴面施工

釉面砖，又称瓷片、瓷砖、釉面陶土砖，是一种上釉的薄片状精陶装饰材料，主要用于墙面饰面及料理台面、煤气灶台面、台盆台面、浴缸台面等。它有一定吸水率，有利于水泥浆的粘贴，它的多孔精陶坯体，长期与空气接触过程中，会吸收水分而产生吸湿膨胀现象，尤其在潮湿环境中，由于釉的吸湿膨胀非常小，当坯体湿胀增长到一定程度，即釉面处于张应力状态和应力超过釉的抗拉强度，会使釉面发生开裂。所以釉面砖只适应于室内铺贴。釉面砖种类繁多，规格不一，常用有正方形与长方形两种，规格分别有：$108 \times 108mm$；$152 \times 152mm$；$200 \times 200mm$；$300 \times 300mm$；$200 \times 300mm$，$100 \times 200mm$；$152.4 \times 304.8mm$ 等，厚度有两种规格，小规格为 4 ~ 5mm；大规格为 8 ~ 9mm。有些面砖在上釉之前做成了各种图案和花纹，绘有不同色彩，以增加其美观。为了达到某种装饰效果，还制作了各种配件砖，如腰线砖、阴角条、阳角条、压顶条、阴三角、阴角座、阳三角、阳角座、压顶阳角、压顶阴角、阳角条、阴角条等。

1. 施工工艺

工艺流程是：基层处理→抹底层→弹线挂线→湿润墙体与釉面砖→擦缝→整理。

釉面砖面层表面光洁，便于清洗，而且具有防潮、耐碱，对墙体起保护作用。主要用在厨房、浴室、盥洗室、厕所等经常接触水的墙面。釉面砖的粘贴又称饰面工程，一般由饰面层、黏结层及基层组成，饰面层材料即为各类釉面瓷砖；黏结层的材料由水泥或水泥砂浆与 801 胶及其他胶粘剂组成；基层是建筑装饰过的墙体。

（1）主要材料包括釉面砖、水泥、砂子和配件砖。

1）釉面砖。对质量要严加检查，要求色泽一致，若尺寸有误差，或翘曲变形、掉瓷与面层上有杂质等都不能使用。

2）水泥。使用 325 号以上标号的水泥，存放过久的水泥不能使用。

3）砂子。以中砂或细砂为佳，平均粒径不大于 0.35mm，使用前须过筛。

4）配件砖。大面积釉面砖粘贴后，必须用有关的配件砖收口，或用腰线与压顶条装饰。

（2）施工要求分基层处理和施工要点来进行分析

1）基层处理

混凝土墙面的清洗步骤为：先用碱或洗涤剂一再用清水刷洗后一甩上 1 ：1 水泥砂浆一再将 30%801 胶水、70% 水，拌成水泥浆一甩成小拉毛一到两天后，用 1 ：3 水泥砂浆罩底层。

砖墙面清洗步骤为：清扫浮土→剔除砖墙面上多余灰浆→用清水打湿墙面→用 1 ：3 水泥砂浆罩底层。

厨房和浴厕墙面的清洗步骤为：清洗油渍污垢于凿毛墙面；若墙面是纸筋石灰膏层，最好将它全部凿掉。为确保釉面砖粘贴后不整幅离墙，最上一层砖的基层需凿得稍深。釉面砖在粘贴前几小时充分浸水湿润，保证粘贴后，不至于因吸走灰浆中水分而粘贴不牢。另外墙面也应充分湿水。

2）施工要点

施工前，开箱检查釉面砖的品种、规格及色彩等是否符合施工要求，然后按工程要求，分层、分段、分部位使用材料。釉面砖既可采用横平竖直通缝式粘贴施工方法，也可采用错搓缝粘贴法，具体粘贴方法应根据不同环境、不同需要加以选择。釉面砖横竖缝宽须保证在 1 ~ 1.5mm 范围之内。对于死角、拐角、管线穿过的部位，不允许用碎砖随意粘贴，宜用整砖对缝吻合，墙面边缘的厚度应一致。对水池、镜框等部位的施工，应从中心开始，向两边分贴。在施工中，若发现釉面砖粘贴不密实时，应取下添灰重贴，禁忌在砖口处塞灰，否则产生空鼓。粘贴时需按施工各局部的内在联系和先后顺序来确定的，不应随意更改，否则，会造成施工进度不快、施工质量不好的现象。具体粘贴顺序是：从墙面—地面，墙面由下往上分层粘贴，先粘墙面砖—后粘阴角及阳角—再粘压顶—最后粘底座阴角。但在分层粘贴程序上，应用分层粘法。即：每层釉面砖，均按横向施工，由墙面砖至阴角，再由墙面砖至阴角至墙面砖等。此方法能使阴阳角紧密牢固。釉面砖粘贴完毕后，应保证在 30min 内禁忌挪动或振动。

（3）水泥砂浆粘贴釉面砖的施工方法共分五个步骤进行

1）抹底层

粘贴前，先清理基层，剔凿和修补凹凸不平的墙面后，喷水湿润墙面，然后涂抹 1∶2 水泥砂浆找平，其厚度不小于 15mm，涂抹墙面时要求拉实、刮平、搓粗，既要平整、又要粗糙。

2）弹线

应先检查墙面的平整度及室内尺寸，测准釉面砖粘贴层厚度，一般为 4～6mm，对墙面先弹出竖线，后弹出水平线，这是保证饰面层表面平整、横平竖直的重要措施。

3）挂线

选用已弹好的竖线—找出地面标高的阴角位置—以及每面墙的两个端点—在下面用拖板尺垫平、垫牢，使它和墙面底砖下线相平—在拖板尺上画出尺杆，其目的是决定能否赶整砖。

在竖线上下端适当处钉入钉子—挂紧白线，成为竖向表面平整线—在表面平整线、横向水平线两端用薄钢片作为钩形—勾在两端砖上拉紧使用。然后，检查无误后，在水平方向由左向右，在竖向由下往上，才能层层开始粘贴釉面砖。

4）浸砖与湿润墙面

它是保证饰面质量的关键环节。粘贴前，应将釉面砖放入清水 . 浸泡 2h 以上，然后取出晾干，待砖背无积水时，即可粘贴。否则就会使釉面砖产生起壳脱落现象。砖墙要提前 1 天湿润，混凝土墙在提前 3～4h 湿润，这便不会再吸走黏结砂浆中的水分，影响安装质量。

5）釉面砖粘贴

黏结砂浆可按体积比采用 1∶2 水泥砂浆或在水泥砂浆中掺入水泥总质量 15% 的石灰膏。也可用聚合物水泥砂浆粘贴，但黏结层需减薄到 2～3mm，其配合比例应由试验确定。室内粘贴釉面砖，其接缝宽度一般为 1～1.5mm，横竖缝宽一致，或按设计要求确定缝宽。釉面砖背面黏结层应满抹灰浆，厚度为 5mm，四边刮成斜面。釉面砖就位与固定后，用橡皮锤轻击砖面，使之压实与邻面齐平，粘贴 5～10 块后，用靠尺板检查表面平整度及缝隙的宽窄，若缝隙出现不均，应用灰匙子拔缝。阴阳角拼缝，除了用塑料和陶瓷的阴阳角条解决拼缝外，也可用切割机将釉面砖边沿切成 45° 斜角，保证阳角处接缝平直、密实。釉面砖粘贴完后，用刷子扫除表面灰，将横竖缝划出来，再用白水泥浆对墙面釉面砖勾缝，待嵌缝材料硬化后，将釉面砖表面擦干净。

（4）801 胶砂浆粘贴釉面砖施工方法主要从作用、材料选用与施工工艺三个方面进行论述。

1）801 胶的作用

801 胶又叫聚醛胶。掺入水泥砂浆量的约 2% ~ 3% 的 801 胶，使砂浆产生好的和易性与保水性，贴釉面砖还能起到一定的缓凝作用，能保证足够的黏结力，这更便于施工和保证质量，耐久性也较好。

2）材料的选用

釉面砖、水泥、砂子与前述相同，801 胶在掺到水泥砂浆之前，先用两倍的水稀释，而后加在已搅拌均匀的水泥砂浆中，其稠度为 6 ~ 8em，所使用的工具亦同前。

3）施工工艺

先用 1 ：2 水泥砂浆打底，砂浆的稠度以 10 ~ 12cm 为宜。如采用混合砂浆，应严格按照体积配合比打底，其配比为水泥：石灰膏：砂 =1 ： 0.7 ： 4.6。掺有 801 胶的粘贴砂浆，其保水性较好，对底层的干湿度要求一般不高，打完底第二天即可施工面层，如果相隔时间较长，墙面出现积灰较多时，应在黏结前清扫干净并喷水湿润。然后将底层面清理干净，再按照釉面砖的实际尺寸加灰缝，并弹好垂直和水平控制线。最高一层应采用整砖，而最下一层即与地面连接处可用非整砖粘贴。如果釉面砖出现下面悬空，可在边框下钉一个临时木条，作为粘贴最下一层排的依托，并可作为水平的"皮数杆"。在粘贴大面积釉面砖时，应在墙面两侧先粘贴竖向釉面砖带，作为控制墙面平整与接缝平直的标准。在相邻墙面尚未施工时，则可在相邻墙面钉竖直木条作为"皮数杆"，代替竖向釉面砖带，以用来预防竖向釉面砖带因高度太高，砂浆容易下坠引起的变形。最后用加 801 胶砂浆用灰匙子均匀涂抹在釉面砖背面，厚度控制在 4 ~ 6mm，四边应刮成斜面，按弹线上基层，用手轻压，并用灰匙子木柄轻击，尽量让砖与底层密实。此时注意釉面砖四周砂浆是否饱满，接缝是否平直与墙面平整度如何。

（二）釉面砖施工质量控制与管理

下面从釉面砖粘贴过程中发现的质量问题，进行分析与预防。

1. 变色、污染、白度降低等产生的主要原因如下

（1）釉面砖背面可能是未施釉坯体。如吸水率大、质地疏松，使溶解在液体中的各种颜色逐渐向坯体的深处渗透，扩散。

（2）釉面砖质地疏松，施工前浸泡不透。粘贴时砂浆中的浆水或不洁净水从釉面砖背面渗进砖坯内，并从透明釉面上反映出来，致使釉面砖变色。

（3）釉面砖的生产没按标准进行，坯体大多为白色，施的釉面是透明或半透明的乳白釉。可能施釉厚度约为 0.5mm 且浮浊度不足，遮盖力低。

采取的防治措施有：

（1）选择按标准生产釉面砖，增加施釉厚度，其厚度应为 Imm。另外，提高釉面砖坯体的密实度，减少吸水率，增加乳浊度。

（2）在施工过程中，浸泡釉面砖应用洁净水，粘贴釉面砖的砂浆，应使用干净的原

材料进行拌制，粘贴应密实，砖缝应嵌塞严密，砖面应擦洗干净。

（3）釉面砖粘贴前一定要浸泡透，将有隐伤的挑出。尽量使用和易性与保水性较好的砂浆粘贴。操作时严禁用力敲击砖面，防止产生隐伤，并随时将砖面上的砂浆擦洗干净。

2. 空鼓、脱落现象产生的主要原因有

（1）基层没有处理好，墙面湿润不透，砂浆失水太快，影响粘贴强度。

（2）釉面砖浸水不足，造成砂浆早期脱水或是浸泡后，未晾干就粘贴，产生浮动自坠。

（3）黏结砂浆不饱满、厚薄不匀，操作时用力不均。砂浆收水后，对粘贴后的釉面砖进行纠偏移动。

（4）釉面砖本身有隐伤，事先挑选不严，嵌缝不密实或漏嵌。

采取的防治措施有：

（1）基层清理干净，表面修补平整，墙面洒水湿透。

（2）釉面砖使用前，必须清洗干净，用水浸泡到釉面砖不冒气泡为止，浸泡2h后取出，待表面晾干后方可粘贴。

（3）釉面砖黏结砂浆厚度一般应控制在 7 ~ 10mm 之间，过厚或过薄均易产生空鼓。必要时采用 801 胶水泥砂浆粘贴，以保证镶贴质量。

（4）当釉面砖墙面有空鼓和脱落时，应取下釉面砖，铲去原有黏结层砂浆，采用 801 胶水泥砂浆粘贴修补。

3. 接缝不平直、缝宽不均匀产生的主要原因有

（1）施工前对釉面砖挑选不严格，挂线排砖不规则。

（2）平尺板安装不平，操作技术低或基层抹灰底面不平整。

采取的防治措施有：

（1）应将色泽不同的釉面砖分别堆放，把翘曲、变形、裂缝、面层有杂质、缺陷的挑出。同一房间或一面墙应用同一类尺寸、同一批号的釉面砖，确保接缝均匀一致。

（2）粘贴前弹好施工规矩线与水平线，校正墙面的方正，算好纵横皮数，画出皮数杆，定出水平标准，贴好灰饼，找出标准，灰饼间距以靠尺板够得着为准，阳角处要两面抹直。

（3）根据弹好的水平线，定好平尺板，作为第一行釉面砖的粘贴依据，由下向上逐行粘贴，每贴好一行釉面砖，应及时用靠尺测定横、竖方向的平整度，并及时校正缝隙。严禁在黏结砂浆收水后再进行纠偏移动。

4. 釉面砖表面裂缝。主要原因有

（1）釉面砖的材质松脆、吸水率大。湿膨胀较大，产生内应力而开裂。

（2）釉面砖在运输和操作过程出现裂缝。

采取的防治措施是：

（1）一般釉面砖，特别是用于高级装饰工程上的釉面砖，选用材质密实、吸水率不大于18% 的釉面砖，以减少裂缝的产生。

（2）粘贴前，釉面砖一定要浸泡透，尽量使用和易性、保水性较好的砂浆粘贴。操作时不要用力敲击砖面，防止产生隐伤。

第三节　天棚施工

一、吊顶天棚

（一）施工流程

弹标高线→固定吊杆→安装的大龙骨→按标高线调整的大龙骨→大龙骨底部弹线（拉线）→固定中、小龙骨→安装纸面石膏板→纸面石膏板饰面→清洁。

（二）施工要点

1. 根据设计之吊顶高度在墙上放线，其水平允许偏差 ±5mm

2. 吊杆安装

（1）吊杆的选择。一般地讲，轻钢龙骨吊顶选用吊杆可依据标准图，轻钢吊顶选用直径 6mm，中型、重型选用直径 8mm。如果设计有特殊要求，荷载较大，则需经结构设计与验算确定。

（2）依据设计或标准图确定吊点间距。

（3）吊顶的固定。对于现浇混凝土顶板可在结构施工时预埋吊杆或预埋铁件，使吊杆与铁件焊接。在旧建筑物或混凝土圆孔板下可用射钉枪将吊点铁件（小角铁）固定，射钉时需加垫片。射钉必须牢固（如果射钉尾部带孔则视情况可省铁件而利用射钉的孔眼固定吊杆）。或者按吊点位置下膨胀螺栓。

（4）吊杆安装时，上端应与埋件焊牢，下端应套螺纹，配好螺帽，端头螺纹外露不少于 3mm。

3. 龙骨安装

（1）大龙骨可用焊接办法与吊杆焊牢。但最好是用吊杆件与吊杆连接，拧紧螺钉卡牢。大龙骨可用连接件接长。安装好以后要进行调平，考虑吊顶的起拱高度，不小于房间短向跨度的 1/200。

（2）中龙骨用吊挂件与大龙骨固定。中龙骨间距依板材尺寸而定。当间距大于800mm 时，中龙骨间应增加小龙骨，其应与中龙骨平行，并用吊挂件与大龙骨固定，其下表面与中龙骨在同一水平上。

（3）在板缝接缝处应安装横撑中、小龙骨，横撑龙骨用平面连接件与中小龙骨固定。

（4）最后安装异形顶或窗帘盒异形龙骨或者铝龙骨。

4. 纸面石膏板等板材固定

（1）固定纸面石膏板可用自攻螺钉直接用自攻螺钉枪将其与龙骨固定。钉头应嵌入板面 0.5～1mm。钉头涂防锈漆后用腻子找平，自攻螺钉用 5×25 或 5×35 "十"字沉头自攻螺钉。纸面石膏板接缝处理，如果是密缝，则石膏板应留 3mm 板缝，嵌腻子，贴玻璃纤维接缝带。再用腻子刮平顺。如果需要留缝，一般为 10mm，此缝内可按设计要求刷色浆一道，也可用凹形铝条压缝。

（2）固定装饰石膏板等材板时，应先将板就位，用电钻（钻头直径略小于自攻螺钉直径）将板和龙骨钻通，在用自攻螺钉固定。自攻螺钉间距不大于 200mm。

5. 轻钢龙骨圆弧形吊顶施工

（1）当圆弧面较小时，圆弧面较小的吊顶，可用 26 号镀锌铁皮弯曲成所需弧度，固定在已罩石膏板的顶棚上，其上刷白色漆饰面。也可用 0.8mm 铝板做曲面饰面。

（2）当圆弧面较大时，圆弧面较大的吊顶，应用轻钢龙骨做骨架，用纸面石膏板或胶合板罩面。用轻钢龙骨做骨架的方法有两种能够。

其一，将主龙骨和附加大龙骨焊成骨架（骨架的制作应通过计算或放大样确定），然后将小龙骨割出铁口，弯成所需弧度。安装时，先安装龙骨骨架，其次安装纵向小龙骨，纵向小龙骨安装时应拉通线，使其顺直并用弧形样板边安装边检查，保证弧形圆顺。纵向小龙骨用铝丝拧在附加大龙骨上，弧形小龙骨用抽芯铝铆钉与纵向小龙骨连接，弧形龙骨安装时也需样板随时检查，使其圆顺。纸面石膏板安装同圆弧形墙。

其二，先是放大样，做圆弧形台模，然后将 "U" 形龙骨切割出缺口，并依据台模弯出所需弧度。将两根弧形龙骨对扣在一起靠在台模上使其与台模吻合应用自攻螺钉或抽芯铆钉将两根 "U" 形龙骨连接成一个整体，这样制成了弧形吊顶的主龙骨。然后沿这条弧形龙骨跨度方向等间距固定两根竖向龙骨夹住弧形龙骨，并以次竖向龙骨为吊筋，将整片弧形龙骨固定在沿顶龙骨上。相邻弧形龙骨间距一般为 60mm。弧形龙骨固定好以后相邻弧形龙骨间设水平连系龙骨，每隔一间档设 "剪刀撑"。所有骨架的连接均采用自攻螺钉或抽芯铆钉。

二、天棚抹灰

（一）基层处理

1. 应将混凝土顶板等表面凹出部分踢平，对蜂窝、麻面、露筋、漏振等应剔到实处，后用 1：3 水泥砂浆分层补平，把外露钢筋头等事先剔除好。与墙、梁相交混凝土顶板局部超厚处采用胶液涂刷 300mm 宽后用 1：2.5 水泥砂浆分层补平。

2. 抹灰前用扫帚将顶板清洗干净，如有粉状隔离剂，应用钢刷子彻底刷干净。

3. 抹灰前两天顶板应派专人浇水湿润，抹灰时再喷水湿润

（二）浆液配制与管理

1. 按胶液：水泥：中粗砂 =1 ： 1.5 ： 1.5 配合比，先投入水泥砂再放入胶液，用机械搅拌均匀。

2. 浆液、胶液都应进行集中专人拌制，配置好的浆液、胶液应用专用桶装置，配置过程应在施工员、监理监督下经检验合格后，贴上准用标签后，4h 内使用完毕。

（三）天棚粉刷

1. 天棚施工应注意整体观感，尽量减少局部修补，并特别注意阴阳角的顺直，锋利。

2. 抹底灰：应在顶板砼湿润情况下，将水泥砂浆液涂刷在顶面，随涂随刷，且要求涂刷均匀，厚度控制在 2mm 以内。

3. 抹面层灰：一人涂刷浆液的同时，另一人随即抹面层灰，采用重量比为水泥：石灰：纤维＝ 1 ： 2.4 ： 0.15，面层灰厚度控制在 8mm 以内。

4. 面层灰应随抹随赶光压实抹平，掌握好干湿度以消除气泡，然后用海绵拉毛顺平提高表面整体观感质量。

第四节　门窗工程施工

一、门窗安装技术

（一）主要安装工艺流程

测量放线→钢门副框安装（铝合金门窗副框安装）→打胶→玻璃及窗扇的安装（合页、滑撑、滑轮等五金件安装）→清洁验收。

（二）施工准备

1. 熟悉施工图纸，领会设计意图，及门窗安装细部构造。根据深化图纸提出加工订货计划，安排好进场时间。

2. 编制和审定门窗安装专项施工方案。

3. 依据施工方案，编制分部、分项工程施工技术措施，做好技术交底，指导工程施工。

4. 现场交接准备：项目部管理人员组织各班组对现场进行检查，各班组将遗留问题——解决，办理移交手续给门窗安装班组。具备一定工作面后，做好现场衔接工作。及时办妥进场施工的各项手续。

5. 门进场前安排好存放房间，房间保证防潮并无施工用水渗漏，靠墙、靠地的一面应刷防腐涂料，其他各面及扇均应涂刷清油一道。刷油后分类码放平整，底层应垫平、垫高，不得露天堆放。

6. 认真检查铝合金门窗的保护膜的完整，如有破损的，应补粘后再安装。

7. 检查各种门窗型号尺寸是否准确，防腐材料，填充材料，密封材料，保护材料应符合设计要求。

8. 门框的安装应依据图纸尺寸核实后进行安装，并按图纸开启方向要求，安装时注意裁口方向。安装高度按室内 50cm 平线控制。

（三）材料要求

1. 铝合金门窗的规格、型号、所用型材、五金配件、密封胶条、密封胶、玻璃胶等零附件必须符合合同、设计图纸、规范及确定样板的要求，并应有产品质量证明书、合格证及检测报告等。

2. 铝合金门窗型材材质厚度必须符合以下要求：门用型材截面主要受力部位最小实测壁厚应不小于 2mm，窗用型材截面主要受力部位最小实测壁厚应不小于 1.4mm。

3. 进场前应对铝合金门窗进行验收检查，铝合金门窗框、扇型材表面没有明显的色差、凹凸不平、划伤、擦伤、碰伤等缺陷；玻璃表面无明显色差、划痕和擦伤，不合格产品不准进场。

（四）主要施工工具设备

安装用经纬仪、水准仪、电锤、射钉枪、螺丝刀、手锤、扳手、钳子、水平尺、线坠等。

（五）测量放线

1. 检查门窗洞口尺寸及标高是否符合设计要求，复核三线（水平线、垂直线、窗框安装进出线）位置，如不符合设计要求则应及时处理。铝合金门窗施工单位和总包单位、监理单位共同参加验收，验收合格后立即办理场地移交单及开工令。

2. 按图纸要求尺寸弹好门窗中线，并弹好室内 +50cm 线。

（六）施工技术措施

1. 外门窗气密、水密

外门窗的气密性能其固定部分按 4 级设计，即固定部分为 $2.5 \geq q_1 > 2.0$ kPa）。门窗的气密性能开启部分按 4 级设计，即开启部门为 $7.5 \geq q_2 > 6.0$ kPa。外门窗的水密性能为 3 级（$250 \leq \triangle p < 350$ kPa）。所有外门窗均采用等压设计，并使用高性能的耐候密封胶，将渗漏的可能减至最小。中空玻璃在有资质厂家车间生产，控制相对湿度不大于 38%，同时在中空玻璃铝隔条内注满高强、优质的 ZB-3A 型干燥剂，其颗粒直径为 1.0 ~ 1.6mm。

聚硫密封胶应符合国家标准《中空玻璃用弹性密封剂》JC486 的规定。

2. 外门窗抗风压性能

根据建筑物所处地理位置、建筑高度及门窗分格情况，我们严格按《门窗工程技术规范》结构设计的有关规定，选用门窗结构形式和型材系列。根据国标《建筑外门窗气密、水密、抗风压性能分级及检测方法》（GB/T7106 — 2008），外门窗的抗风压性能为三级（$2.0 \leqslant P_2 < 2.5$）。建筑外门窗空气声隔声性能指标计权隔声量不应低于 15dB。

3. 技术交底

（1）施工队伍进场后首先由总包方对门窗安装工程施工队进行技术交底，做好施工现场基准线的移交，全面核实安装标高、位置及安装顺序等工作。

（2）根据总包方提供的基准线，测量出门窗洞口的施工偏差，如影响门窗工程的安装，及时与有关方联系协调解决，经甲方及监理同意后，确定门窗安装基准线：包括各部分的定位基准线（为各个不同部位的铝合金门窗确定三个方向的基准）。

二、施工工艺

（一）安装工艺

1. 画线定位：按设计图纸规定的尺寸、标高和开启方向，在洞口内弹出门框的安装位置线。

2. 立框校正：门框就位后，应校正其垂直度（门框与地面不垂直度，应 ≤ 2°）及水平度和对角线，按设计要求调整至安装高度一致，与内、外墙面距离一致，门框上下宽度一致，而后用对拔木楔在门框四角初步定位。

3. 连接固定：门框用螺栓临时固定，必须进行复核，以保证安装尺寸准确。框口上尺寸允许误差应不大于 1.5mm，对角线允许误差应不大于 2.0mm。

4. 门安装时，要将门扇装到门框后，调整其位置以及水平度。

5. 在前后、左右、上下六个方向位置正确后，再将门框连接铁脚与洞口预埋铁件焊牢，焊接处要涂上防锈漆。

6. 堵塞缝隙：门框与墙体连接后，取出对拔木楔，用岩棉或矿棉将门框与墙体之间的周边缝隙堵塞严实，根据门框不同的结构，将门框表面留出槽口，用水泥砂浆（水泥砂浆配合比：M10）抹平压实，或将表面与铁板焊接封盖，并及时刷上防锈漆，做好防锈处理。

7. 门框灌浆：门框灌浆时，等灌浆硬后，进行调整，再将门扇安装上去。

8. 门扇关闭后，缝隙应均匀，表面应平整。安装后的防火门，要求门扇与门框搭接量不小于 10.0mm，框扇配合部位内侧宽度尺寸偏差不大于 2.0mm，高度偏差不大于 2.0mm，对角线长度之差小于 3.0mmm，门扇闭和后配合间隙小于 3.0mmm，门扇与门框之间的两侧缝隙不大于 4.0mm，上侧缝隙不大于 3.0mm，双扇门中缝间隙不大于 4.0mm。

9. 安装五金：安装门锁、合金或不锈钢执手及其他装置等，可按照五金的《使用说明书》的要求进行安装，均应达到各自的使用功能。

10. 清理、涂漆：安装结束后，应随即将门框、门扇和洞口周围的污垢等清擦干净。油漆后的门现场安装后及竣工前要自行检查是否有划伤，如遇修补，列出清单向总包提出。修补的地方，用保护薄膜做好防护措施，避免污染五金。

（二）连接方式

墙体间隔 500mm 处设置加强体，并预设连接件，门框与墙体每边预留 15mm，水平面超出墙面 10mm（或按设计要求），并用电焊将门框与墙体连接件焊接，门框周边用灌浆填充。

1. 安装中的注意事项

（1）洞口内预埋铁脚的表面，应不低于洞口内墙面，以利焊接。遇有个别低于墙面者，可以垫铁焊接。

（2）不设门槛的钢质门，若门框内口高度比门扇高度大 30mm 者，则门框下端应埋入地面 ±0.00 标高以下，不小于 20mm。

（3）堵缝抹口的水泥砂浆在凝固以前，不允许在门框上进行任何作业，以免砂浆松动裂纹，降低密封质量。

（4）门框堵塞的断热材料等必须严实。

（5）钢质门安装必须保证焊接质量，以使钢质门与墙体牢固地结成一体。

（6）钢质门安装必须开关轻便，不能过松，也不可过紧。

（7）安装后，用砂轮机、锉刀将焊接部分的焊接、棱、角以及切割面等完全打至平滑。

（8）安装好的钢质门，门框扇表面应平整，无明显凹凸现象。门体表面无刷纹、流坠或喷花、斑点等漆病。

2. 施工过程中的质量控制

（1）施工人员（安装工）应严格监控各道工序间的自检与互检，施工人员（安装工）在完成当前工序的工作后须进行自检合格后转入下道工序，下道工序实施前，必须经过施工人员（安装工）检验（互检）合格后，方可继续施工，否则应立即返工，或通知有关检验人员处理。

（2）施工过程中，由有关检验人员根据工程的进度、重要性，安排工程巡检，必要时编制检验计划，对工程施工质量进行抽检，并做好记录。

（三）金属（铝合金）门窗安装

1. 工艺流程

画线定位→防腐处理→铝合金门窗的安装就位→铝合金窗的固定→门窗框与墙体间隙

的处理→门窗扇及门窗玻璃的安装→安装五金配件。

2. 操作工艺

（1）画线定位

根据设计图纸中的安装位置、尺寸和标高，依据门窗中线向两边量出门窗边线。门窗的水平位置应以楼层室内 +50cm 的水平线为准向上反量出窗下皮标高，弹线找直。每一层必须保持窗下皮标高一致。

（2）防腐处理

门窗框四周外表面的防腐处理设计有要求时，按设计要求处理。如果设计没有要求时，可涂刷防腐涂料或贴塑料薄膜进行保护，以免水泥砂浆直接与铝合金门窗表面接触，产生电化学反应，腐蚀铝合金门窗。安装铝合金门窗时，如果采用连接铁件固定，则连接铁件、固定件等安装用金属零件需采用热镀锌或不锈钢件。

（3）铝合金门窗的安装就位

根据画好的门窗定位线，安装铝合金门窗框。并及时调整好门窗框的水平、垂直及对角线长度等符合质量标准，然后用木楔临时固定。

（4）铝合金门窗的固定

当墙体上预埋有铁件时，可直接把铝合金门窗的铁脚直接与墙体上的预埋铁件焊牢，焊接处需做防锈处理；当墙体上没有预埋铁件时，可用金属膨胀螺栓或塑料膨胀螺栓将铝合金门窗的铁脚固定到墙上，或固定铁件。

（5）门窗框与墙体间缝隙间的处理

铝合金门窗安装固定后，应先进行隐蔽工程验收，合格后及时按设计要求处理门窗框与墙体之间的缝隙。采用发泡剂填塞密实，然后抹灰收口，抹灰时窗框周围留 5mm 宽缝隙，待收口完成后用硅酮密封胶嵌缝。

（6）门窗扇及门窗玻璃的安装

1）门窗扇和门窗玻璃应在洞口墙体表面装饰完工验收后安装。

2）推拉门窗的门窗框安装固定后，将配好玻璃的门窗扇整体安入框内滑槽，调整好与扇的缝隙即可。

3）平开门窗在框与扇格架组装上墙、安装固定好后再安玻璃，即先调整好框与扇的缝隙，再将玻璃安入扇并调整好位置，最后镶嵌密封条及密封胶。

4）地弹簧门应在门框及地弹簧主机入地安装固定后再安门扇。先将玻璃嵌入门扇格架并一起入框就位，调整好框扇缝隙，最后填嵌门扇玻璃的密封条及密封胶。

（7）安装五金配件

五金配件与门窗连接用镀锌螺钉，应安装结实牢固，使用灵活。

（8）安装双层玻璃

玻璃夹层四周应嵌入中隔条，中隔条应保证密封、不变形、不脱落；玻璃槽及玻璃内表面应干燥、清洁。

（9）玻璃不得与玻璃槽直接接触，并应在玻璃四边垫上不同厚度的玻璃垫块。边框上的垫块，应采用聚氯乙烯胶加以固定。

（10）玻璃装入框扇内，应用玻璃压条将其固定。

（11）清洁验收

采用中性玻璃清洗剂，利用专用擦拭工具，使整个窗户美观整洁。

第五节　涂料、油漆和裱糊施工

一、抹灰面油漆施工

操作工艺：基层处理→刷底漆→刮腻子、打磨→刷第一遍乳胶漆→刷第二遍乳胶漆。

（一）基层处理

将墙面起皮及松动处清除干净，并用水泥砂浆补抹，将残留灰渣铲干净，然后将墙面扫净。

用水石膏将墙面磕碰处及坑洼接缝等处找平，干燥后用砂纸将凸出处磨掉，将浮尘扫净。

（二）刷底漆

将抗碱闭底漆用刷子顺序刷涂不得遗漏，旧墙面在涂饰涂料前应清楚疏松的旧装饰层。

（三）刮腻子、打磨

刮腻子遍数可由墙面平整程度决定，一般情况为三遍。第一遍用胶皮刮板横向满刮，一刮板紧接着一刮板，接头不得留槎，每刮一刮板最后收头要干净利落。干燥后磨砂纸，将浮腻子及斑迹磨光，再将墙面清扫干净。并找补阴阳角及坑凹处，令阴阳角顺直，用胶皮刮板横向满刮，所用材料及方法同第一便腻子，干燥后砂纸磨平并清扫干净。第二遍用胶皮刮板找补腻子或用钢片刮板满刮腻子，将墙面刮平刮光，干燥后用细砂纸磨平磨光，不得遗漏或将腻子磨穿。

（四）刷第一遍乳胶漆

涂刷顺序是先刷顶板后刷墙面，墙面是先上后下。先将墙面清扫干净，用布将墙面粉尘擦掉。乳胶漆用排笔涂刷，使用新排笔时，将排笔上的浮毛和不牢固的毛理掉。乳胶漆使用前应搅拌均匀，适当加稀释剂稀释，防止偷遍漆刷不开。干燥后复补腻子，再干燥后用砂纸磨光，清扫干净。

（五）刷第二遍乳胶漆

做法同第一遍乳胶漆。由于乳胶漆膜干燥较快，应连续迅速操作，涂刷时从一头开始，逐渐刷向另一头，要上下顺刷互相衔接，后一排笔紧接前一排笔，避免出现干燥后接头。

二、墙面喷刷涂料

（一）操作工艺

1. 清理墙、柱表面

首先将墙、柱表面起皮及松动清理干净，将灰渣铲干净，然后将墙、柱表面扫净。

2. 修补墙、柱表面

修补前，先涂刷一遍用三倍水稀释后的 107 胶水。然后，用水石膏将、柱表面的坑洞、缝隙补平，干燥 用砂纸将突出处磨掉，将浮尘扫净。

3. 刮腻子

遍数可由墙面平整程度决定，一般为两遍，腻子以纤维素溶液、福粉，加少量 107 胶、光油和石膏粉拌和而成。第一遍用抹灰钢光匙横向满刮，一刮板紧接着一刮板，接头不得留楂，每刮一刮板最后收头要干净平顺。干燥后磨砂纸，将浮腻主班迹磨平磨光，再将墙柱表面清扫干净。第二遍用抹灰钢光匙竖向满刮，所用材料及方法同第一遍腻子、干燥后用砂纸磨平并扫干净。

4. 刮第二遍仿瓷涂料

第二遍涂料的操作方法同第一遍。使用前要充分搅拌，不宜太稀，以防露底。

5. 施工注意事项：避免工程质量通病

（1）透底

产品原因是涂层薄，因此刮仿瓷涂料时除应注意为漏刮外，还应保持涂料的稠度。有时磨砂纸时磨穿腻子也会出现透底。

（2）接搓明显

涂刮时要上下顺刮，后一刮紧接前一刮，若间隔时间稍长，就容易看出接头，因此大面积涂刮时，应配足人员，互相衔接。

（3）刮纹明显

仿瓷涂料稠度要适中，刮子用力要适当，多理多顺防止刮纹过大。

涂刮带颜色的涂料时，配料要合适，保证独立面每遍用同一批涂料，并且一次用完，保证颜色一致。

（4）产品保护

墙柱表面的涂料未干前，室内不得清扫地面，以免尘土粘污墙柱面，干燥后也不得往墙柱面泼水，以免玷污。

墙柱面涂刮涂料完成后，要妥善保护，不得碰撞。

三、裱糊施工

（一）材料要求

1. 壁纸、壁布：各种壁纸、墙布的质量、环保要求及防火等级应符合设计和相应的国家标准要求。供应商应提供壁纸、壁布的质量、环保、防火性能的检测报告。

2. 壁纸、壁布专用黏结剂、嵌缝腻子、玻璃网格布、接缝纸等，应根据设计和基层的实际需要提前备齐。其质量、环保要求应符合设计及相应的国家标准要求，供应商应提供壁纸、壁布专用黏结剂的环保、质量性能检测报告。

（二）主要机具

主要机具包括：腻子搅拌机、裁纸工作台、钢板尺（1m长）、壁纸刀、白毛巾、塑料桶、塑料盆、油工刮板、拌腻子槽、压辊、开刀、毛刷、排笔、擦布或棉丝、粉线包、小白线、铁制水平尺、托线板、线坠、盒尺、锤子、红铅笔、砂纸、笤帚、工具袋、水准仪等。

（三）作业条件

1. 墙面抹灰已完成，其表面平整度、立面垂直度及阴阳角方正等应达到高级抹灰的标准，其含水率不得大于 8%；木材制品含水率不得大于 12%。

2. 墙、柱、顶面上的水、电、风专业预留、预埋必须全部完成，且电气穿线、测试完成并合格，各种管路打压、试水完成并合格。

3. 门窗油漆已完成。

4. 石材、水磨石地面的房间其出光、打蜡已完成，并将面层保护好。

5. 墙面、顶棚清扫干净，如有凹凸不平、缺棱掉角或局部面层损坏处，应提前修补平整并干燥，混凝土（抹灰）表面应提前用腻子找平，腻子强度应满足基层要求。

6. 先将突出墙面的设备部件等卸下妥善保管，待壁纸粘贴完成后再将其部件重新装好复原。

7. 如基层色差大，设计选用的又是易透底的薄型壁纸，事先应对基层进行处理，使其颜色一致。

8. 对湿度较大的房间和经常潮湿的墙面，裱糊前，基层应做防潮处理，并应采用有防水性能的壁纸、胶粘剂等材料。

9. 对施工人员进行技术交底时，应强调技术措施和质量要求。大面积施工前应先做样板间，经有关方确认后方可组织大面积施工。

（四）操作工艺

1. 工艺流程

原则上是先裱糊顶棚后裱糊墙面。

基层处理、涂刷封闭底漆，刮腻子找平，吊垂直、套方、找规矩、弹线，计算用料、裁纸，粘贴壁纸，壁纸修整、清理。

2. 裱糊顶棚壁纸

（1）基层处理、涂刷封闭底漆：将顶棚表面的灰浆、粉尘、油污等清理干净后，涂刷一道封闭底漆，底漆要求满刷、不得漏刷。对于木基层，接缝、钉眼应用腻子补平，并满刮胶油腻子一遍，然后用砂纸磨平。

（2）刮腻子找平：满刮腻子一道，待腻子干后打砂纸找平，再满刮第二遍腻子，腻子干后用砂纸打平、磨光。

（3）吊直、套方、找规矩、弹线：首先应弹出顶棚中心线，并套方找规矩。墙顶交接处的分界原则：一般应以挂镜线或阴角线为界，没有挂镜线或阴角线的按设计要求弹线。先贴顶纸，后贴墙纸，一般应墙纸压顶纸。

（4）计算用料、裁纸：根据设计要求决定壁纸的粘贴方向，然后计算用料、裁纸。应按所量尺寸每边留出 20 ~ 30mm 余量，如采用塑料壁纸，一般需在水槽内先浸泡 2 ~ 3min，抖去余水，将纸面用净毛巾沾干。

（5）粘贴壁纸：在纸的背面和顶棚的粘贴部位刷胶，顶棚刷胶时应注意按壁纸的宽度刷胶、不宜过宽，铺贴时应从中间开始向两边铺粘。第一张一定要按已弹好的线找直粘牢，应注意纸的两边各甩出 10 ~ 20mm 不压死，以满足与第二张的拼花压槎对缝的要求。然后依上法铺贴第二张，两张纸搭接 10 ~ 20mm，用钢板尺比齐，两人将尺按紧，一人用壁纸刀裁切，随即将切下搭槎处的两张壁纸条撕去，用刮板带胶将缝隙刮吻合压平、压实。（也可以采用密拼方式直接拼接。）随后将顶棚两端阴角处用钢板尺比齐、用壁纸刀剪切拉直，用刮板及辊子压实，最后用湿毛巾将接缝处辊压出的胶痕擦净，依次进行。

（6）壁纸修整、清理：壁纸粘贴完后，应检查是否有起泡不实之处，接槎是否平顺，有无翘边脱胶现象，胶痕是否擦净等，直至符合要求为止。

（三）裱糊墙面壁纸

1. 基层处理、涂刷封闭底漆：将墙面上灰浆、浮土等清扫干净。刷一道封闭底漆，要求满刷，不得漏刷。

2. 刮腻子、找平：在墙面上满刮 1 ~ 2 道腻子，干后用砂纸打平、磨光；石膏板墙用嵌缝腻子将缝堵实堵严，粘贴玻璃网格布或丝绸条、绢条等，然后刮腻子找平、磨光。

3. 吊垂直、套方、找规矩、弹线：首先应将房间四角的阴阳角通过吊垂直、套方、找规矩，并确定从哪个阴角开始按照壁纸的尺寸进行分块弹线控制（习惯做法是进门左阴角处开始铺贴第一张）。

4. 计算用料、裁纸：按已量好的墙体高度约放大 20～30mm，按此尺寸计算用料、裁纸，一般应在案子上裁割，将裁好的纸，用湿毛巾擦后，折好待用。

5. 粘贴壁纸：应分别在纸上及墙上刷胶，其刷胶宽度应相吻合，墙上刷胶一次不应过宽。糊纸时从墙的阴角开始铺贴第一张，按已画好的垂直线吊直，并从上往下用手铺平，用刮板刮实，并用小辊子将上、下阴角处压实。第一张粘好后边缘留 10～20mm 不压死（应拐过阴角约 20mm），然后粘铺第二张，依同法压平、压实，与第一张搭槎 10～20mm，要自上而下对缝，拼花要端正，用刮板刮平，用钢板尺在第一、第二张搭槎处用钢尺比直切齐，将纸边撕去，边槎处应带胶压实，并及时将挤出的胶液用湿白毛巾擦净，然后用同法将接顶、接踢脚的边缘切裁整齐，并带胶压实。墙面上遇有电盒、插座时，应在其位置上破纸做标记。在裱糊时，阳角不允许甩槎接缝；阴角处必须裁纸顺光搭缝，不允许整张纸铺贴，避免产生空鼓与皱褶。

6. 花纸拼接

（1）纸的拼缝处花形要对接拼搭好。

（2）铺贴前应注意花形及纸的颜色保持一致。

（3）墙与顶壁纸的搭接应根据设计要求而定，一般有挂镜线或阴角线的房间应以挂镜线或阴角线为界，无挂镜线或阴角线的房间要处理好阴角的收口。

（4）花形拼接如出现困难时，错槎应尽量用在不显眼的阴角处，大面处不应出现错槎和花形混乱的现象。

7. 壁纸修整、清理：糊纸后应认真检查，对墙纸的翘边、翘角、气泡、皱褶及胶痕未擦净等，应及时处理和修整。

（五）质量标准

1. 主控项目

（1）壁纸壁布的种类、规格、图案、颜色、环保和燃烧性能等级必须符合设计要求及国家标准的有关规定。

（2）裱糊前，基层处理应达到下列要求：

1）新建筑物的混凝土或抹灰基层墙面在刮腻子后应涂刷封闭底漆。

2）旧墙面在裱糊前应清除疏松的旧装修层，并涂刷界面剂修补平整。

3）混凝土或抹灰基层含水率不得大于 8%；木材基层的含水率不得大于 12%。

4）基层腻子应平整、坚实、牢固，无粉化、起皮和裂缝；腻子的黏结强度应符合《建筑室内用腻子》（JG/T3049）N 型的规定。

5）基层表面平整度、立面垂直度及阴阳角方正应达到高级抹灰标准要求。

6）基层表面颜色应一致。

7）裱糊前应用封闭底漆涂刷基层。

（3）裱糊后各幅拼接应横平竖直，拼接花纹、图案应吻合，不离缝，不搭接，不显拼缝。

（4）壁纸、墙布应粘贴牢固，不得有漏贴、补贴、脱层、空鼓、翘边等缺陷。

2. 一般项目

（1）裱糊后的壁纸、壁布表面应平整，色泽应一致，不得有波纹起伏、气泡、裂缝、皱褶及斑污，斜视时应无胶痕。

（2）复合压花壁纸的压痕及发泡壁纸的发泡层应无损坏。

（3）壁纸、壁布与各种装饰线、设备线盒应交接严密。

（4）壁纸、墙布边缘应平直整齐，不得有纸毛、飞刺。

（5）壁纸、壁布阴角处搭接应顺光，阳角处应无接缝。

（六）成品保护

1. 裱糊完成的房间应及时清理干净，不得用做料房或休息室，避免污染和损坏。

2. 在整个裱糊的施工过程中，严禁非操作人员随意触摸墙纸。

3. 电气和其他设备等进行安装时，应注意保护墙纸，防止污染和损坏。

4. 铺贴壁纸时，必须严格按照规程施工，施工操作时要做到干净利落，边缝要切裁整齐，胶痕必须及时清擦干净。

5. 严禁在已裱糊好壁纸的顶、墙上剔眼打洞。若属于设计变更，也应采取相应的措施，施工时要小心保护，施工后要及时认真修复，以保证壁纸的完整。

6. 二次修补油、浆活及磨石二次清理打蜡时，注意做好壁纸的保护，防止污染、碰撞与损坏。

（七）应注意的问题

1. 边缘翘起：主要是接缝处胶刷的少、局部未刷胶，或边缝未压实，干后出现翘边、翘缝等现象。发现后应及时刷胶辊压修补好。

2. 上、下端缺纸：主要是裁纸时尺寸未量好，或切裁时未压住钢板尺而走刀将纸裁小。施工操作时一定要认真细心。

3. 墙面不洁净，斜视有胶痕：主要是没及时用湿毛巾将胶痕擦净，或虽清擦但不彻底又不认真，后由于其他工序造成壁纸污染等。

4. 壁纸表面不平，斜视有疙瘩：主要是基层墙面清理不彻底，或虽清理但没认真清扫，因此基层表面仍有积尘、腻子包、水泥斑痕、小砂粒、胶浆疙瘩等，故粘贴壁纸后会出现小疙瘩；或由于抹灰砂浆中含有未熟化的生石灰颗粒，也会将壁纸拱起小包。处理时应将壁纸切开取出污物，再重新刷胶粘贴好。

5.壁纸有泡：主要是基层含水率大，抹灰层未干就铺贴壁纸，由于抹灰层被封闭，多余水分出不来，气化就将壁纸拱起成泡。处理时可用注射器将泡刺破并注入胶液，用辊压实。

6.阴阳角壁纸空鼓、阴角处有断裂：阳角处的粘贴大都采用整张纸，它要照顾一个角到两个面，都要尺寸到位、表面平整、粘贴牢固，是有一定的难度，阴角比阳角稍好一点，但与抹灰基层质量有直接关系，只要胶不漏刷，赶压到位，是可以防止空鼓的。要防止阴角断裂，关键是阴角壁纸接槎时必须拐过阴角 1 ~ 2cm，使阴角处形成了附加层，这样就不会由于时间长、壁纸收缩，而造成阴角处壁纸断裂。

7.面层颜色不一，花形深浅不一：主要是壁纸质量差，施工时没有认真挑选。

8.窗台板上下、窗帘盒上下等处铺贴毛糙，拼花不好，污染严重：主要是操作不认真。应加强工作责任心，要高标准、严要求，严格按规程认真施工。

9.对湿度较大房间和经常潮湿的墙体应采用防水性能好的壁纸及胶粘剂，有酸性腐蚀的房间应采用防酸壁纸及胶粘剂。

10.对于玻璃纤维布及无纺贴墙布，糊纸前不应浸泡，只用湿毛巾涂擦后折起备用即可。

第十章 建设工程绿色监理

第一节 建设工程质量控制

一、建筑工程质量控制目标

严格贯彻国家强制性质量标准及各项规定的技术标准和质量要求。所有工程质量验收达到合格，争创省级文明工地，绿色示范工程，创优质结构工程。

二、建筑工程质量控制的原则

（一）以国家施工及验收规范、工程质量验评标准及《工程建设规范强制性条文》、设计图纸等为依据，督促承包单位全面实现工程项目合同约定的质量目标。

（二）对工程项目施工全过程实施质量控制，以质量预控为重点。

（三）对工程项目的人员、机械、材料、方法、环境等因素进行全面的质量控制，监督质量保证体系落实到位。

（四）严格执行有关材料试验制度和设备检验制度。

（五）坚持不合格的建筑材料、构配件和设备不准在工程上使用。

（六）坚持本工序质量不合格或未进行验收不予签认，下一道工序不得施工。

三、建筑工程质量控制的方法

（一）质量控制应以事前控制（预防）为主。

（二）应按施工规范要求对施工过程进行检查，及时纠正违规操作，消除质量隐患，跟踪质量问题，验证纠正效果。

（三）应采用必要的检查、测量和试验手段，以验证施工质量。

（四）应对工程的关键工序和重点部位施工过程进行跟踪检查。

（五）严格执行现场见证取样和送检制度。

（六）对不称职的人员及不合格劳务队及时进行调整。

四、建筑工程质量控制

（一）事前控制

施工准备阶段是为正式施工进行各项准备、创造开工条件的阶段。施工阶段发生的质量问题、质量事故，往往是由于施工准备阶段工作的不充分而引起的。因此，在进行质量控制时，将十分关注施工准备阶段各项准备工作的落实情况。将通过抓住工程开工审查关，采集施工现场各种准备情况的信息，及时发现可能造成质量问题的隐患，以便及时采取措施，实施预防。

在施工准备阶段，项目部采取预控方法进行控制，具体控制要点及手段主要有：

1. 建立健全质量及安全保证措施

每个项目应有项目经理全面负责，并设施工员、质量员和资料员、安全员，在施工现场进行全过程质量管理和质量控制。建立施工工序的"三检"制度。

2. 对施工队伍及人员控制

对不合格人员，项目部有权要求撤换。

3. 施工准备的检验

对于不具备开工条件者，暂缓开工，直至达到开工条件为止。

4. 施工组织设计和技术措施的审批

施工组织设计和技术措施编制完毕后，由监理单位审批后，按施工承包合同中所承诺的机具、人员、材料进行投入来作为衡量是否已做好开工准备的条件之一。

5. 建筑原材料、半成品供应商的审批

在保证质量的前提条件下，项目部允许在建筑原材料、半成品供应商中间进行合理的选择，但必须进行采样试验，并将试验结果报项目监理部审批，以确定原材料、半成品供应厂商。

6. 建筑原材料、半成品的试验与审批

对运抵施工现场的各种建筑原材料、半成品，施工单位必须按照规范规定的技术要求、试验方法进行验收试验，并将试验结果报项目监理部，项目监理部将根据质检站和施工单位的验收结果，做出是否批准建筑原材料、半成品用于工程。

7. 配合比试验与审批

项目监理部要求施工单位根据批准进场使用的原材料，按照设计要求部。项目监理部将根据质检站和施工单位的试验结果做出是否批准相应的砼配合比用于工程，未经批准的砼配合比不得在工程中使用。

8. 进场施工机械、设备的检查与审批

项目监理部要求施工单位在施工机械进场前填写"进场机械报验单"，并提供进场施工机械清单（包括设备名称、规格、型号、数量及运行质量情况）。经项目监理部检查合格后方可在工程施工中使用，未经批准的任何施工机械、设备不得在工程中使用。

9. 测量、施工放样审核

项目监理部要求施工单位在每一施工项目开工前填写"施工放样报验单"并附施工放样检查资料，一并报驻地监理审核。并对水准点和本工程的重要控制点，督促有关项目组定期复测、保护，本监理部负责复核。

10. 特殊施工技术方案和特殊工艺的审批

如果工程需要，施工单位提出特殊技术措施和特殊工艺，项目监理部要求施工单位填写"施工技术方案报验单"并附具体的施工技术方案，一并报项目监理部审核。

项目监理部将坚持"成功的经验、成熟的工艺、有专家评审意见、有利于保证质量"作为审核特殊技术措施和特殊工艺的标准。

11. 质量保证体系的建立

项目部将通过建立、健全质量管理网络，落实隐蔽工程自检、互检、抽检的验收三级检查制度，使质量管理深入基层，最大限度的发挥施工单位在质量工作中的保证作用，以使施工中的质量缺陷、质量隐患尽可能地在自检、互检、抽检过程中得到发现，并及时予以纠正。

12. 开工批准

施工单位在完成上述报审后，经项目监理部审核，确定具备开工条件，由总监理工程师批准开工，签发开工令。

（二）事中控制

1. 现场管理人员对施工现场有目的地进行检查

（1）在检查过程中发现和及时纠正施工中的不符合规范要求并最终导致产品质量不合格的问题。

（2）应对施工过程的关键工序、特殊工序施工完成以后难以检查、存在问题难以返工或返工影响大的重点部位，应进行现场监督、检测。

（3）对所发现的问题应先口头通知劳务队改正，然后应由现场管理人员填写《整改通知单》。

（4）承包单位应将整改结果书面回复，监理工程师进行复查。

2. 核查工程预检

（1）承包单位填写《预检工程检查记录单》报送项目监理部核查。

（2）监理工程师对《预检工程检查记录单》的内容到现场进行抽查。

（3）对不合格的分项工程，通知承包单位整改，并跟踪复查，合格后准予进行下一道工序。

3. 验收隐蔽工程

（1）承包单位按有关规定对隐蔽工程先进行自检，自检合格，将《隐蔽工程检查记录》报送项目监理部。

（2）监理工程师对《隐蔽工程检查记录》的内容到现场进行检测、核查。

（3）对隐检不合格的工程，应由监理工程师签发《不合格工程项目通知》，由承包单位整改，合格后由监理工程师复查。

（4）对隐检合格的工程应签认《隐蔽工程检查记录》，并准予进行下一道工序。

（5）按合同规定，行使质量否决权，如有以下情况，可会同建设方下停工令。

（6）施工中出现质量异常情况，经提出后仍不采取改进措施。

（7）隐蔽作业未通过现场监理人员检查，而自行掩盖者。

（8）擅自变更设计图纸进行施工。

（9）使用没有技术合同证的工程材料。

（10）未经技术资质审查人员进入现场施工。

（11）其他质量严重事件。

（12）对施工质量不合格项目，建议拒付工程款，并督促其施工。

4. 分项工程验收

（1）承包单位在一个分段／分项工程完成并自检合格后，填写《分项／分部工程质量报验认可单》报项目监理部。

（2）监理工程师对报验的资料进行审查，并到施工现场进行抽检、核查。

（3）对符合要求的分项工程由监理工程师签认，并确定质量等级。

（4）对不符合要求的分项工程，由监理工程师签发《不合格工程项目通知》，由承包单位整改。

（5）经返工或返修的分项工程应按质量评定标准进行再评定和签认。

（6）安装工程的分项工程签认，必须在施工试验、检测完备、合格后进行。

5. 分部工程验收

（1）承包单位在分部工程完成后，应根据监理工程师签认的分项工程质量评定结果进行分部工程的质量等级汇总评定，填写《分项／分部工程质量报验认可单》，并附《分部工程质量检验评定表》，报项目监理部签认。

（2）单位工程基础分部已完成，进入主体结构施工时，或主体结构完，进入装修前应进行基础和主体工程验收，承包单位填写《基础／主体工程验收记录》申报；并由总监理工程师组织建设单位、承包单位和设计单位共同核查承包单位的施工技术资料，并进行现场质量验收，由各方协商验收意见，并在《基础／主体工程验收记录》上签字认可。

（三）事后控制

1. 分项、分部、单位工程的质量检查评定验收

对符合设计、验收规范所提出的质量要求的各分项工程，项目部对所有已完成工序的隐蔽工程进行验收，评定已完成分项工程的质量等级，并签署验收意见。验收频率为100%。

以分项工程质量等级为基础，进行分部工程的质量等级评定。项目监理部对已完成的分部工程进行抽样检测，抽样频率不小于25%。对重要的分部工程，项目部将进行100%的检查验收。以分部工程质量等级为基础，进行单位工程的质量等级评定。项目监理部对单位工程进行全面的工程质量检测，并提出监理评价意见。以单位工程质量等级为基础，进行建设项目的质量等级评定。

2. 质量问题和质量事故处理

（1）项目部对施工中的质量问题除在日常巡视、分项、分部工程检验过程中解决外，可针对质量问题的严重程度分别处理。

（2）对可以通过返修弥补的质量缺陷，应责成承包单位先写出质量问题调查报告，提出处理方案；监理工程师审核后（必要时经建设单位和设计单位认可），批复承包单位处理；处理结果应重新进行验收。

（3）对需要返工处理或加固补强的质量问题，除应责成承包单位先写出质量问题调查报告，提出处理意见外；总监理工程师应签发《工程部分暂停指令》，再与建设单位和设计单位研究，设计单位提出处理方案，批复承包单位处理；处理结果应重新进行验收。

（4）项目部应将完整的质量问题处理记录归档。施工中发现的质量事故，承包单位应按有关规定上报处理；总监理工程师应书面报告业主及监理单位。

（5）项目部应对质量问题和质量事故的处理结果进行复查。

第二节　建设工程进度控制

一、概述

（一）进度控制的概念

建设工程进度控制是指对工程项目各建设阶段的工作内容、工作程序、工作持续时间和衔接关系编制计划，将该计划付诸实施，在实施过程中经常检查实际进度是否按计划要求进行，对出现的偏差分析原因，采取措施或调整、修改原计划，直至工程竣工，交付使用。这样不断地计划、执行、检查、分析、调整计划的动态循环过程，就是进度控制。

（二）影响进度的因素分析及作用

影响建设工程项目进度的因素可归纳为人为因素，技术因素，设备与构配件因素，水文地质与气象因素，其他环境、社会因素以及难以预料的因素等。其中人为因素是最大的干扰因素。

影响因素分析的作用主要有下列三方面：

1. 确定进度控制目标用。

2. 进行主动控制。

3. 影响因素一旦出现后，监理工程师怎样正确判别造成工期延长的责任者，然后如何以"公正"的第三方正确处理工期索赔问题。

（三）工程延误和工程延期

工程延误是由于承包商自身原因造成的工期拖延。其一切损失由承包商自己承担。

工程延期是由于承包商以外的原因造成的工期延长。工程延期经监理工程师审查批准后，所延长的时间属于合同工期的一部分。

（四）进度控制的方法和措施

1. 进度控制方法

（1）规划：确定项目的总进度目标和分进度目标。

（2）控制：在项目进展全过程中，进行计划进度与实际进度比较，发现偏离就及时采取措施进行纠正。

（3）协调：协调项目建设参加单位之间的进度关系。

2. 进度控制的措施

（1）组织措施。主要包括：落实项目监理组织机构中进度控制部门的人员，具体控制任务和管理职责分工；进行项目分解，并建立编码体系；确定进度协调工作制度；对影响进度目标实现的干扰和风险因素进行分析。

（2）技术措施。包括审查承建单位提交的进度计划、编制进度控制工作细则、采用网络计划技术等。

（3）合同措施。包括分段发包提前施工、各合同的合同期与进度计划的协调、严格控制合同变更等。

（4）经济措施。包括对工期提前给予奖励、对工程延误收取误期损失赔偿、加强索赔管理等。

（五）进度控制的计划系统

建设工程进度计划是根据进度控制目标和任务的要求，对工程项目各建设阶段的工作内容、工作程序、工作持续时间和衔接关系在时间上预先进行的合理安排，是对工程项目实施过程的设计。

进度控制计划系统有：

1. 建设单位的计划系统。

2. 监理单位的计划系统。

3. 设计单位的计划系统。

4. 施工单位的计划系统。

（六）进度计划的作用

计划工作是管理工作系统中处于首先地位的工作。进度计划的作用主要有以下几个方面：

1. 在工程项目建设总工期目标确定后，通过进度计划可以分析研究总工期能否实现，工程项目的投资、进度、质量控制三大目标能否得到保证和平衡。

2. 通过对总工期目标从不同角度进行层层分解，形成进度控制目标体系，进而从组织上落实责任体系，以保工程的顺利进行和目标的实现。

3. 进度计划在工作时间上是实施的依据和评价的标准。实施要按计划执行，并以计划作为控制依据。最后它又作为评价和检验实际成果的标准。由于工程项目是一次性的，项目实施成果只能与自己的计划比，与目标相比，而不能与其他项目比或上年度比。

4. 业主需要了解和控制工程，同样也需要进度计划信息，以及计划进度与实际进度比较的信息，作为项目阶段决策和筹备下一步要做事项的依据。

（六）进度计划的内容

1. 项目工作结构分解

它是将项目按照其相关构成逐层进行工作分解的一种方法。可以将一个建设项目分解到工作内容单一、便于进行组织管理的基本工作单元。这样一来，可以在项目实施前使管理者知道其所负责的项目包括哪些工作任务，各项工作任务之间的关系如何，以及每项工作任务落实到基层组织或个人经过多少个层次。据此可以着手准备和组织编制项目实施计划。

2. 工作持续时间的确定

（1）能定量化的工作

对于有确定的工作范围和能确定劳动效率的工作，可以较精确地计算工作持续时间。

（2）非定量化的工作

有些工作其工作量和生产效率无法定量确定时，可以按过去做过的工程的经验或资料来分析确定；也可以通过与实际工作者经过充分协商来确定。

3. 确定各工作的逻辑关系

所谓工作间的逻辑关系是指工作之间的先后顺序，即工作之间在时间上存在的相关性。逻辑关系包括工艺关系和组织关系。它是计划内容的重要方面之一。

生产性工作之间由工艺过程决定的、非生产性工作之间由工作程序决定的先后顺序关系叫工艺关系。

工作之间由于组织安排需要或资源调配、平衡决定的先后顺序关系叫组织关系。

在工程项目实施中，逻辑关系的表达分平行、顺序和搭接三种方式。相邻两个工作同时开始工作为平行方式。相邻两个工作先后进行为顺序方式，如前一工作结束，后一个工作马上开始则为紧连顺序方式；如后一工作在前一个工作结束后隔一段时间才开始则为间隔顺序方式。两个工作只有一段时间是平行的为搭接方式。搭接方式是最一般的方式，而平行或顺序只是搭接方式的特例而已。

二、进度的监测与调整方

（一）进度监测的系统过程

进度监测的系统过程包括以下工作：

1. 进度计划的跟踪检查

其主要工作是定期收集反映实际工程进度的有关数据。收集数据的方式：一是经常定期地收集进度报表资料；二是进行现场实地检查进度计划的实际执行情况；三是定期召开现场会议。

2. 整理、统计和分析收集到的数据，形成与计划进度具有可比的数据

3. 进行实际进度与计划进度的比较

通过表格和图形的比较，从而得出的实际进度比计划进度拖后，超前，还是两者一致的结论。

（二）进度调整的系统过程

在工程进度监测过程中，一旦发现进度偏差，就应该分析原因，并根据偏差对总工期和后续工作的影响程度，采取合理的措施调整进度计划，确保进度总目标的实现。进度调整的系统过程包括以下工作：

1. 深入现场，调查分析产生进度偏差的原因。

2. 分析进度偏差对后续工作及总工期的影响程度。

3. 确定后续工作及总工期的限制条件，即确定进度可调整的范围。

4. 采取合理的措施调整进度计划。

5. 实施调整后的进度计划。

（三）进度的图形比较方法

1. 横道图比较法

横道图比较法是指将在项目实施中检查实际进度收集的信息，经整理后直接用横道线并列标于原计划的横道线处，进行直观比较的方法。

2. S 型曲线比较法

它是以横坐标表示进度时间，纵坐标表示累计完成任务量，所绘制的一条按计划时间累计完成任务量的曲线图。

3. 前锋线比较法

前锋线比较法是在双代号时标网计划上进行工程实际进度与计划进度比较的方法。

（四）进度实施中的调整方法

在对实施的进度计划分析的基础上，确定调整原计划的方法，主要有两种：

1. 改变工作间的逻辑关系。

2. 改变工作的持续时间。

三、施工阶段的进度控制

（一）进度控制目标的确定

在实现建设项目总目标的过程中，保证工程项目按期建成交付使用，是建设工程施工阶段进度控制的最终目标。

施工阶段的总进度目标的确定，通常是在全面、科学地分析与工程项目进度有关的各种有利因素和不利因素的基础上，确定建设项目土建施工的竣工时间。根据此目标，进一步确定建设项目的各子项目的分进度目标。

确定施工进度控制目标的主要依据有：工程建设项目总进度目标对施工工期的要求；工期定额，类似工程项目的实际进度；工程难易程度和工程条件的落实情况等。

施工阶段监理工程师对施工进度进行控制，就是为了确保施工进度目标的实现，使整个项目施工能按期竣工。

（二）进度控制的工作内容

工程项目的施工进度控制从审核承包单位提交的施工进度计划开始，直至工程项目保修期满为止。其工作内容主要有：

1. 编制进度控制工作细则。

2. 编制或审核施工进度计划。

3. 按年、季、月编制综合计划。

4. 下达工程开工令。

5. 协助实施进度计划。

6. 监督施工进度计划实施。

7. 组织现场协调会。

8. 签发进度款支付凭证。

9. 审批工程延期。

10. 向业主提供进度报告。

11. 督促承包单位整理技术资料。

12. 审批竣工申请报告、协助组织竣工验收。

13. 整理工程进度资料。

14. 工程移交。

（三）施工进度的检查方式

施工进度的检查方式通常有以下三种：

1. 收集进度报表资料

进度报表格式一般由监理单位提供给施工承包单位，施工承包单位按时填写完后提交给监理工程师核查。报表的内容根据施工对象及承包方式的不同而有所区别，但一般应包括工作的开始时间、完成时间、持续时间、逻辑关系、实物工程量和工作量，以及工作时差的利用情况等。

2. 监理人员现场跟踪检查

为了避免施工承包单位超报或谎报已完工程量，驻地监理人员有必要进行现场实地检查和监督。至于每隔多长时间检查一次，应视工程项目的类型、规模、监理范围及施工现场的条件等多方面的因素而定。可以每月或每半月检查一次，也可每旬或每周检查一次。如果控制要求非常严格，或在某一施工阶段出现不利情况时，甚至需要每天检查。

3. 召开现场会议

这是由监理工程师定期组织现场施工负责人召开现场会议，通过面对面的交谈，监理工程师可以从中了解到施工过程中的潜在问题，以便及时采取相应的措施加以预防。

（四）施工进度的检查方法

施工进度检查的主要方法是对比法。即实际进度与计划进度的比较分析，从中发现是否出现进度偏差和进度偏差的大小。常用的图形比较法有：横道图比较法、S型曲线比较法、前锋线比较法。

检查内容主要包括：关键工作的进度，非关键工作的进度及时差利用情况，工作之间的逻辑关系等。

（五）施工进度计划的调整

通过对进度计划实施情况的检查分析，如果发现进度偏差比较小，应在分析其产生偏差原因的基础上采取有效措施加以解决。比如，适当增加人力、施工机械、设备等。这样一来，可以继续执行原进度计划。如果进度偏差比较大，则需对原进度计划进行局部改变才能实现计划目标。如果经过努力，确实不能按原进度计划实现时，再考虑对原进度计划进行必要的调整，重新确定计划目标，然后根据新目标制订新计划，使工程施工在新的进度计划状态下运行。计划的调整一般是不可避免的，但应当慎重，尽量减少变更计划性的调整。

第三节　建设工程投资控制

一、建设工程投资控制

（一）建设工程总投资

生产性建设工程总投资包括：建设投资和铺底流动资金。

非生产性建设工程总投资只包括：建设投资。

（二）建设投资

1. 设备工器具购置费。

2. 建筑安装工程费。

3. 工程建设其他费用。

4. 预备费（基本预备费、涨价预备费）。

5. 建设期利息。

（三）建设投资可分为静态投资和动态投资

动态投资为涨价预备费和建设期利息。

（四）建设工程投资的特点

1. 建设工程投资数额巨大。
2. 建设工程投资差异明显。
3. 建设工程投资需单独计算。
4. 建设工程投资确定依据复杂。
5. 建设工程投资确定层次繁多。
6. 建设工程投资需动态跟踪调查。

（五）建设工程投资要进行动态控制。

二、建设工程投资构成

（一）增值税

增值税基本税率：17%。组成计税价格＝到岸价 × 人民币外汇牌价＋进口关税＋消费税。生产设备不收消费税。

（二）人工费包括

1. 基本工资。
2. 工资性补贴。
3. 生产工人辅助工资。
4. 职工福利费。
5. 生产工人劳动保护费。

（三）材料费

1. 材料原价。
2. 材料运杂费。
3. 运输损耗费。
4. 采购及保管费。
5. 检验试验费：是指建筑材料、构件和建筑安装物进行一般鉴定、检查所发生的费用，包括自设实验室进行试验所耗用的材料和化学药品等费用。不包括新结构新材料的试验费和建设单位对具有出厂合格证明的材料进行试验，对构件做破坏性试验及其他特殊要求检验试验的费用。

（四）施工机械使用费

1. 折旧费。

2.大修理费。

3.经常修理费。

4.安拆费和场外运输费。

5.人工费。

6.燃料动力费。

7.养路费及车船使用费。

（五）企业管理费的计算方法

1.公式计算法。

2.费用分析法。

（六）工程建设其他费用构成

1.土地使用费。

2.与建设项目有关的费用。

3.与未来企业生产和经营活动有关的费用。

（七）与建设项目有关的费用

1.建设单位管理费。

2.勘察设计费。

3.研究试验费。

4.临时设施费。

5.工程监理费。

6.工程保险费。

7.引进技术和进口设备其他费。

（八）与未来企业生产和经营活动有关的费用

1.联合试运转费：不包括应有设备安装工程费开支的单台设备调试费和无负荷联动试运转费。

2.生产准备费。

3.办公和生活家具购置费。

三、建设工程投资确定的依据

（一）建设工程投资在不同阶段的具体表现形式

投资估算、设计概算、施工图预算、招标工程标的、投标标价、工程合同价等。

（二）定额在现代管理中的地位

1. 定额是节约社会劳动，提高劳动生产率的重要手段。

2. 定额是组织和协调社会化大生产的工具。

3. 定额是宏观调控的依据。

4. 定额是实现分配，兼顾效率与公平的手段。

（三）国家应制定统一的工程量计算规则、项目划分、计量单位

（四）按定额的适用范围分类

国家定额、行业定额、地区定额、企业定额。

（五）企业定额水平

应高于国家、行业或地区定额，才能适应投标报价，增强市场竞争能力的要求。

（六）工程量清单组成

1. 分部分项工程量清单。

2. 措施项目清单。

3. 其他项目清单。

4. 规费项目清单。

5. 税金项目清单。

（七）工程量清单的作用

1. 在招投标阶段，工程量清单为投标人的投标竞争提供了一个平等和共同的基础。

2. 工程量清单是建设工程计价的依据。

3. 工程量清单是工程付款和结算的依据。

4. 工程量清单是调整工程量、进行工程索赔的依据。

（八）分部分项工程量清单

项目编码、项目名称、项目特征、计量单位、工程量。

（九）企业定额是施工企业进行施工管理和投标报价的基础和依据

（十）其他项目清单列项

1. 暂列金。

2. 暂估价。

3. 记日工。

4. 总承包服务费。

四、建设工程投资决策

（一）建设投资估算的方法

1. 生产能力指数法。

2. 资金周转率法。

3. 比例估算法。

4. 综合指标投资估算法。

（二）流动资金估算

1. 分项详细估算法。

2. 扩大指标估算法。

（三）项目评价

环境影响评价、财务评价、国名经济评价、社会评价、风险评价。

（四）财务评价指标：盈利能力、偿债能力、财务生存能力

1. 盈利能力分析指标

项目投资财务内部收益率、项目投资财务净现值、项目资本金财务内部收益率、投资各方财务内部收益率、投资回收期、项目资本金净利润率、总投资收益率。

2. 偿债能力分析指标

资产负债率、利息备付率、偿债备付率。

3. 财务生存能力分析指标

净现金流量、累计盈余资金。

（五）财务评价的静态评价指标

总投资收益率、项目资本金净利润率、投资回收期、利息备付率、偿债备付率。

（六）财务评价的动态评价指标

项目投资财务内部收益率、项目投资财务净现值、项目资本金财务内部收益率、投资各方财务内部收益率、净现值指数。

（七）国民经济评价参数

1. 社会折现率。

2.影子汇率。

3.影子工资。

（八）不确定性分析主要包括

盈亏平衡分析、敏感性分析、概率分析。

五、建设工程设计阶段的投资控制

（一）限额设计的含义

就是按批准的投资估算控制初步设计，按批准的初步设计总概算控制施工图设计，保证投资限额不被突破。

（二）价值工程

V=F/C，即价值 = 功能 / 成本或费用

（三）价值工程的含义

1.价值工程的性质属于一种"思想方法和管理技术"。

2.价值工程的核心内容是对"功能与成本进行系统分析"和"不断创新"。

3.价值工程的目的旨在提高产品的"价值"，或提高功能对成本的比值。

4.价值工程通常是由多个领域协作而展开活动。

（四）价值工程的特点

1.以使用者的功能需求为出发点。

2.对所研究对象进行功能分析，并系统研究功能与成本之间的关系。

3.致力于提高价值的创造活动。

4.有组织、有计划、有步骤的开展工作。

（五）价值工程对象选择的一般原则

1.有限考虑企业生产经营商迫切要求改进的主要产品，或对国计民生有重大影响的项目。

2.对企业经济效益影响大的产品。

（六）对象选择的方法

1.经验分析法。

2.百分比法。

3.ABC 法。

4.强制确定法。

（七）方案创新的技术方法

头脑风暴法、哥顿法。

（八）设计概算分为

单位工程告概算、单项工程综合概算、建设工程总概算三级。

（九）设计概算的作用

1. 国家确定和控制基本建设投资、编制基本建设计划的依据。

2. 设计方案经济评价与选择的依据。

3. 实行建设工程投资包干的依据。

4. 基本建设核算、"三算"对比、考核建设工程成本和投资效果的依据。

（十）设计概算是从最基本的单位工程概算 编制开始逐级汇总而成。

（十一）设计概算的编制依据

1. 经批准的有关文件、上级有关文件、指标。

2. 工程地质勘查资料。

3. 经批准的设计文件。

4. 水、电和原材料供应情况。

5. 交通运输情况及运输价格。

6. 地区工资标准、已批准的材料预算价格及机械台班价格。

7. 国家或地区颁发的概算定额或概算指标、建安工程间接费定额、其他有关取费标准。

8. 国家或省市规定的其他工程费用指标、机电设备价目表。

9. 类似工程概算及技术经济指标。

（十二）设计概算的编制原则

1. 应深入现场进行调查研究。

2. 结合实际情况合理确定工程费用。

3. 抓住重点环节、严格控制工程概算造价。

4. 应全面完整地反映设计内容。

（十三）建筑工程概算的编制方法

扩大单价法、概算指标法。

（十四）设备安装工程概算的编制

预算单价法、扩大单价法、概算指标法。

（十五）设计概算审查的意义

1. 有利于合理分配投资资金、加强投资计划管理。

2. 有助于促进概算编制人员严格执行国家有关概算的编制规定和费用标准，提高概算的编制质量。

3. 有助于促进设计的技术先进性与经济和理性的统一。

4. 合理准确的设计概算可使下阶段投资控制目标更加科学合理，堵塞投资缺口或突破投资的漏洞，缩小概算与预算之间的差距，可提高项目投资的经济效益。

（十六）设计概算审查的主要内容

1. 审查设计概算的编制依据：合法性审查、时效性审查、适用范围审查。

2.单位工程设计概算构成的审查。

3.综合概算和总概算的审查。

（十七）建筑工程概算的审查

1.工程量审查。

2.采用的定额和指标的审查。

3.材料预算价格的审查。

4.各项费用的审查。

（十八）设备及安装工程概算的审查

1.标准设备原价，应根据设备所管辖的范围，审查各级规定的统一价格标准。

2.非标准设备原价，处审查价格的估算依据、估算方法外还要分析研究非标准设备估价准确度的有关因素及价格变动规律。

3.设备运杂费审查。

4.进口设备费用的审查。

（十九）综合概算和总概算的审查

1.审查概算的编制是否符合国家建设方针、政策的要求，根据当地自然条件、施工条件和影响造价的各种因素，实事求是的确定项目总投资。

2.审查概算文件的组成。

3.审查总图设计和工艺流程。

4.审查经济效果。

5.审查项目的环保。

（二十）设计概算审查是一项复杂而细致的经济工作，审查人员应懂得有关专业技术知识，具有熟练编制概算的能力。

（二十一）施工图预算的计价模式

传统计价模式、工程量清单计价模式。

（二十二）施工图预算对建设单位的作用

1.是施工图设计阶段确定建设工程造价的依据，是设计文件的组成部分。

2.是建设单位在施工期间安排建设资金计划和使用建设资金的依据。

3.是招投标的重要基础。

4.是拨付进度款及办理结算的依据。

（二十三）施工图预算对施工单位的作用

1.是确定标报价的依据。

2.是施工单位进行施工准备的依据。

3.是控制施工成本的依据。

（二十四）对工程造价管理部门而言，施工图预算是监督检查执行定额标准、合理确定工程造价、测算造价指数、审定招标工程标底的重要依据。

（二十五）施工图预算的编制依据

1. 经批准和会审的施工图设计文件及有关标准图集。

2. 施工组织设计。

3. 与施工图预算计价模式有关的计价依据。

4. 经批准的设计概算文件。

5. 预算工作手册。

（二十六）施工图预算的编制方法

1. 工料单价法：预算单价法、实物法。

2. 综合单价法：全费用综合单价、部分费用综合单价。

（二十七）实物法编制施工图预算

所用人工、材料和机械台班的单价都是当时当地的实际价格，编制出的预算科较准确地反映实际水平，误差较小，适用于市场经济条件波动较大的情况，但工作量较大、计算过程烦琐。

（二十八）我国目前实行的工程量清单计价采用的综合单价是部分费用综合单价。

（二十九）施工图预算的审查内容

1. 审查工程量。

2. 审查单价。

3. 审查其他的有关费用。

（三十）施工图预算审查的重点

1. 工程量计算是否准确。

2. 定额套用、各项取费标准是否符合现行规定或单价计算是否合理。

（三十一）施工图预算审查的方法

1. 逐项审查法：适合工程量小、工艺比较简单的工程。

2. 标准预算审查法：仅适用于采用标准图纸的工程。

3. 分组计算审查法：特点是审查速度快、工作量小。

4. 对比审查法。

5. 筛选审查法：适用于审查住宅工程或不具备全面审查条件的工程。

6. 重点审查法。

（三十二）预算单价法

就是用地区同一单位估价表中的各分项工料预算单价乘以相应的各分项工程的工程量。

（三十三）预算单价法编制施工图预算的基本步骤

准备资料，熟悉施工图纸→计算工程量→套预算单价，计算直接工程费→编制工料分析表→按计价程序计取其他费用，并汇总造价→复合→编制说明、填写封面。

（三十四）实物法编制施工图预算的步骤

准备资料，熟悉施工图纸→计算工程量→套用消耗定额，计算人料机消耗量→计算并汇总人工费、材料费、机械使用费→按计价程序计取其他费用，并汇总造价→复合→编制说明、填写封面。

六、建设工程施工招标阶段的控制

（一）在所有形式的总价合同文件中，施工说明书尤为重要

总价合同一般在能够完全详细确定工程任务的情况下采用。

（二）合同价

可以采用三种方式：固定价、可调价、成本加酬金。

承包合同可分为：总价合同、单价合同、成本加酬金合同。

（三）固定价

1. 固定总价

其价格计算是以设计图纸、工程量及规范等为依据。合同总价只在设计和工程范围发生变更的情况下才能随之做相应的变更，除此之外，合同总价一般不能变动。固定总价合同的使用条件：

（1）招标时的设计深度已达到施工图设计要求，工程设计图纸完整齐全，项目范围及工程量计算依据确切，合同履行过程中不会出现较大的设计变更，承包方依据的报价工程量与实际完成的工程量不会有较大的差异。

（2）规模较小，技术不太复杂的中小型工程。

（3）合同工期较短，一般为工期在一年之内的工程。

2. 固定单价

（1）估算工程量单价

大多用于工期长、技术复杂、实施过程中可能会发生各种不可预见因素较多的建设工程；或发包方为了缩短项目建设周期，如在初步设计完成后就拟进行施工招标的工程。

（2）纯单价

适用没有施工图，工程量不明，却急需开工的紧迫工程。发包方必须工程范围的划分做出明确的规定，以使承包方能够合理地确定工程单价。

（四）可调价

1. 可调总价

它与固定总价合同的不同之处在于，他对合同实施中的风险做了分摊，发包方承担了

通货膨胀的风险。

2. 可调单价

（五）成本加酬金

广泛地适用于工作范围很难确定的工程和在设计完成之前就开始施工的工程。

缺点：一是发包方对工程总价不能实施有效地控制；二是承包方对降低成本也不太感兴趣。

按酬金的计算方式不同，可分为：

1. 成本架固定百分比酬金，不利于降低成本。

2. 成本价固定金额酬金，有利于缩短工期。

3. 成本加奖金，可以促使承包方关心和降低成本，缩短工期。

4. 最高限额成本加固定最大酬金，在这种计价合同中，首先要确定最高限额成本、报价成本、最低成本。有力控制工程投资，并能鼓励承包商最大限度地降低工程成本。

（六）意向合同计价方式选择的因素

1. 项目的复杂程度。

2. 工程设计工作的深度。

3. 工程施工的难易程度。

4. 工进度要求的紧迫程度。

（七）建设工程招标标底和投标标价

由成本、利润、和税金构成，其编制可采用工料单价法和综合单价法两种计价方法。

（八）国有资金投资的工程项目

应实行工程量清单招标，并应制定招标控制价招标控制价由分部分项工程费、措施项目费、其他项目费、规费和税金组成，同时应包括招标文家中要求投标人承担的风险费。

（九）"08规范"规定

投标人的投标报价高于招标控制价的，其投标应予以拒绝。中标价必须是经评审的最低报价，但不得低于成本。中标者的报价，即为决标价，是签订合同价格的依据。

（十）招标人应在招标文件中如实公布招标控制价

其不同于标底，无须保密。招标人在招标文件中应公布招标控制价格组成部分的详细内容，不得只公布招标控制总价。

（十一）不平衡报价

1. 对早期能得到结算款的分部分项工程的单价定得较高，对后期的适当降低。

2. 估计施工中工程量可能会增加的项目，单价提高；工程量会减少的项目单价降低。

3. 实际图不明确或有错误的，估计今后修改后工程量会增加的项目，单价提高；工程内容说明不清的单价降低。

4. 没有工程量只填单价的项目，其单价提高。

5. 对于暂列数额，预计会做的可能性较大，价格定高些，估计不一定发生的单价低些。

6. 零星用工（记日工）的报价高于一般分部分项工程中的工资单价，因他不属于承包总价的范围，费用时实报实销。

七、建设工程施工阶段的投资控制

（一）投资目标的分解可以分为按投资构成、按子项目、按时间分解三种类型。

（二）所有工作都按最迟时间开始，对节约建设单位的建设资金贷款利息是有利的。

（三）施工阶段投资控制的措施：组织措施、经济措施、技术措施、合同措施。

（四）工程计量的重要性

1. 计量时控制项目投资支出的关键环节。

2. 计量是约束承包商履行合同义务的手段。

（五）工程计量的依据

1. 质量合格证书。

2. 工程量清单前言和技术规范。

3. 设计图纸。

（六）工程师应对以下几方面的工程项目进行计量

1. 工程量清单中的全部项目。

2. 合同文件中规定的项目。

3. 工程变更项目。

4. 根据"08 规范"，工程计量时若发现工程量清单中出现漏项、工程量计算偏差，以及工程变更引起工程量的增减，应按承包人在履行合同义务过程中实际完成的工程量计算。

（七）根据 FIDIC 合同条件的规定，工程计量的方法有

均摊法、凭据法、估价法、断面法、图纸法、分解计量法。

（八）设计单位对原设计存在的缺陷提出的工程变更，应编制工程变更设计文件

建设单位或承包单位提出的变更，应提交给总监理工程师，由总监理工程师组织专业监理工程师审查。审查同意后由建设单位转交原设计单位编制设计变更文件。

（九）工程索赔中，凡属于客观原因造成的延期，属于业主也无法预见到的情况，承包商可得到延长工期，但得不到费用补偿；凡纯属业主方面的原因造成拖期，不仅应给承包商延长工期，还应给予费用补偿。

（十）业主向承包商的工期延误索赔，要考虑的因素

1. 业主盈利损失；

2. 由于工程拖期而引起的贷款利息增加；

3. 工程拖期带来的附加监理费；

4. 由于工程拖期不能使用，继续租用原建筑物或租用其他建筑物的租赁费；

5. 累计赔偿额一般不超过合同总额的 5% ~ 10%。

（十一）人工费的索赔包括

1. 完成合同之外的额外工作所花费的人工费；

2. 由于非承包商责任的功效降低所增加的人工费用；

3. 超过法定工作时间加班劳动；

4. 法定人工费增长以及非承包商责任工程延误导致的人员误工费和工资上涨费。

（十二）材料费的索赔

1. 由于索赔事项材料实际用量超过计划用量而增加的材料费；

2. 由于客观原因材料价格大幅度上涨；

3. 由于非承包商责任工程延误导致的材料价格上涨和超期储存费用。材料费中应包括运输费、仓储费，以及合理的损耗费用。

（十三）施工机械使用费的索赔

1. 由于完成额外工作增加的机械使用费；

2. 非承包商责任功效降低增加的机械使用费；

3. 由于业主或监理工程师原因导致机械停工的误工费。误工费的计算，如系租赁设备，一般按实际租金和调进调出费的分摊计算；如系承包商自有设备，一般台班折旧费计算，因台班费中包括了设备使用费。

（十四）除工程内容的变更或增加，承包商可以列入相应增加的规费与税金。其他情况不能索赔。

（十五）索赔费用的计算方法

1. 实际费用法；最常用。

2. 总费用法。

3. 修正的总费用法。

（十六）FIDIC 合同条件下工程支付的条件

1. 质量合格是工程支付的必要条件；

2. 符合合同条件；

3. 变更项目必须有工程师的变更通知；

4. 支付金额必须大于其中支付证书规定的最小限额；

5. 承包商的工作使工程师满意。

（十七）工程支付的项目

1. 工程量清单项目：一般项目、暂列金额、计日工作。

2. 工程量清单以外项目。

（十八）公式

投资偏差＝已完工程实际投资 - 已完工程计划投资

进度偏差＝拟完工程计划投资 - 已完工程计划投资

（十九）偏差分析的方法

横道图法、表格法、曲线法。

八、建设工程竣工决算

（一）竣工决算

是建设工程经济效益的全面反映，是项目法人核定各类新增资产价值、办理期交付使用的依据。

（二）竣工决算的组成部分

竣工财务决算报表、竣工财务决算说明书、竣工工程平面示意图、工程造价比较分析。

第四节　监理招投标及合同管理

一、监理招投标管理

（一）招标组织机构及领导小组确定

1. 建立以公司总裁为组长，以总经理为副组长的招标管理领导小组。

2. 招标管理领导小组职责：负责置业公司工程的勘察设计、监理、施工、材料及设备采购的招投标活动。主要职责如下：

（1）审定招标计划，包括招标内容、范围、方式、程序、进度及上述内容的调整。

（2）核准招标文件和审定投标单位。

（3）按招标内容及规模确定各环节主办和协办部门或人员及核定招标活动费用计划。

（4）确定投标文件中各类标书开标的时间和参与人员。

（5）确定候选中标单位，拟定或批准商务谈判计划及技术、管理、服务等相应细则。

（6）主持重大招标项目商务和技术谈判及确定组成人员。

（7）根据相关部门意见及综合实际情况审定中标单位及合同文件，并报董事会批准。

（8）制定招标管理制度奖惩条例。

3.招标管理各项具体工作由采购部、合约部、工程部、财务部、行政部等部门实施，本项工作负责部门是采购部，主办统筹部门是合约部、工程部，协办部门是财务部、行政部。

（二）招标范围及规模

1.由公司开发建设项目中的勘察设计、监理、施工或材料及设备采购招标应采用招标竞价方式，进行招标时投标人不少于5家。施工价款较小的情况下，可采用三家议价的简单方式进行确定。结果报总经理审核后，呈总裁批准。

2.有特殊要求的项目经公司总经理审核，报公司总裁批准后可直接发包。

（三）确定招标方式

工程项目招标分为公开招标和邀请招标两种。根据具体的招标内容和规模，采用何种方式由招标领导小组确定。

1.采用公开招标方式的，由采购部办理招标公告的发布。采用邀请招标方式的，应当向五家以上具备施工能力、资信良好的特定的施工单位或者其他组织发出投标邀请书。

2.招标公告或者投标邀请书应当至少载明下列内容：

（1）招标人的名称和地址。

（2）招标项目的内容、规模、资金来源。

（3）招标项目的实施地点和工期。

（4）获取招标文件或者资格预审文件的地点和时间。

（5）对招标文件或者资格预审文件收取的费用。

（6）对招标人的资质等级的要求。

（四）资格审查

1.资格审查分为资格预审和资格后审

采取资格后审的，在编制招标文件时应载明对投标人资格要求的条件、标准和方法。采用资格预审时投标资格的确定详见第4条。

2.资格审查的内容

资格审查应主要审查投标人或者潜在投标人是否符合下列条件：

（1）具有独立订立合同的权利（企业持有有效的营业执照、资质证书、安全生产许可证）。

（2）具有履行合同的能力，包括专业、技术资格和能力，资金、设备和其他物质设施状况，管理能力，经验、信誉和相应的从业人员。

（3）没有处于被责令停业，投标资格被取消，财产被接管、冻结、破产状态。

（4）在最近三年内没有骗取中标和严重违约及重大工程质量问题；法律、行政法规规定的其他资格条件。

（5）符合国家对有关资质的基本规定要求及招标方的特殊要求。

（6）投标单位的主要财务指标审查。

3. 实地考察

资格审查过程中如需要，招标领导小组也可对潜在投标人已完工程和在建工程以及机械设备等组织现场考察。

4. 投标资格的确定

采用资格预审的，资格审查由工程部牵头，工程部、合约部、采购部，财务部共同组成评审小组，从参加预审的单位中选出不少于5家资审合格的潜在投标人，由评审小组在《工程招投标资格预审审批表》签署意见报公司总经理审核后呈报公司总裁批准。并由采购部向通过资格预审的单位发出资格预审合格通知书，告知获取招标文件的时间、地点和方法，同时向资格预审不合格的潜在投标人告知资格预审结果。

（五）招标文件的编制

1. 招标文件由采购部牵头，由合约部、工程部、财务部共同拟定、编制。并由合约部完成统稿

2. 招标文件应当包括下列内容

（1）投标邀请书。

（2）投标须知

包括工程概况，招标范围，资格审查条件，投标单位资质等级，工程资金来源或者落实情况（包括银行出具的资金证明），标段划分，工期要求，质量标准，现场踏勘和答疑安排，投标文件编制、投标保证金、投标文件正、副本数量、投标截止日期，提交、修改、撤回的要求，投标报价要求，投标有效期，开标的时间和地点，评标的方法和标准等。

（3）投标单位主要财务数据的采集。

（4）合同的主要条款（根据需要设置合同协议书、专用条款与补充协议、通用条款）。

（5）投标文件格式及附录（附投标文件投标函格式、商务标格式、技术标格式、资信标格式）。

（6）采用工程量清单招标的，应当提供工程量清单。

（7）招标工程的技术要求。

（8）设计图纸。

（9）投标辅助资料。

3. 职责及分工

（1）工程部人员拟订或审查招标文件中有关技术标的内容和特殊要求，编写招标工程的工程综合说明，确定工程地点、建设规模、结构类型、质量验收标准、工程工期、招标范围，各专业工程工作界面的划定、现场环境及地质条件、投标人资质及合格条件、技术规范等内容。

（2）合约部人员拟订或审查招标文件商务标的条款和内容。具体编写或审查计价依据和计价办法、投标文件商务标评标标准、方法和中标条件、投标报价的范围、合同价格的方式、合同价款的调整的条件和方法、工程变更的确认和工程竣工结算等内容。拟订投标人有关财务状况的招标规定，确定和审查投标保证金和履约保证金的提交方式及担保书格式、资信情况等财务方面的内容。

（3）工程部人员拟订材料及设备的招标规定和要求。确定材料设备的品种、规格、型号、数量、质量等级等内容。

（4）采购部负责招标过程中的招标工作组织及勘查现场、进行资格预审、召开投标预备会等。

（5）工程部资料员负责招标文件的打印、装订及发售招标文件、收取图纸押金、编写招标文件清单、做好收发记录。

4. 招标文件的审查和批准

（1）招标文件的通稿由合约部经办。经相关部门会商后，交总经理审核及会议确定后，根据公司流程进入 OA 会签，最后呈总裁批准并在招标文件上签字盖章。

（2）招标文件批准后，采购部方可组织招标文件的发售和邀请投标人投标。

（六）开标、评标和中标

1. 开标

本公司的各类项目招标的开标，由公司领导小组负责主持。开标应当在招标文件确定的招标有效期内进行。开标地点应当为招标文件中预先确定的地点。

采用招标的工程，评标委员会由公司招标领导小组和采购部、合约部、工程部、财务部及其他相关人员组成。对投标单位提交的投标文件，其开标方式和时间由总裁批准后方可进行。开标过程应当记录并存档备案。由公司招标领导小组组织公司内外相关部门和人员对邀请招标的施工单位的施工方案、现场考察、合同总价、工期承诺、工程业绩、项目经理、社会信誉等相关情况组织评审。

2. 评标

（1）评标委员会组成。评标委员会由公司招标领导小组及相关部门和人员组成。

（2）评标应严格按招标文件规定的评标办法和标准执行。在评标过程中，不得改变招标文件中规定的评标标准、方法和中标条件。评标可以采用综合评估法和经评审的最低投标价法或者法律法规允许的、公司领导小组认可的其他评标方法。

3.投标文件评审

（1）应当对投标文件提出的工程质量、施工工期、投标价格、施工组织设计或者施工方案、投标人及项目经理资质、服务承诺、社会信誉及以往业绩等，能否最大限度地满足招标文件中规定的各项要求和评价标准进行评审和比较。

（2）在投标文件能够满足招标文件实质性要求的投标人中，评审出投标价格最低的投标人（投标价格明显低于市场成本的除外）。提交投标文件的有效投标人少于三家的，应当重新招标。

4.定标

（1）评标小组以书面形式向招标人提交评标报告，推荐 1～3 个排序合格的中标人。根据评标小组推荐的中标候选人，由采购部负责按公司审批流程报公司总经理审核、呈总裁审批确定。

（2）根据总裁审批确定的中标单位，采购部根据实际情况确定是否需要向中标人发出中标通知书，并同时将中标结果通知所有未中标的投标人。

（七）授予合同

中标人确定后，由合约部经办，相关部门配合按照中标通知书规定的日期以中标条件为基础，拟定详细的《建设工程施工合同》《采购合同》等。经各部门会签，报总经理审核后，呈总裁批准。

（八）招投标工作纪律

1.招标人及公司相关部门、各职能工作人员不得向投标人及其他第三方透露有关招标的任何情况。

2.合约部或审价单位编制的工程标底，编制人员应负责保密，不得向其他部门及任何无关方透露（工程标底按商务标的保密措施执行）。

3.招标领导小组及参与招标管理工作的各职能部门工作人员，应遵守职业道德，不得接受投标人任何形式馈赠。对违反规定的相关工作人员公司将严肃处理。构成犯罪的，依法追究其法律责任。

二、合同管理

合同管理是当事人双方或数方确定各自权利和义务关系的协议，虽不等于法律，但依法成立的合同具有法律约束力，工程合同属于经济合同的范畴，受经济和刑法法则的约束，合同管理主要是指项目管理人员根据合同进行工程项目的监督和言理，是法学、经济学理论和管理科学在组织实施合同中的具体运用。

（一）简介

合同管理全过程就是由洽谈、草拟、签订、生效开始，直至合同失效为止。不仅要重视签订前的管理，更要重视签订后的管理。系统性就是凡涉及合同条款内容的各部门都要一起来管理。动态性就是注重履约全过程的情况变化，特别要掌握对自己不利的变化，及时对合同进行修改、变更、补充或中止和终止。

在项目管理中，合同管理是一个较新的管理职能。在国外，从20世纪70年代初开始，随着工程项目管理理论研究和实际经验的积累，人们越来越重视对合同管理的研究。在发达国家，20世纪80年代前人们较多地从法律方面研究合同；在80年代，人们较多地研究合同事务管理；从80年代中期以后，人们开始更多地从项目管理的角度研究合同管理问题。近十几年来，合同管理已成为工程项目管理的一个重要的分支领域和研究的热点。它将项目管理的理论研究和实际应用推向新阶段。

（二）供应商分类

供应商很多，但不一定每一个都应签订合同。因为签合同费时费力，要考虑投入产出比。所以公司一般与公司作用重要的供应商签订合同。这种供应商在美国讲就是 Under Contract，意即有合同主导双方关系，是衡量供应管理工作的一个重要指标。这类供应商要么采购金额大，要么有关键技术，要么竞争对手少。从采购金额上讲，帕累托原则是一个很好的尺度：20% 的供应商往往占掉 80% 左右的采购额，那么这 20% 的供应商就是签合同的对象。

根据对公司的重要性，供应商可分类为战略供应商（Strategic Supplier）、优先供应商（Preferred Supplier）、待定供应商（Provisional Suppliers）、消极淘汰供应商（Passive Exit Supplier）、积极淘汰供应商（Active Exit Supplier）和身份不明供应商（Undetermined Supplier）。这些定义要在专文中说明。战略供应商和优先供应商是签订合同的重点对象。

（三）合同起草

公司管理供应商的人多，一定要有标准的合同文本。但供应商那么多，情况各异，所以标准文本不能定得太死，要有个浮动范围。可由专人收集以前合同谈判中的例外，以及主要负责人、律师的意见，规定哪些条款变动可以接受，哪些可以谈判，哪些则绝对不能变动。在标准文本的基础上，供应商管理经理可加入与特定供应商有关的内容，这样就产生合同的初版。要注意的是，作为采购方，应尽量用本公司的合同文本。有些供应商会推荐自己的"标准文本"。用本公司的文本，起点就高，就顺着自己公司的思路。

（四）合同谈判

合同谈判其实是两部分：对内征得内部意见一致，对外说服供应商。这两部分交替进行，很容易旷日持久。几个做法可帮助合同谈判顺利进行：

1. 单页战略总结（Single Page Strategy）来帮助内部人员达成共识

合同很大，但真正要想达到的目标就那么几个。绝大多数内部人员所关心的也就是那几个目标。这些人很忙，不会有时间去读整个合同。所以，可把合同的关键点总结在一页纸上，同时附上供应商的基本信息（例如规模、采购额、采购产品、与本公司的产品的关系、现有合同状况、当前最大的问题等），有助于尽快达成内部共识。这个总结主要用于通过合同初稿。

2. 谈判总结（Negotiation Summary）

谈判过程往返很多，变化频频。可维持一个文件，分栏、逐点说明我方立场、供应商立场、双方是否达成共识等，并标明时间。这份文件有助于和上级主管层的沟通。因为他们需要知道更详细的内容，以供拍板决策；也可约束供应商，防止他们对已达成共识的内容反悔。

3. 升级渠道（Escalation Channel/ Process）

这是为防止内部决策者不及时做出决策或提出反馈意见。有些合同可能牵扯到产品设计、销售、客户服务、供应管理、律师等多个部门。每一个部门的头都得点头。而这些人都是忙人，不一定会及时审阅。升级渠道可详细规定各级主管在多少时间内应做出决策，不然的话应升级到上一级。这样，期望明确，内部客户就会更配合。

（五）合同执行

签了合同，并不意味着合同就自动生效、执行。原因往往并不是供应商拒绝执行，而是采购方忽略有些条款。例如 Volume Rebate，一般是根据对供应商的每年采购额来提成，有时候采购量超过下限但采购方没有去收。年复一年的降价也是如此。有时候到了降价时间但采购方的订单上还是老价钱。这主要原因是采购方缺乏自动的合同管理系统，所以错过一些大的合同里程碑。再就是双方的理解不一样。例如年复一年的降价定在 3 月 1 日生效，供应商的理解是从 3 月 1 日起新收到的订单用新价，采购方的理解是 3 月 1 日以后收到的产品都用新价。如果一个产品的供货周期是 6 星期的话，这争议就是一个半月的采购量。这些都得在合同中具体说明。对内部来说，确保内部客户使用合同供应商也是合同执行的重要一环。情况往往是，你签订了合同，工程设计部门却在用没签订合同的供应商，办公室耗材部仍在随便从别的供应商采购。缺乏自动的合同管理系统是一个原因，因为内部客户不一定知道哪些供应商是合同供应商。合同供应商的绩效表现是另一个原因：表现不理想，内部客户不愿意用。这些都得供应管理部门去解决。

（六）组织设置

合同管理的任务必须由一定的组织机构和人员来完成。要提高合同管理水平，必须使合同管理工作专门化和专业化，在承包企业和建筑工程项目组织中应设立专门的机构和人员负责合同管理工作。

对不同的企业组织和工程项目组织形式，合同管理组织的形式不一样，通常有如下几种情况：

1. 工程承包企业应设置合同管理部门（科室），专门负责企业所有工程合同的总体的管理工作。主要包括：

（1）参与投标报价，对招标文件，对合同条件进行审查和分析。

（2）收集市场和工程信息。

（3）对工程合同进行总体策划。

（4）参与合同谈判与合同的签订，为报价、合同谈判和签订提出意见、建议甚至警告。

（5）向工程项目派遣合同管理人员。

（6）对工程项目的合同履行情况进行汇总、分析，对工程项目的进度、成本和质量进行总体计划和控制。

（7）协调项目各个合同的实施。

（8）处理与业主，与其他方面重大的合同关系。

（9）具体地组织重大的索赔。

（10）对合同实施进行总的指导，分析和诊断。

2. 对于大型的工程项目，设立项目的合同管理小组，专门负责与该项目有关的合同管理工作。在美国恺撒公司的施工项目管理组织结构中，将合同管理小组纳入施工组织系统中，设立合同经理、合同工程师和合同管理员。

3. 对于一般的项目，较小的工程，可设合同管理员。其在项目经理领导下进行施工现场的合同管理工作。而对于处于分包地位，且承担的工作量不大，工程不复杂的承包商，工地上可不设专门的合同管理人员，而将合同管理的任务分解下达给各职能人员，由项目经理作总体协调。

4. 对一些特大型的，合同关系复杂、风险大、争执多的项目，在国际工程中，有些承包商聘请合同管理专家或将整个工程的合同管理工作（或索赔工作）委托给咨询公司或管理公司。这样会大大提高工程合同管理水平和工程经济效益，但花费也比较高。

（七）合同管理办法

（一）总则

1. 为了实现依法治理企业，促进公司对外经济活动的开展，规范对外经济行为，提高经济效益，防止不必要的经济损失，根据国家有关法律规定，特制定本管理办法。

2. 凡以公司名义对外发生经济活动的，应当签订经济合同。

3. 订立经济合同，必须遵守国家的法律法规，贯彻平等互利、协商一致、等价有偿的原则。

4. 本办法所包括的合同有设计、销售、采购、借款、维修、保险等方面的合同，不包括劳动合同。

5. 除即时清结者外，合同均应采用书面形式，有关修改合同的文书、图表、传真件等均为合同的组成部分。

6. 国家规定采用标准合同文本的则必须采用标准文本。

7. 公司由法律顾问根据总经理的授权，全面负责合同管理工作，指导、监督有关部门的合同订立、履行等工作。

（二）合同的订立

1. 与外界达成经济往来意向，经协商一致，应订立经济合同。

2. 订立合同前，必须了解、掌握对方的经营资格、资信等情况，无经营资格或资信的单位不得与之订立经济合同。

3. 除公司法定代表人外，其他任何人必须取得法定代表人的书面授权委托方能对外订立书面经济合同。

4. 对外订立经济合同的授权委托分固定期限委托和业务委托两种授权方式，法定代表人特别指定的重要人员采用固定期限委托的授权方式，其他一般人员均采用业务委托的授权方式。

5. 授权委托事宜由公司法律顾问专门管理，需授权人员在办理登记手续，领取、填写授权委托书，经公司法定代表人签字并加盖公章后授权生效。

6. 符合以下情况之一的，应当以书面形式订立经济合同：

（1）单笔业务金额达一万元的。

（2）有保证、抵押或定金等担保的。

（3）我方先予以履行合同的。

（4）有封样要求的。

（5）合同对方为外地单位的。

7. 经济合同必须具备标的（指货物、劳务、工程项目等），数量和质量，价款或者酬金，履行的期限、地点、和方式，违约责任等主要条款方可加盖公章或合同章。经济合同可订立定金、抵押等担保条款。

8. 对于合同标的没有国家通行标准又难以用书面确切描述的，应当封存样品，有合同双方共同封存，加盖公章或合同章，分别保管。

9. 合同标的额不满一万元，按本办法第十三条规定应当订立而不能订立书面合同的，必须事先填写非书面合同代用单，注明本办法所规定的合同主要条款，注明不能订立书面合同的理由，并经总经理批准同意，否则该业务不能成立。

10. 每一合同文本上或留我方地合同文本上必须注明合同对方的单位名称、地址、联系人、电话、银行账号，如不能一一注明，须经公司总经在我方所留的合同上签字同意。

11. 合同文本拟定完毕，凭合同流转单据按规定的流程经各业务部门、法律顾问、财务部门等职能部门负责人和公司总经理审核通过后加盖公章或合同专用章方能生效。

12. 公司经理对合同的订立具有最终决定权。

13. 流程中各审核意见签署于合同流转单据及一份合同正本上，合同流转单据作为合同审核过程中的记录和凭证由印章保管人在合同盖章后留存并及时归档。

14. 对外订立的经济合同，严禁在空白文本上盖章并且原则上先由对方签字盖章后我方才予以签字盖章，严禁我方签字后以传真、信函的形式交对方签字盖章；如有例外需要，须总经理特批。

15. 单份合同文本达二页以上的须加盖骑缝章。

16. 合同盖章生效后，应交由合同管理员按公司确定的规范对合同进行编号并登记。

17. 合同文本原则上我方应持单份，至少应持两份，合同文本及复印件由财务部、办公室、法律顾问、具体业务部门等各部门分存，其中元件由财务部门和办公室留存。

18. 非书面合同代用单也视作书面合同，统一予以编号。

（三）合同的履行

1. 合同依法订立后，即具有法律效力，应当实际、全面地履行。

2. 业务部门和财务部门应根据合同编号各立合同台账，每一合同设一台账，分别按业务进展情况和收付款情况一事一记。

3. 有关部门在合同履行中遇履约困难或违约等情况应及时向公司总经理汇报并通知法律顾问。

4. 财务部门依据合同履行收付款工作，对具有下列情形的业务，应当拒绝付款：

（1）应当订立书面合同而未订立书面合同，且未采用非书面合同代用单的。

（2）收款单位与合同对方当事人名称不一致的。

5. 付款单位与合同对方当事人名称不一致的，财务部门应当督促付款单位出具代付款证明。

6. 在合同履行过程中，合同对方所开具的发票必须先由具体经办人员审核签字认可，经总经理签字同意后，再转财务审核付款。

7. 合同履行过程中有关人员应妥善管理合同资料，对工程合同的有关技术资料、图表等重要原始资料应建立出借、领用制度，以保证合同的完整性。

（四）合同的变更和解除

1. 变更或解除合同必须依照合同的订立流程经业务部门、财务部门、法律顾问等相关职能部门负责人和公司总经理审核通过方可。

2. 我方变更或解除和同地通知或双方的协议应当采用书面形式，并按规定经审核后加盖公章或合同专用章。

3. 有关部门收到对方要求变更或解除合同的通知必须在三天内向公司总经理汇报并通知法律顾问。

4. 变更或解除合同的通知和回复应符合公文收发的要求，挂号寄发或由对方签收，挂号或签收凭证作为合同组成部分交由办公室保管。

5. 变更或解除合同的文本作为原合同的组成部分或更新部分与原合同有同样法律效

力，纳入本办法规定的管理范围。

6.合同变更后，合同编号不予改变。

（五）其他

1.合同作为公司对外经济活动的重要法律依据和凭证，有关人员应保守合同秘密。

2.业务部门、财务部门应当根据所立合同台账，按公司的要求，定期或不定期汇总各自的工作范围内的合同订立或履行情况，由法律顾问据此统计合同订立和履行的情况，并向总经理汇报。

3.各有关人员应定期将履行完毕或不再履行的合同有关资料（包括与有关的文书、图表、传真件以及合同流转单等）按合同编号整理，由法律顾问确认后交档案管理人员存档，不得随意处置、销毁、遗失。

4.公司定期对合同管理工作进行考核，并逐步将合同签约率、合同文本质量、合同履行情况、合同台账记录等纳入公司对员工和部门的工作成绩考核范围。

（六）责任

1.凡因未按规定处理合同事宜、未及时汇报情况和遗失合同有关资料而给公司造成损失的，追究其经济和行政责任。

2.因故意或重大过失而给公司造成重大损失的，移送有关国家机关追究其法律责任。

第五节　风险控制及安全管理

一、风险控制

（一）主要风险要素

建筑工程项目从立项到竣工的整个过程都是在事前规划好的条件下进行的，但是在实践操作过程中，项目中的任何一个条件都可能发生改动，这些无法肯定却又潜在的各个要素就是风险要素，而建筑工程项目主要遇到的风险要素有：

1.社会环境风险

社会环境风险包括社会风险和环境风险两个方面，常见的社会风险有：政策及法律法规变卦以及新技术新工艺的产生带来的风险，而环境风险指的是自然界的力量，如洪水，地震，台风，以及水文，气候，地质等。

2.进度风险

进度风险指的是由于建筑工程项目施工过程中各种要素的综合影响，最终形成项目工程施工拖延，未能及时依照工期完成。建筑工程项目施工过程中可能影响到施工进度的风险要素如下：

（1）技术风险

由于设计人员业务素质不过硬，使得设计出的建筑图纸达不到施工要求，最后还需重新修正设计图纸，此外，局部施工企业因未完成设计图纸，从而只能采用边施工边设计的办法，最终均会影响工程进度。

（2）方案风险

建筑工程项目施工的中心是：项目方案制定必需以该目的为基本根据，只要契合总目的请求的方案才是合理牢靠的方案，不合理的方案及未思索工程中不测状况的方案均会形成工程的经济损失，构成方案风险，继而影响工程的进度，形成进度风险。

3. 费用风险

形成建筑工程项目费用风险的主要要素有以下几点：

（1）设计变卦，在建筑工程建立项目过程中，由于业主请求或其他缘由，经常会呈现工程变卦的状况，此时就会形成工程量的改动，增加了建筑工程项目的开支，构成费用风险。

（2）经济要素，由于经济突发事故所带来的费用增加而带来的风险，常见的如：通货收缩，汇率改动，中央维护主义等。

（3）本钱预算错误，由于预算人员忽略或是项目历史数据及信息搜集不齐，均可能导致工程项目发生费用风险。

4. 管理风险

影响管理风险呈现与否的要素有：

（1）管理机构的健全与否

若企业的组织及管理机构设置不合理，上下级配合脱节，则发作管理风险的可能性较大。

（2）合同的管理及实行

若合同的管理不完善，则容易呈现条款遗漏，表达不正确等问题，同时，施工未按合同实行，双方义务不明，这些问题均会形成管理风险的发作。

（二）运营过程风险管理

由于有了项目的风险清单，因而可依据不同的风险采取不同的管理措施，以控制风险的发生及影响，尽可能地减小风险带来的损失，通常采取的措施如下：

1. 风险逃避

风险逃避是指为了防止风险的发生，采取一定的措施中辍或阻止风险源的开展或是采取远离风险源的行为，风险逃避是一种回绝承当风险的处置措施。如在河边建立建筑可能会有洪水风险的发生，故能够另谋场地，从而防止洪水风险的发生。

2. 风险控制

风险控制指的是当风险避无可避时，采取一定的手段预防及减少风险带来的损失，如承包商无力继续进行工程时，将工程拖下去，只会给业主形成更大的损失，此时，业主即可撤换承包商，以减少项目损失。

3. 风险转移

风险转移是指在风险发作时将风险形成的局部损失转移给可承当风险的个人或组织，风险转移并不同等于转嫁损失，关于业主或承包商无法控制的风险，第三方则有可能控制或是较易承当风险带来的结果，常见的风险转移方式如购置保险及转让技术等。

4. 风险自留

某风险因形成损失较小，且反复性较高，因而，在综合思索项目进度等各方面之后，可本人承当一局部风险，但自留的风险必须经过认真剖析及评价，否则会形成较大的项目损失。

（三）风险管理规划

建筑工程项目风险管理应贯穿于项目管理的整个过程，因而，对建筑工程项目的风险管理，可分为项目前期，招标阶段，施工阶段及完工阶段四个方面，详细如下：

1. 建筑工程项目前期阶段风险管理

在项目的设计筹划时期，必须思索行业风险，市场风险，政策及法律法规变卦风险，在此时期必须对该项目的可行性停止技术论证，科学确实定项目目的，及选择适宜的建立场地，同时，认真审核建筑设计图，避免设计图纸不合理或变卦而惹起的风险发作。

2. 建筑工程招招标阶段风险管理

由业主的角度来看，在此阶段可采取的风险管理措施有：拜托信誉良好的项目咨询企业编制科学的工期及工程量清单，精确计算工程量，合理编制项目方案明晰描绘项目目的及工程内容，选择适宜的合同计价方式，招标的范围要标示分明，标准招标过程，选择优质且名誉较好的承包商。

3. 建筑工程施工阶段风险管理

增强对施工图纸的会审工作，尽量减少施工过程中的工程变卦，增强对承包商资质的检查及监视，严控工程质量及工程进度，增强合同管理，对施工现场的工程异况停止紧密的注销，以确保对现场的实时监控。

4. 建筑工程完工阶段风险管理

完工阶段是工程项目的最终阶段，此时必须对项目工程停止验收及审定，此时风险管理工作的主要内容有：肯定完工材料的真实及精确性，标准工程验收工作流程，认真核对项目投资及本钱开支。

二、安全管理

（一）建筑施工安全生产管理

1. 建筑施工安全生产中存在的主要问题

（1）建筑业农民工数量庞大、安全知识薄弱

建筑施工现场一线工人大多数由农村剩余劳动力组成。据统计农民工约占建筑业从业人员的75%。建筑业农民工大多数受教育程度偏低，参加安全培训教育机会太少，没有掌握建筑业的基本常识和相关技能，缺乏自防自救能力，因此，给安全生产带来很多不利的影响。

（2）施工单位无视安全培训

施工单位忽视对农民工的培训，培训走过场，施工企业因为自身力量有限，没有培训计划，培训形式简单，往往是只出一份考试试卷，没有认真组织"三级教育"培训。工人对安全培训和安全操作的重要意义不了解，导致在施工中出现蛮干、强干现象。

（3）施工现场管理不到位，带来安全隐患

1）对物的管理

施工单位往往心存侥幸或贪图一时省钱采购一些廉价、质量差的劳动防护用品和器材，不符合国家和行业标准，给施工生产带来安全隐患。在检查中就发现了安全帽、安全鞋、安全带、安全眼镜和耳塞等安全防护用品存在不合格现象。

2）对人的管理

在工地检查中经常发现部分工人不能正确使用"三宝"（安全帽、安全带、安全网）。例如：只戴安全帽而不系安全帽带；进行高空作业不挂安全带；施工现场的安全网绑扎不牢固。

2. 建筑安全生产管理措施

（1）改善传统技术设施，加强新型工艺应用

从建筑施工工艺来看，已经从传统的手工操作逐步向机械化、专业化方面过渡。随着新技术、新工艺、新设备、新材料的大量采用，要求建筑施工工艺不断随之而变化，以适应现阶段新技术的发展。如建筑高层的不断出现，就必须以塔机代替以前的井字架施工，并增加了外用电梯。玻璃幕墙更加适应了工厂制作和现场安装；深基础施工从人工挖孔桩逐渐过渡到采用冲孔桩、沉管灌注桩、预应力管桩；增加边坡支护工艺。还有深层搅拌桩、土钉墙、预应力锚杆。也有采用旋喷、摆喷、臂沥灌浆方法来固结地基的。脚手架工程除落地式脚手架外，又出现了悬挑式脚手架、门型脚手架、挂脚手架、吊篮脚手架以及附着式升降脚手架。过去的混凝浇筑使用人工手推车拉运，目前采用商品混凝输送泵直接浇筑。这些新工艺的出现，提高生产效率并保证质量和进度，同时增加建

筑施工安全管理的工作量。

（2）实施标准化管理，安全生产程序化

安全生产是我国党和政府领导一直强调和关心的问题，关系到人民群众生命财产，关系到社会稳定和经济建健康发展，甚至关系到国家的形象，因此，安全生产必须高度重视，有关部门必须认真贯彻执行。

着手建立一套安全生产管理办法，并着重于安全管理工作的程序化控制，变传统的安全管理的"事后处理"为"事前监督、预防"。在工程安全生产上，主要从以下方面进行落实：

1）确定安全生产管理目标

工程从开工起，就提出"六无"安全管理奋斗目标，即"无重伤、无死亡、无坍塌、无中毒、无火灾、无重大机械事故"，并将安全目标层层传达到施工一线的每一位作业人员。

2）建立安全管理体系，形成全员管理格局

把安全管理工作摆上重要位置，将安全生产目标与施工生产紧密结合，建立了一个上至公司安全管理部门下至现场专职安全员齐抓共管的安全生产管理保证体系，成立施工项目安全领导小组，建立健全安全生产责任制，增强各级管理人员的责任心，使每个人都明确自己在生产活动中应负的安全责任，做到以制度规范行为，使安全生产有章可循；同时针对工程特点建立一个资料袋，使安全管理纵向到底、横向到边、专管成线、群管成网，真正做到处处、事事、时时有人对安全负责。

3）统一思想认识，加强安全教育

经常组织全体员工学习安全生产政策和法规，定期组织召开质量安全生产例会，进行三级安全教育，教育大家克服麻痹思想和侥幸心理，正确处理好安全生产与经济效益的关系，要求各级管理人员做好安全技术交底，保证安全教育普及到施工现场每一位同志。

4）加强安全检查，抓好安全防护

根据工地的实际特点，制定相关的防护措施，预防事故的发生；着重抓好基坑的临边防护、坑壁支护、排水和坑边荷载处理以及基坑支护变形监测。施工用电是建筑工地安全管理的重点之一，针对工程的施工特点，整个工地全部采用三相五线制，统一布线并配置配电箱和开关箱，并严格按照国家《建筑施工安全检查标准》（JGJ59-99）以及防雷的要求做好零保护和外电防护，建立用电档案。对于塔吊等大型机械设备严格安装验收和定期技术检查，确保技术状况良好，现场管理人员和工人按岗位分工佩戴分色的安全帽和胸卡标志，施工员、质安员佩章值班，分片包干。并实施定期的、不定期的、专业性的安全检查以及每日的安全巡查，做到既管人（控制作业人员的不安全行为），也管物（对劳动对象和劳动手段的管理），还要管环境（实施文明施工，以形成良好的工作条件），以保证做到"各负其责，各司其职"，及时发现事故隐患，堵塞事故漏洞，防患于未然。为了工程的安全，要求对可能发生的安全隐患预先加以充分考虑，比如按照业主和监理的意见，地下室外墙防水采用卷材，其施工工艺需采用液化石油气作为焊接能源。对此，凭着长期在生产第一线滚打出来的丰富的实践经验，要求安全生产管理部高度重视，对这一作业的防火措施加强监控。总承包项目经理部为此先后向作业单位下发了关于加强防火安全的通知和有关整改通知单，督促作业单位加强对液化石油气的管理，严禁无有效检测合格证的液化石油气瓶进场，确保了整个防水作业期间的防火安全。

5）落实安全生产投入，确保资金专款专用

根据《建设工程安全生产管理条例》有关规定，落实在工程概算中确定并提供安全作业环境和安全施工措施费用，全部用于施工安全防护用具及设施的采购和更新、安全施工措施的落实、安全生产条件的改善。提取安全生产文明施工专项费用，实行共管账户，专款专用。形成企业安全生产投入长效机制。

6）加强制度管理，落实整改

根据国务院和建筑法的规定，应建立安全生产管理制度有：安全生产管理制度，安全技术措施计划制度，安全生产教育制度，安全生产检查制度，伤亡事故、职业病统计报告和处理制度。安全检查制度等将安全检查与安全生产责任制以及经济效益挂钩，并落实整改，由于工程大、参建单位多，制定了严明的奖罚制度，对违章现象立即制止或给予处罚，譬如按照规定，如果在工地发生无理的吵架现象，吵架双方都将受到严厉的处罚。严格的制度加强现场安全监督，使安全隐患消除在萌芽之中，促进了工程安全生产的顺利进行。

（3）强化文明施工，树立企业形象

现场文明施工的水平是项目乃至企业管理水平的综合体现，是建筑工地精神文明建设的一个重要内容。文明施工既促进工程质量和安全生产，又促进生产效益。工地的文明施工建设是至关重要的，在抓生产的同时，狠抓文明施工管理，树立良好企业形象，努力做到文明卫生制度化、施工现场美容化、现场管理标准化、建筑垃圾无害化、宣传教育经常化、督促检查定期化、后勤服务优质化，自始至终，不遗余力地争创文明样板工程。

1）认真策划，合理布局

施工现场成立文明施工领导小组，主要领导亲自挂帅，结合工地的实际对现场进行了认真研究，制定出切实可行的活动方案，充分利用彩旗、横幅、墙报做好宣传，营造良好的文明施工氛围，并将施工区和生活区分开，对现场的各类设施进行了认真规划，对总承包项目部与各参建单位的办公区和宿舍区进行统一的划分和安排，做到整齐归一。

2）落实文明施工责任区制度，认真履行"工完场清"

每两周进行一次文明施工检查，对每道施工工序文明施工的内容进行一次文明施工检查评比，落实文明施工责任区制度，认真履行"工完场清"。为了保证工地的文明施工，并满足机具材料转运和大型机械施工的需要，并实行工地洗车制度和密闭运输，解决建筑材料和建筑渣土的洒漏问题，保持场内临时道路干净；现场内设施、机具、材料堆放严格按照ISO—9000的标准要求进行管理，现场推行硬地坪施工，做到"场地硬化、沟池成道、集中清淤"，保证场地整洁；为广大员工创造一个良好的工作环境。

（二）建筑施工安全检查

安全检查是及时发现、消除事故隐患，防患于未然的一种有效方法。建筑施工产品体积庞大、高处作业多，再加上施工周期长、技术复杂等因素，给施工生产带来很多不安全因素。通过领导和群众相结合的安全检查，可以有效地发现问题，及时采取措施，把事故消灭在发生以前。安全检查还可以及时总结交流安全生产的好经验，树立典型，推广到面，不断提高安全管理水平。发动群众进行安全检查，既能鼓舞群众参加安全管理的积极性，又能教育群众提高对安全生产意识的认识，自觉搞好安全生产。此外，安全检查还可以经常给忽视安全生产的思想敲起警钟，及时纠正违章指挥、违章作业的行为。

1. 安全管理

（1）安全生产责任制

1）建立安全生产责任制；

2）责任人签字确认；

3）备有各工种安全技术操作规程；

4）按规定配备专职安全员；

5）工程项目部承包合同中明确安全生产考核指标；

6）制定安全生产资金保障制度；

7）编制安全资金使用计划按计划实施；

8）制定伤亡控制、安全达标、文明施工等管理目标；

9）进行安全责任目标分解；

10）建立安全生产责任制和责任目标的考核制度；

11）按考核制度对管理人员定期考核。

（2）施工组织设计及专项施工方案

1）施工组织设计中制定安全技术措施；

2）危险性较大的分部／分项工程编制安全专项施工方案；

3）按规定对超过一定规模危险性较大的分部／分项工程专项施工方案进行专家论证；

4）施工组织设计、专项施工方案经审批；

5）安全技术措施、专项施工方案有针对性设计计算；

6）按施工组织设计、专项施工方案组织实施。

（3）安全技术交底

1）有进行书面安全技术交底；

2）按分部分项进行交底；

3）交底内容全面或有针对性交底；

4）履行签字手续。

（4）安全检查

1）建立安全检查制度；

2）有安全检查记录；

3）事故隐患的整改做到定人、定时间、定措施；

4）对重大事故隐患整改通知书所列项目按期整改和复查。

（5）安全教育

1）建立安全教育培训制度；

2）施工人员入场进行三级安全教育培训和考核；

3）明确具体安全教育培训内容；

4）变换工种或采用新技术、新工艺、新设备、新材料施工时进行安全教育；

5）施工管理人员、专职安全员未按规定进行年度教育培训和考核。

（6）应急救援

1）制定安全生产应急救援预案；

2）建立应急救援组织按规定配备救援人员；

3）定期进行应急救援演练；

4）配置应急救援器材和设备。

（7）分包单位安全管理

1）分包单位资质、资格、分包手续齐全；

2）签订安全生产协议书（用电、消防、环保等协议）；

3）分包合同、安全生产协议书，签字盖章手续齐全；

4）分包单位按规定建立安全机构配备专职安全员。

（8）持证上岗

1）经培训从事施工、安全管理和特种作业；

2）项目经理、专职安全员和特种作业人员均证上岗。

（9）产安全事故处理

1）产安全事故按规定报告；

2）生产安全事故按规定进行调查分析、制定防范措施；

3）依法为施工作业人员办理保险。

（10）安全标志

1）施工区域、危险部位按规定悬挂安全标志；

2）绘制现场安全标志布置图；

3）按部位和现场设施的变化调整安全标志设置；

4）设置重大危险源公示牌。

2. 文明施工检查

（1）现场围挡

市区主要路段的工地设置封闭围挡高度不于 2.5m；一般路段的工地未设置封闭围挡或围挡高度小于 1.8m；围挡达到坚固、稳定、整洁、美观。

（2）封闭管理

施工现场进出口设置大门，设置门卫室；建立门卫值守管理制度配备门卫值守人员；施工人员进入施工现场佩戴工作卡；施工现场出入口标有企业名称或标识；设置车辆冲洗设施。

（3）施工场地

施工主要道路及材料加工区地面进行硬化处理；施工现场道路畅通、路面平整坚实；施工现场采取防尘措施；施工现场设置排水设施或排水通畅、无水；采取防止泥浆、污水、废水污染环境措施；设置吸烟处、无随意丢烟头；温暖季节进行绿化布置。

（4）材料管理

建筑材料、构件、料具按总平面布局码放，材料码放整齐、标明名称、规格；施工现场材料采取防锈蚀、防火、防雨措施；建筑物内施工垃圾清运使用器具密闭器具运输；易燃易爆物品分类储藏在专用库房、采取防火措施。

（5）现场办公与住宿

施工作业区、材料存放区与办公、生活区采取隔离措施；宿舍、办公用房防火等级符合有关消防安全技术规范要求；在施工程、伙房、库房未兼做住宿；宿舍设置可开启式窗户；宿舍设置床铺、床铺超两层通道宽度大于 0.9m；宿舍人均面积或人员数量符合规范要求；冬季宿舍内采取采暖和防一氧化碳中毒措施；夏季宿舍内采取防暑降温和防蚊蝇措施；生活用品摆放混乱、环境卫生不符合要求。

（6）现场防火

施工现场制定消防安全管理制度、消防措施；施工现场的临时用房和作业场所的防火设计符合规范要求；施工现场消防通道、消防水源的设置符合规范要求；施工现场灭火器材布局、配置合理或灭火器材有效；办理动火审批手续或指定动火监护人员。

（7）综合治理

生活区设置供作业人员学习和娱乐场所；施工现场建立治安保卫制度责任分解到人；施工现场制定治安防范措施。

（8）公示标牌

大门口处设置的公示标牌内容齐全；标牌规范、整齐；设置安全标语；设置宣传栏、读报栏、黑板报。

（9）生活设施

建立卫生责任制度；食堂与厕所、垃圾站、有毒有害场所的距离符合规范要求；食堂办理卫生许可证、办理炊事人员健康证；食堂使用的燃气罐单独设置存放间通风条件良好；食堂配备排风、冷藏、消毒、防鼠、防蚊蝇等设施；厕所内的设施数量和布局符合规范要求；厕所卫生达到规定要求；能保证现场人员卫生饮水；设置淋浴室或、浴室能满足现场人员需求；生活垃圾装或未及时清理。

（10）社区服务

夜间经许可施工（有夜间施工许可证）；施工现场未焚烧各类废弃物；施工现场制定防粉尘、防噪音、防光污染等措施；制定施工不扰民措施。

3.承插型盘扣式钢管脚手架检查

（1）施工方案

编制专项施工方案进行设计计算，专项施工方案按规定审核、审批。

（2）基础

架体基础平、实、无积水、符合专项施工方案要求；架体立杆底部有垫板，垫板规格符合规范要求；架体立杆底部按要求设置底座；按规范要求设置纵、横向扫地杆；采取排水措施。

（3）架体稳定

架体与建筑结构按规范要求拉结；架体底层第一步水平杆处按规范要求设置连墙件或采用其他可靠措施固定；连墙件采用刚性杆件；按规范要求设置竖向斜杆或剪刀撑，竖向斜杆两端固定在纵、横向水平杆与立杆汇交的盘扣节点处；斜杆或剪刀撑沿脚手架高度连续设置，角度符合45°～60°的要求。

（4）杆件设置

架体立杆间距、水平杆步距符合设计规范要求；按专项施工方案设计的步距在立杆连接盘处设置纵、横向水平杆；双排脚手架的每步水平杆层，当无挂扣钢脚手板时，按规范要求设置水平斜杆。

（5）脚手板

脚手板满铺，铺设牢固、稳定。脚手板规格或材质符合要求；采用挂扣式钢脚手板时挂钩挂扣在水平杆上挂钩处于锁住状态。

（6）交底与验收

脚手架搭设前进行交底，交底有文字记录；脚手架分段搭设、分段使用、进行分段验收；架体搭设完毕未办理验收手续，验收内容进行量化，经责任人签字确认。

（7）架体防护

架体外侧采用密目式安全网封闭，网间连接严密。作业层防护栏杆符合规范要求；作业层外侧设置高度不小于180mm的挡脚板；作业层脚手板下采用安全平网兜底，作业层以下每隔10m采用安全平网封闭。

（8）杆件连接

立杆竖向接长位置和要求；剪刀撑的斜杆接长符合要求。

（9）构配件材质

钢管、构配件的规格、型号、材质或产品质量符合规范要求；钢管无弯曲、变形、锈蚀严重等情况。

（10）通道

设置有人员上下专用通道，通道设置符合要求。

4. 悬挑式脚手架检查

（1）施工方案

编制有专项施工方案，有设计计算；专项施工方案按规定审核、审批；架体搭设超过规范允许高度时，按规定专项施工方案组织专家进行了论证。

（2）悬挑钢梁

钢梁截面高度按设计确定，截面型式符合设计和规范要求；钢梁固定段长度不小于悬挑段长度的 1.25 倍；钢梁外端设置钢丝绳或钢拉杆与上一层建筑结构拉结；钢梁与建筑结构锚固措施符合设计和规范要求（锚固的一级钢不小于 20mm）。钢梁间距按悬挑架体立杆纵距设置。

（3）架体稳定

立杆底部与悬挑钢梁连接处采取可靠固定措施；承插式立杆接长采取螺栓或销钉固定；纵横向扫地杆的设置符合规范要求；在架体外侧设置连续式剪刀撑；按规定设置横向斜撑；架体按规定与建筑结构拉结。

（4）脚手板

脚手板规格、材质符合要求；脚手板未满铺设严密、牢固、稳定，无探头板、非跳板。

（5）荷载

脚手架施工荷载符合设计规定；施工荷载堆放均匀。

（6）交底与验收

架体搭设前进行交底有文字记录；架体分段搭设、分段使用、进行分段验收；架体搭设完毕办理验收手续；验收内容进行量化，经责任人签字确认。

（7）一杆件间距

立杆间距、纵向水平杆步距符合规范要求；在立杆与纵向水平杆交点处设置横向水平杆；按脚手板铺设的需要增加设置横向水平杆。

（8）架体防护

作业层防护栏杆符合规范要求；作业层架体外侧设置高度不小于 180mm 的挡脚板；架体外侧采用密目式安全网封闭严密。

（9）层间防护

作业层脚手板下采用安全平网兜底，作业层以下每隔 10m 采用安全平网封闭；作业层与建筑物之间进行封闭；架体底层沿建筑结构边缘，悬挑钢梁与悬挑钢梁之间采取封闭措施进行封闭严密。架体底层进行封闭严密。

（10）构配件

材质、型钢、钢管、构配件规格及材质符合规范要求；型钢、钢管、构配件无弯曲、变形、锈蚀严重等情况。

5.附着式升降脚手架检查

（1）施工方案

编制专项施工方案进行设计计算，施工方案按规定审核、审批；脚手架提升不超过规定允许高度，专项施工方案按规定组织专家论证。

（2）安全装置

采用防坠落装置技术性能符合规范要求；防坠落装置与升降设备分别独立固定在建筑结构上；防坠落装置设置在竖向主框架处并与建筑结构附着；安装防倾覆装置符合规范要求；最上和最下两个防倾装置之间的最小间距符合规范要求；安装同步控制装置，技术性能符合规范要求。

（3）架体构造

架体高度不大于 5 倍楼层高，架体宽度不大于 1.2m。

直线布置的架体支承跨度不大于 7m，折线、曲线布置的架体支撑跨度的架体外侧距离不大于 5.4m；架体的水平悬挑长度不大于 2m 或不大于跨度 1/2；架体悬臂高度不大于架体高度 2/5 或不大于 6m；架体全高与支撑跨度的乘积不大于 110m²。

（4）附着支座

按竖向主框架所覆盖的每个楼层设置一道附着支座；使用工况将竖向主框架与附着支座固定；升降工况将防倾、导向装置设置在附着支座上；附着支座与建筑结构连接固定方式符合规范要求。

（5）架体安装

主框架及水平支撑桁架的节点采用焊接或螺栓连接；各杆件轴线未交汇于节点，水平支撑桁架的上弦及下弦之间设置的水平支撑杆件采用焊接或螺栓连接；架体立杆底端设置在水平支撑桁架上弦杆件节点处；竖向主框架组装高度不低于架体高度；架体外立面设置的连续式剪刀撑将竖向主框架、水平支撑桁架和架体构架连成一体。

（6）架体升降

两跨及以上架体升降不得采用手动升降设备；升降工况附着支座与建筑结构连接处混凝土强度应达到设计和规范要求；升降工况架体上不得有施工荷载或有人员停留。

（7）检查验收

主要构配件进场必须进行验收，分区段安装、分区段使用应进行分区段验收；架体搭设完毕应办理验收手续；验收内容进行量化，经责任人签字确认；架体提升前应有检查记录，架体提升后、使用前履行验收手续资料齐全。

（8）脚手板

脚手板满铺，铺设严密、牢固；作业层与建筑结构之间空隙封闭严密；脚手板规格、材质符合要求。

（9）架体防护

脚手架外侧采用密目式安全网封闭，网间连接严密。作业层防护栏杆符合规范要求。作业层设置高度不小于 180mm 的挡脚板。

（10）安全作业

操作前向有关技术人员和作业人员进行安全技术交底，交底要有文字记录。作业人员经培训上岗，要定岗定责。安装拆除单位资质符合要求，特种作业人员持证上岗；安装、升降、拆除时设置安全警戒区设专人监护；荷载均匀不超载。

6.高处作业吊篮检查

（1）施工方案

编制专项施工方案，对吊篮支架支撑处结构的承载力进行验算；专项施工方案按规定审核、审批。

（2）安全装置

安装防坠安全锁，安全锁灵敏有效；防坠安全锁在标定期限内使用（有效期 1 年）；安全带与安全绳通过锁绳器进行连接，安全绳固定在建筑物可靠位置；吊篮安装上限位装置，限位装置灵敏有效。

（3）悬挂机构

悬挂机构前支架严禁支撑在建筑物女儿墙上或挑檐边缘；前梁外伸长度符合产品说明书规定；前支架与支撑面垂直脚轮不得受力。上支架应固定在前支架调节杆与悬挑梁连接的节点处；不得使用破损的配重块或采用其他替代物；配重块应固定重量符合设计规定。

（4）钢丝绳

钢丝绳不得有断丝、松骨、硬弯、锈蚀或有油污附着物；安全钢丝绳规格、型号与工作钢丝绳相同应独立悬挂，安全钢丝绳应悬垂下方吊挂重锤。电焊作业时应对钢丝绳采取保护措施。

（5）安装作业

吊篮平台组装长度应符合产品说明书和规范要求；吊篮组装的构配件应是同一生产厂家的产品。

（6）升降作业

操作升降人员应经出租单位培训合格，持培训证上岗操作。

吊篮内作业人员数量应为两人同时作业。吊篮内作业人员应将安全带用安全锁扣（锁绳器）挂置在独立设置的专用安全绳上，作业人员应从地面进出吊篮。

（7）交底与验收

履行验收程序，验收表经责任人签字确认；验收内容进行量化；每天班前班后进行检查（有日检查记录）；吊篮安装、使用前进行交底，交底要留有文字记录。

（8）安全防护

吊篮平台周边的防护栏杆或挡脚板的设置符合规范要求；多层或立体交叉作业设置防护顶板，严禁垂直交叉作业。

（9）吊篮稳定

吊篮作业要采取防摆动措施；吊篮钢丝绳应垂直，吊篮距建筑物空隙不得过大。

（10）荷载

施工荷载不得超过设计规定；荷载堆放应均匀。

7. 高处作业检查

（1）安全帽

施工现场人员必须戴安全帽；按标准佩戴安全帽；安全帽质量符合现行国家相关标准的要求。

（2）安全网

在建工程外脚手架架体外侧采用密目式安全网封闭，网间连接严密；安全网质量符合现行国家相关标准的要求。

（3）安全带

高处作业人员按规定系挂安全带；安全带系挂符合要求；安全带质量符合现行国家相关标准的要求。

（4）临边防护

工作面边沿有临边防护，防护设施的构造、强度符合规范要求；防护设施形成定型化、工具式。

（5）洞口防护

在建工程的孔、洞采取防护措施；防护措施、设施符合要求封闭严密；防护设施形成用定型化、工具式；电梯井内按每隔两层且不大于10m设置安全平网。

（6）通道口防护

未搭设防护棚或防护不严、不牢固；防护棚两侧进行封闭；防护棚宽度不小于通道口宽度；防护棚长度符合要求；建筑物高度超过24m，防护棚顶采用双层防护；防护棚的材质符合规范要求。

（7）攀登作业

移动式梯子的梯脚底部不得垫高使用；折梯使用可靠拉撑装置；梯子的材质或制作质量符合规范要求。

（8）悬空作业

悬空作业处设置防护栏杆有其他可靠的安全设施；悬空作业所用的索具、吊具等经验收合格；悬空作业人员系挂安全带佩戴有工具袋。

（9）移动式操作平台

操作平台按规定进行设计计算；移动式操作平台，轮子与平台的连接牢固可靠，立柱底端距离地面不超过80mm；操作平台的组装符合设计和规范要求；平台台面铺板严密。操作平台四周按规定设置防护栏杆、设置登高扶梯；操作平台的材质符合规范要求。

（10）悬挑式物料钢平台

编制专项施工方案经设计计算；悬挑式钢平台的下部支撑系统或上部拉结点，设置在建筑结构上；斜拉杆或钢丝绳按要求在平台两侧各设置两道；钢平台按要求设置固定的防护栏杆或挡脚板，钢平台台面铺板严密，钢平台与建筑结构之间铺板严密，在平台明显处设置有荷载限定标牌。

8. 施工用电检查

（1）外电防护

外电线路与在建工程及脚手架、起重机械、场内机动车道之间的安全距离符合规范要求且采取防护措施；防护设施设置有明显的警示标志；防护设施与外电线路的安全距离及搭设方式符合规范要求；无在外电架空线路正下方施工、建造临时设施或堆放材料物品。

（2）接地与接零保护系统

施工现场专用的电源中性点直接接地的低压配电系统采用 TN-S 接零保护系统；配电系统采用同一保护系统；保护零线引出位置符合规范要求；电气设备压接保护零线；保护零线不得装设开关、熔断器或通过工作电流；保护零线材质、规格及颜色标记符合规范要求；工作接地与重复接地的设置、安装及接地装置的材料符合规范要求；工作接地电阻不得大于 4Ω，重复接地电阻不得大于 10Ω；施工现场起重机、物料提升机、施工升降机、脚手架防雷措施符合规范要求；做防雷接地机械上的电气设备，保护零线安装了重复接地。

（3）配电线路

线路及接头能保证机械强度和绝缘强度，线路设有短路、过载保护；线路截面能满足负荷电流；线路的设施、材料及相序排列、档距、与邻近线路或固定物的距离符合规范要求；电缆不得沿地面明设或沿脚手架、树木等敷设，敷设符合规范要求；使用符合规范要求的电缆；室内明敷主干线距地面高度不得小于 2.5m，室外不得小于 3m。

（4）配电箱与开关箱

配电系统采用三级配电、二级漏电保护系统；用电设备有各自专用的开关箱；箱体结构、箱内电器设置符合规范要求；配电箱零线端子板的设置、连接符合规范要求；漏电保护器参数匹配、检测灵敏，每月有检测记录；配电箱与开关箱电器无损坏，进出线绑扎成束、排列整齐、穿管包有警示胶带；箱体设置系统接线图和分路标记；箱体设有门、锁，采取防雨措施；箱门、箱架与 PE 端子板设有等电位软连接；箱体安装位置、高度及周边通道符合规范要求；分配电箱与开关箱、开关箱与用电设备的距离符合规范要求。

（5）配电室与配电装置

配电室建筑耐火等级应达到三级；配置适用于电气火灾的灭火器材；配电室、配电装置布设符合规范要求；配电装置中的仪表、电器元件设置符合规范要求，仪表、电器元件无损坏；备用发电机组与外电线路进行连锁；配电室有采取防雨雪和小动物侵入的措施；配电室设有警示标志、工地供电平面图和系统图；

（6）现场照明

照明用电与动力用电分开设置；特殊场所使用 36V 及以下安全电压；手持照明灯使用 36V 以下电源供电；照明变压器使用双绕组安全隔离变压器；灯具金属外壳有接保护零线；灯具与地面、易燃物之间安全距离大于 300mm；碘钨灯等高热源灯具与易燃物之间的距离不得小于 500mm；照明线路和安全电压线路的架设符合规范要求；施工现场按规范要求配备应急照明。

（7）用电档案

总包单位与分包单位订立临时用电管理协议；制定专项用电施工组织设计、外电防护专项方案；设计、方案有针对性；专项用电施工组织设计、外电防护专项方案履行审批程序，实施后相关部门组织验收；接地电阻、绝缘电阻和漏电保护器检测记录填写真实；安全技术交底、设备设施验收记录填写真实；定期巡视检查、隐患整改记录填写不真实；档案资料齐全、设专人管理。

9. 物料提升机检查

（1）安全装置

安装起重量限制器、防坠安全器；起重量限制器、防坠安全器灵敏可靠；安全停层装置符合规范要求达到定型化；安装上行程限位，上行程限位灵敏、安全越程符合规范要求；物料提升机安装高度不得超过 30m（北京市规定不应超过 24m），必须安装渐进式防坠安全器、自动停层、语音及影像信号监控装置。

（2）防护设施

设置防护围栏符合规范要求；设置进料口防护棚设置符合规范要求；停层平台两侧设置防护栏杆、挡脚板；停层平台脚手板铺设严密、牢固；安装平台门必须起作用，平台门达到定型化。吊笼门符合规范要求。

（3）附墙架与缆风绳

附墙架结构、材质、间距符合产品说明书要求。

附墙架与建筑结构可靠连接；缆风绳设置数量、位置符合规范要求。

缆风绳使用钢丝绳与地锚连接；钢丝绳直径不得小于8mm，角度符合45°～60°；安装高度超过30m的物料提升机不得使用缆风绳，必须使用附强架，地锚设置符合规范要求。

（4）钢丝绳

钢丝绳磨损、变形、锈蚀达不得达到报废标准；钢丝绳夹设置符合规范要求；吊笼处于最低位置，卷筒上钢丝绳不得少于3圈；设置有钢丝绳过路保护措施，钢丝绳不得拖地。

（5）安拆、验收与使用

安装、拆卸单位取得专业承包资质和安全生产许可证；制定专项施工方案经审核、审批；履行验收程序验收表经责任人签字；安装、拆除人员及司机持证上岗；物料提升机作业前按规定进行例行检查填写检查记录；实行多班作业按规定填写交接班记录。

（6）基础与导轨架

基础的承载力、平整度符合规范要求；基础周边设有排水设施；导轨架垂直度偏差不大于导轨架高度0.15%；井架停层平台通道处的结构应采取加强措施；

（7）动力与传动

卷扬机、曳引机安装要牢固；卷筒与导轨架底部导向轮的距离不小于20倍卷筒宽度设置有排绳器；钢丝绳在卷筒上排列整齐，滑轮与导轨架、吊笼采用刚性连接；滑轮与钢丝绳匹配，卷筒、滑轮设置防止钢丝绳脱出装置；曳引钢丝绳为2根及以上时，设置曳引力平衡装置。

（8）通信装置

按规范要求设置通信装置；通信装置信号显示清晰。

（9）卷扬机操作棚

设置卷扬机操作棚，操作棚搭设不符合规范要求。

（10）避雷装置

物料提升机在其他防雷保护范围以外设置避雷装置，避雷装置符合规范要求。

10. 施工升降机检查

（1）安全装置

安装起重量限制器灵敏；安装渐进式防坠安全器，防坠安全器灵敏，防坠安全器在有效标定期限（不大于1年）；对重钢丝绳安装防松绳装置，防松绳装置灵敏；安装急停开关符合规范要求；安装吊笼和对重缓冲器，缓冲器符合规范要求；SC型施工升降机安装安全钩。

（2）限位装置

安装极限开关灵敏；安装上限位开关灵敏；安装下限位开关灵敏；极限开关与上限位开关安全越程符合规范要求；极限开关与上、下限位开关不得共用一个触发元件；安装吊笼门机电联锁装置，灵敏可靠；安装吊笼顶窗电气安全开关灵敏。

（3）防护设施

设置地面防护围栏符合规范要求；安装地面防护围栏门连锁保护装置，联锁保护装置灵敏；设置出入口防护棚，设置符合规范要求；停层平台搭设符合规范要求；安装层门起作用，层门符合规范要求、达到定型化。

（4）附墙架

附墙架采用配套标准产品进行设计计算；附墙架与建筑结构连接方式、角度符合产品说明书要求；附墙架间距、最高附着点以上导轨架的自由高度符合产品说明书要求。

（5）钢丝绳、滑轮与对重

对重钢丝绳绳数不得少于两根，相对独立，钢丝绳磨损、变形、锈蚀不得达到报废标准；钢丝绳的规格、固定符合产品说明书及规范要求；滑轮安装钢丝绳防脱装置符合规范要求；对重重量、固定符合产品说明书及规范要求；对重安装防脱轨保护装置。

（6）安拆、验收与使用

安装、拆卸单位必须取得专业承包资质和安全生产许可证；编制安装、拆卸专项方案，专项方案经审核、审批；履行验收程序经责任人签字；安装、拆除人员及司机持证上岗；施工升降机作业前按规定进行例行检查，填写检查记录；实行多班作业按规定填写交接班记录。

（7）导轨架

导轨架垂直度符合规范要求，小于 70m 为 1/1000；70 ～ 100m 为 7cm；100 ～ 150m 为 9cm；150 ～ 200m 为 13cm；200m 以上为 13cm）；标准节质量符合产品说明书及规范要；对重导轨符合规范要求；标准节连接螺栓使用符合产品说明书及规范要求。

（8）基础

基础制作、验收符合产品说明书及规范要求；基础设置在地下室顶板或楼面结构上，对其支承结构进行承载力验算，基础设置排水设施。

（9）电气安全

施工升降机与架空线路符合规范要求距离或采取防护措施，防护措施符合规范要求；设置电缆导向架设置符合规范要求；施工升降机在防雷保护范围以外设置避雷装置，避雷装置符合规范要求。

（10）通信装置

安装楼层信号联络装置，楼层联络信号清晰。

11. 塔式起重机检查

（1）载荷限制装置

安装起重量限制器灵敏；安装力矩限制器灵敏；行程限位装置安装起升高度限位器灵敏；起升高度限位器的安全越程符合规范要求；安装幅度限位器灵敏；回转设集电器的塔

式起重机安装回转限位器灵敏；行走式塔式起重机安装行走限位器灵敏。

（2）保护装置

小车变幅的塔式起重机安装断绳保护及断轴保护装置；行走及小车变幅的轨道行程末端安装缓冲器及止挡装置符合规范要求；起重臂根部绞点高度大于 50m 的塔式起重机安装风速仪灵敏；塔式起重机顶部高度大于 30m 且高于周围建筑物安装障碍指示灯。

（3）吊钩、滑轮、卷筒与钢丝绳

吊钩安装钢丝绳防脱钩装置符合规范要求；吊钩磨损、变形不得达到报废标准；滑轮、卷筒安装钢丝绳防脱装置符合规范要求；滑轮及卷筒磨损不得达到报废标准；钢丝绳磨损、变形、锈蚀不得达到报废标准；钢丝绳的规格、固定、缠绕符合产品说明书及规范要求。

（4）多塔作业

多塔作业制定专项施工方案经审批；任意两台塔式起重机之间的最小架设距离符合规范要求（两个 2 米）。

（5）安拆、验收与使用

安装、拆卸单位必须取得专业承包资质和安全生产许可证；制定安装、拆卸专项方案，方案经审核、审批；履行验收程序验收表经责任人签字；安装、拆除人员及司机、指挥人员持证上岗；塔式起重机作业前按规定进行例行检查，填写检查记录，实行多班作业按规定填写交接班记录。

（6）附着

塔式起重机高度超过规定安装附着装置；附着装置水平距离满足产品说明书要求，进行设计计算和审批；安装内爬式塔式起重机的建筑承载结构进行承载力验算；附着装置安装符合产品说明书及规范要；附着前和附着后塔身垂直度符合规范要求。

（7）基础与轨道

塔式起重机基础按产品说明书及有关规定设计、检测、验收，基础设置排水措施；路基箱或枕木铺设符合产品说明书及规范要求；轨道铺设符合产品说明书及规范要求。

（8）结构设施

主要结构件无变形、锈蚀符合规范要求；平台、走道、梯子、护栏的设置符合规范要求；高强螺栓、销轴、紧固件的紧固、连接符合规范要求。

（9）电气安全

采用 TN-S 接零保护系统供电；塔式起重机与架空线路安全距离符合规范要求，或采取防护措施；防护措施符合规范要求；安装避雷接地装置，避雷接地装置符合规范要求；电缆使用及固定符合规范要求（电缆垂直敷设一般 10m 做一道卸载点）。

12. 起重吊装检查

（1）施工方案

编制专项施工方案经审核、审批；超规模的起重吊装专项施工方案按规定组织专家论证。

（2）起重机械

安装荷载限制装置灵敏；安装行程限位装置灵敏；起重扒杆组装符合设计要求；起重扒杆组装后履行验收程，验收表责任人签字。

（3）钢丝绳与地锚

钢丝绳磨损、断丝、变形、锈蚀未达到报废标准。

钢丝绳规格符合起重机产品说明书要求；吊钩、卷筒、滑轮磨损未达到报废标准；吊钩、卷筒、滑轮安装钢丝绳防脱装置；起重扒杆的缆风绳、地锚设置符合设计要求。

（4）索具

索具采用编结连接时，编结部分的长度符合规范要求（大于20倍直径并大于300mm）；索具采用绳夹连接时，绳夹的规格、数量及绳夹间距符合规范要求；索具安全系数符合规范要求；吊索规格匹配机械性能符合设计要求。

（5）作业环境

起重机行走作业处地面承载能力符合产品说明书要求或采用有效加固措施；起重机与架空线路安全距离符合规范要求。

（6）作业人员

起重机司机持证操作，操作证与操作机型相符；设置专职信号指挥和司索人员；作业前按规定进行安全技术交底形成文字记录；

（7）起重吊装

多台起重机同时起吊一个构件时，单台起重机所承受的荷载符合专项施工方案要求；吊索系挂点符合专项施工方案要求；起重机作业时起重臂下不得有人停留，吊运重物不得从人的正上方通过。起重机吊具严禁载运人员；吊运易散落物件使用吊笼。

（8）高处作业

按规定设置高处作业平台；高处作业平台设置符合规范要求；按规定设置爬梯，爬梯的强度、构造符合规范要求；按规定设置安全带悬挂点。

（9）构件码放

构件码放荷载不得超过作业面承载能力，构件码放高度不得超过规定要求；大型构件码放有稳定措施。

（10）警戒监护

按规定设置作业警戒区，警戒区设专人监护。

13. 施工机具检查

（1）平刨

平刨安装后未履行验收程序；设置护手安全装置，传动部位设置防护罩，扣5分做保护接零或未设置漏电保护器；设置安全作业棚，严禁使用多功能木工机具。

（2）圆盘锯

圆盘锯安装后履行验收程序；设置锯盘护罩、分料器、防护挡板安全装置和传动部位设置防护罩；做保护接零或未设置漏电保护器；设置安全作业棚，严禁使用多功能木工机具。

（3）手持电动工具

Ⅰ类手持电动工具采取保护接零或设置漏电保护器，使用Ⅰ类手持电动工具按规定穿戴绝缘用品，手持电动工具严禁随意接长电源线。

（4）钢筋机械

机械安装后应履行验收程序；做保护接零或未设置漏电保护器；钢筋加工区设置作业棚、钢筋对焊作业区采取防止火花飞溅措施或冷拉作业区设置防护栏板；传动部位设置防护罩。

（5）电焊机

电焊机安装后履行验收程序，做保护接零或未设置漏电保护器，设置二次空载降压保护器，一次线长度不得超过规定进行穿管保护，二次线采用防水橡皮护套铜芯软电缆，二次线长度不得超过规定，绝缘不得老化、开裂；电焊机设置防雨罩接线柱设置防护罩；

（6）搅拌机

搅拌机安装未履行验收程序，做保护接零或未设置漏电保护器，离合器、制动器、钢丝绳达到规定要求，上料斗设置安全挂钩或止挡装置，传动部位设置防护罩，设置安全作业棚。

（7）气瓶

气瓶应安装减压器，乙炔瓶安装回火防止器，气瓶间距不得小于 5m，与明火距离不得小于 10m 或采取隔离措施；气瓶设置防震圈和防护帽，气瓶存放符合要求。

（8）翻斗车

翻斗车制动、转向装置灵敏，驾驶员持证操作，行车不得载人违章行车。

（9）潜水泵

做保护接零设置漏电保护器，负荷线使用专用防水橡皮电缆，负荷线应无接头。

（10）振捣器

做保护接零设置漏电保护器，使用移动式配电箱，电缆线长度超过 30m，操作人员穿戴绝缘防护用品。

（11）桩工机械

机械安装后履行验收程序，作业前编制专项施工方案按规定进行安全技术交底，安全装置齐全灵敏；机械作业区域地面承载力符合规定要求或未采取有效硬化措施；机械与输电线路安全距离符合规范要求。

第六节 项目信息管理及监理资料

一、项目信息管理

（一）建设工程项目中的信息

建设工程项目的实施过程中产生大量的信息。这些信息按照一定的规律产生、转换、变化和被使用，并被传送到必需的单位，而形成项目实施过程中的信息流。尽管建设工程项目中的信息很多，但它可被大体分为以下几类：

1.反映项目基本情况的信息，主要在各种合同、计划文件、设计文件之中。

2.项目进展中的信息，如实际投资、质量、进度信息等，它主要在项目月报、重大事件报告、质量报告等各种报告之中。

3.各种指令、决策方面的信息。

4.其他信息。如市场情况、气候变化情况、外汇波动、社会动态等。一般说来，建设工程项目中的信息要符合项目管理的需要，切勿造成信息泛滥和信息污染。

（二）日常建设工程项目对信息的基本要求

1.不同的时间，对不同的事件，信息对不同的建设工程项目管理人员和项目参与者存在差异性。

2.反映实际情况建设工程项目管理是对项目实施的计划、组织、控制、协调。在其中产生和使用的信息，一定要能反映项目的实际情况，这是进行正确、有效管理的前提。

3.及时提供信息如果过时，则会失去它应有的作用和价值。它会使决策失去时机，造成不应有的损失。只有及时地提供信息，管理者才能及时地控制项目的实施过程。

4.简单、便于理解信息要方便使用者了解情况、分析问题，其表达形式应符合人们日常接收信息的习惯。

（三）建设工程项目信息管理

从建设工程项目信息管理的基本概念中我们不难理解，建设工程项目信息管理是指项目管理者对信息的收集、加工整理、存储、传递与应用等一系列活动的总称。信息管理的目的是通过有序的信息流通，帮助决策者及时、准确地获得相应的信息。

为了完成项目信息管理的目的，我们必须做到：了解和掌握信息来源，并对收集的信息进行分类；把握和正确运用信息管理的手段；根据信息流通的不同环节，建立信息管理系统。

1. 建设工程项目信息的收集

（1）项目决策阶段的信息收集

在建设工程项目决策阶段，信息收集应从以下几个方面进行：有关相关市场方面的信息。有关项目资源方面的信息；有关自然环境方面的信息。这些信息的收集目的主要是为帮助业主在工作决策中避免失误，进一步开展调查和投资机会研究，编写可行性报告，进行投资估算和项目经济评价。

（2）设计阶段的信息收集

在建设工程项目设计阶段，信息收集应从以下几个方面进行：

1）同类项目相关信息。如建设规模、结构形式、工艺和设备的选型、地基处理方式和实际效果等；

2）有关拟建项目所在地信息；

3）勘察设计单位相关信息。如同类项目完成情况和实际效果、完成该项目的能力、人员和设备投入情况、专业配套能力、质量管理体系完善情况、收费情况、设计文件质量、合同履约情况等。

4）设计进展相关信息。如设计进度计划、设计合同履行情况、不同专业之间设计交接情况、规范和标准的执行情况、设计概算和施工图预算结果、各设计工序对投资的控制、超限额的原因等。设计阶段信息收集的范围广泛，不确定因素较多，难度较大，要求信息收集者要有较高的技术水平和一定的相关经验。

（3）施工招投标阶段的信息收集

在建设工程项目施工招投标阶段，信息收集应从以下几个方面进行：

1）拟建项目相关信息

如工程地质勘查报告、施工图设计与施工图预算、本工程适用的标准和规范以及有别于其他同类工程的技术要求等。

2）有关建设市场信息

如工程造价的市场变化规律及当地的材料、构件、设备、劳动力差异；当地有关施工招投标的管理规定、管理机构及管理程序；当地施工招标代理机构的能力、特点等。

3）施工投标单位相关信息

如施工投标单位的管理水平、施工质量、设备和机具情况、以前承建项目的情况、市场信誉等。在施工招投标阶段，要求信息收集人员要熟悉施工图设计文件和施工图预算，熟悉法律、法规、招投标管理程序和合同示范文本，这样才能为业主决策提供依据。

（4）施工阶段的信息收集

在建设工程项目施工阶段，信息收集应从以下几个方面进行：

1）施工准备相关信息

如施工项目经理部的组成和人员素质、进场设备的型号和性能、质量保证体系与施工组织设计、分包单位的资质与人员素质；建设场地的准备和施工手续的办理情况；施工图会审和交底记录、施工单位提交的开工报告及实际准备情况；监理规划、监理实施细则等。

2）施工实施相关信息

如原材料、构配件、建筑设备等工程物资的进场、检验、加工、保管和使用情况；施工项目经理部的管理程序和规范、规程、标准、施工组织设计、施工合同的执行情况；原材料、地基验槽及处理、工序交接、隐蔽工程检验等资料的记录和管理情况；工程验收与设备试运转情况；工程质量、进度、投资控制措施及其执行情况；工程索赔及其处理情况等。

3）竣工保修相关信息

如监理工作总结及监理过程中各种控制与审批文件、有关质量问题和质量事故处理的相关记录：建筑安装工程和市政基础设施工程的施工资料和竣工图；竣工总结、竣工验收备案表等竣工验收资料；工程保修协议等；在施工阶段，信息的来源较多、较杂，因此，应建立规范的信息管理系统，确定合理的信息流程，建立必要的信息秩序，规范业主、监理单位、施工单位的信息管理行为，按照《建设工程文件归档整理规范》的要求，按照科学的方法，不断完善资料的收集、汇总和归类整理。

2. 建设工程项目信息的加工、整理

建设工程项目信息的加工、整理主要是把建设各方得到的信息利用科学的方法进行选择、汇总后，形成不同形式的信息，供给各类管理人员使用。建设工程项目信息的加工、整理要从鉴别开始，对于监理单位，特别是施工单位提供的信息，要从信息采集系统的规范性，采集手段的可靠性等方面入手。进行选择、核对和汇总，对动态信息要更新及时；对于施工中产生的信息，要按照单位工程、分部工程、分项工程的程序紧密联系在一起，而每一个单位工程、分部工程、分项工程的信息又分为质量、进度和造价三个方面分别组织。

3. 建设工程项目信息的存储

一般来说，建设工程项目信息的存储需要建立统一的信息库，各类信息以文件的形式组织在一起，组织的方法可由单位自行拟定，但必须采取科学的方法进行规范。当前，依据我国的实际情况，建设工程项目信息可以按照下列方式组织：

（1）按照工程组成进行组织，同一工程按照质量、进度、造价、合同进行分类，各类信息根据具体情况进一步细化。

（2）文件名规范化，以定长的字符串作为文件名。

（3）建设各方协调统一存储方式，国家技术标准规定有统一的代码时尽量采用统一代码。

建设工程项目信息管理是工程项目管理的重要环节，在新形势下，我们必须采取科学的方法，保证建设工程项目信息管理做到规范、标准及其完整，提高工作效率及质量，以满足项目发展的需要。根据"施工前预控、施工中监控、施工后可追溯"的思想，使建设工程项目信息能真实的反映项目管理的水平。提高项目管理的深度、力度和速度，为工程项目产生更大的管理效益和社会效益。

二、监理资料

（一）工程资料管理的目的和重要性

1. 做好工程资料的目的

为什么要做好工程资料的管理？从浅层次的表象来说，其目的为：

（1）应对质量监督部门、安全监督部门和各级建设行政主管部门的监督、检查的需要。

（2）为了工程竣工验收的需要（竣工验收要求资料齐全）。

（3）为了竣工验收后移交城建档案馆的需要（竣工验收后三个月以内，需向城建档案馆提交一套符合规定要求的资料）。

从深层次的实质来讲，做好资料管理的意义在于：真实记录施工、监理过程，使工程质量、安全、进度、造价、合同等方面的管理具有"可追溯性"，为分析问题原因、追究责任提供依据。

因此，旁站监理记录可作为分析质量事故原因、确定质量事故责任的依据。换言之，做施工资料，其核心目的就是为了证明工程质量合格、施工程序合法；做监理资料，其核心目的是为了证明监理机构履行了监理职责、监理工作到位，监理过程符合程序、符合法规。

2. 做好监理资料管理工作的意义

（1）监理资料体现监理企业形象，体现公司管理水平、体现公司竞争力，优秀的监理资料成果可以作为监理企业的营销亮点展示给潜在的监理客户。

（2）避免被建设行政主管部门扣分，影响公司投标、影响公司经营。

（3）留下监理的监管痕迹，减少监理职业责任风险。

万一发生质量、安全事故，可以减轻或免除监理责任，做好监理资料管理是监理行业自我保护的需要。从某种意义来说，如果监理资料管理工作做得好，那么监理工程师通知单、会议纪要、监理日记、监理月报、旁站记录可成为监理企业、监理人员的保护伞和避雷针。

从某种意义来讲：监理资料是一种书面的证明（证据），能证明监理工程师或其他监理人员是否认真履行了监理岗位职责。

3. 施工资料和监理资料管理的对比

施工资料管理工作，主动性较强，只要施工单位资料员主观努力，尽职尽责，就可以做好。

而监理资料管理工作，具备一定的被动型，许多监理资料需要在施工资料的基础上完成的，如果施工单位资料滞后或者资料不完整，将连累监理资料无法完成。例如施工单位不报验，监理机构无法签署意见，监理机构不签署有关意见，就会被建设行政主管部门判定为"不作为""失职"。因此监理单位不仅要做好自身资料，还要督促施工单位做好资料，避免被牵连、被连累。施工单位资料员只需做好施工资料就可以了；而监理人员资料管理，不仅要做好自身监理资料，还需检查、审核施工单位资料的错漏。尤其是当今，施工单位资料员的水平实在不敢恭维，不懂工程技术，不了解工程资料管理的真谛和精髓，只知道"照葫芦画瓢"、弄虚作假，作假都做不像。

综上所述，监理资料管理的难度大于施工资料管理。

（二）工程资料管理制度

1. 文件收发登记制度

监理工程师通知单、监理工作联系单、监理会议纪要、工程款支付证书、工程联系单、各种协商记录、备忘录、索赔等文件的签发必须登记，由接收人签字接受、注明接收时间。

施工单位项目经理是各种监理文件的合法签收人，发给资料员是错误的做法，资料员不在施工单位备案的质保体系和安保体系之内，甚至不是施工单位的正式在册职工，流动性很大，将重要监理通知和函件发给资料员是无任何法律效果的，施工单位的签收人至少要是质保体系和安保体系的备案人员，质保体系和安保体系内的备案人员是无法逃避法律责任的。

监理单位建立文件收发登记制度的意义和重要性：

（1）真实记录监理机构的管理行为，留下监管痕迹，证明自身履行了监理职责，洗清"不作为"嫌疑，是监理单位自我保护、防范风险的需要。

（2）记录某些变更、协议的生效时间，为以后的工期管理、索赔管理等监理工作提供依据。

2. 图纸登记管理制度

建立施工图纸登记表，且有责任人签字；监理单位在图纸会审中提出的问题应在会审前以书面的形式提交建设单位，并让建设单位签收；留存图纸会审纪要和设计变更的原件；图纸会审纪要和设计变更的内容要在施工图上做标识和记录。

3. 监理台账制度

见证取样台账、旁站监理台账、施工方案审核台账、监理细则编制台账、安全监理日记台账、总监带班生产检查记录台账等等。

建立各种监理台账，主要是方便查阅，体现了监理机构的管理正规化，监理各种建立台账也是法规政策的需要和监理工作的必尽职责，例如见证取样台账。

（三）工程监理资料管理的职责和分工

工程监理资料的形成过程，需要总监、专监、监理员的签字，因此各级监理人员都参与了工程监理资料的形成，直接影响监理资料的生成质量。根据监理规范，监理资料的管理，并不是资料员一个人的事情，也不是总监一个人的事情，而是需要监理机构全员参与，各负其责。

1. 总监理工程师岗位职责里与资料管理有关的事项

（1）组织编制监理规划，审批监理实施细则。

（2）组织审核分包单位资格。

（3）组织审查施工组织设计、（专项）施工方案。

（4）审查开复工报审表，签发工程开工令、暂停令和复工令。

（5）组织检查施工单位现场质量、安全生产管理体系的建立及运行情况。

（6）组织审核施工单位的付款申请，签发工程款支付证书，组织审核竣工结算。

（7）组织审查和处理工程变更。

（8）调解建设单位与施工单位的合同争议，处理工程索赔。

（9）组织验收分部工程，组织审查单位工程质量检验资料。

（10）审查施工单位的竣工申请，组织工程竣工预验收，组织编写工程质量评估报告，参与工程竣工验收。

（11）参与或配合工程质量安全事故的调查和处理。

（12）组织编写监理月报、监理工作总结，组织整理监理文件资料。

2. 专业监理工程师岗位职责里与资料管理有关的事项

（1）参与编制监理规划，负责编制监理实施细则。

（2）审查施工单位提交的涉及本专业的报审文件，并向总监理工程师报告。

（3）参与审核分包单位资格。

（4）进行工程计量。

（5）参与工程变更的审查和处理。

（6）组织编写监理日志，参与编写监理月报。

（7）收集、汇总、参与整理监理文件资料。

3. 监理员岗位职责里与资料管理有关的职责

（1）现场核查特种作业人员上岗资格。

（2）进行旁站和见证取样。

（3）复核工程计量有关数据。

（4）记录施工现场监理工作情况（监理日记）。

4. 监理资料员的职责

根据监理规范第 7.1.1 条："项目监理机构应建立完善监理文件资料管理制度，宜设专人管理监理文件资料。"这里的"专人"就是指资料员。通常，中小型工程的监理机构的资料员由监理员兼任，大型工程根据需要可设置专职资料员。

资料员的主要工作是对各类工程资料进行收集、整理、归类、保管、维护。

（四）建筑工程资料的分类

1. 按照是否归档，分为归档资料和非归档资料

归档资料就是按照《建设工程文件归档整理规范》（GB/T50328－2014）第38页的规定，需要向城建档案管理机构移交保存的资料。需要归档的监理文件其实并不多，具体如下：

（1）监理单位项目总监及监理人员名册（业主提供）。

（2）监理规划。

（3）监理实施细则。

（4）监理工作总结。

（5）监理通知单（选择性归档保存）。

（6）监理通知回复单（选择性归档保存）。

（7）工程暂停令。

（8）工程复工报审表。

（9）工程开工报审表。

（10）质量事故报告及处理资料。

（11）工程延期申请表。

（12）工程延期审批表。

（13）工程竣工移交书。

非归档资料就是竣工后无须移交城建档案管理机构的资料。不属于归档范围、没有保存价值的文件，文件形成单位可在竣工后自行组织销毁。

归档资料很重要，这一点毋庸置疑，但不要认为非归档资料不重要。例如旁站记录、见证取样监理台账，都是非归档资料，但这两项资料是建设行政主管部门检查监理资料的重点，是每次检查的必查资料。

绝大部分情况下，归档文件应使用原件，不宜使用复印件。

2. 原件和复印件

移交城建档案馆的归档文件必须是原件。目前在施工单位资料员中广泛流传着一种错误的说法，说盖了红章的就是原件。笔者想纠正的是：经过复印的就是复印件，不是原件，这一点必须弄清楚。

3. 按照存储介质分为纸质书面文件、电子文件、影像文件

其中纸质书面资料是最常见、最传统的资料形式，随着科技的发展，对工程资料管理的要求也越来越高，工程资料电子化和影像化是大势所趋，例如建筑节能规范要求对节能工程的关键部位和工序留存影像资料。有些省市重点工程、创杯工程，还有某些业主的特殊要求，要求监理人员提供关键部位和工序、隐蔽工程的影像文件，桩基工程留下影像资料是比较普遍的要求。我们监理从业人员应该引起高度重视，做好工程电子文件和影像文

件的收集和管理。

4. 按照文件形成的主体来分类

可分为建设文件、设计文件、施工文件、监理文件等等。移交城建档案馆的归档资料就是按照五方责任主体来分类的。

5. 按照工程专业可分为

土建资料、装饰资料、安装资料、室外工程资料等。

6. 按照管理目标分类

可分为质量控制资料、安全文明施工控制资料、工程进度控制资料、工程造价资料、合同管理资料等。

7. 按照保管期限分为

永久保存文件、长期保存文件、短期保存文件三种。永久保管是指工程档案无期限地、尽可能长远地保存下去；长期保管是指保存到该工程被彻底拆除；短期是指工程档案保存10年以下。

8. 按照保密等级

分为绝密、机密、秘密三种。

9. 过程文件和成果文件

过程文件强调的是对过程的记录，例如施工记录、旁站记录、监理日记、各种监理台账、施工日记、混凝土施工日记、系统调试记录，等等。成果文件的侧重点是工序和部位的最终成果、效果和结论，例如竣工图、分部分项工程验收评定记录、竣工验收记录、桩基检测报告、各种原材料、构配件的复验报告、砼试块的试验报告、钢筋连接试件的试验报告、绝缘电阻测试记录等。

10. 隐蔽工程资料和非隐蔽工程资料

建筑工程中，较为重要的隐蔽工程有：桩基工程、基础工程、止水钢板、后浇带、地下室外墙防水、土方回填、基坑回填、钢筋工程、幕墙龙骨、外墙保温、屋面保温、吊顶板上方的所有分部分项工程、拉结筋、抹灰工程中不同材料相邻部位的增强措施（钢丝网、纤维网）、屋面防水、避雷接地引下线、预埋套管、暗埋管线、地下管线、地下管沟。

11. 主件和附件

主件是表达主题、提出主张的文件，附件是为了给主文件提供证据或补充说明的文件。工程中各类试验报告、检测报告，是有关检验批、分部分项工程质量合格的证明，应作为附件附在有关检验批、分部/分项工程质量验收评定记录表的后面，不必专门存放，这样可简化资料的分类，便于复查工程质量。例如砼强度试压报告，就应该放在相应的《混凝土施工检验批质量验收记录》后面，钢筋焊接试件的试验报告放在相应的《钢筋连接检验批质量验收记录》后面。

12. 请示文件和批复文件

工程资料整理、归档的有关规范要求批复文件在前、请示文件在后。例如总监批准的《工程款支付证书》在前，施工单位提交的《工程款支付申请表》在后。

13. 内部管理资料

监理机构内部管理资料，诸如监理人员考勤表、各种监理制度、收发文登记本、项目监理章使用登记、内部交底资料、内部会议资料等等。

监理机构内部管理资料是不需要移交城建档案馆的，也不是质量监督站的检查范围，但它能反映监理机构的管理是否精细化、是否标准化、是否规范、是否先进。

14. 安全行为监理资料

（1）安全监理方案。

（2）安全和文明施工监理实施细则。

（3）安全监理交底记录。

（4）监理工程师通知单（有关安全整改）。

（5）监理工作联系单、工作函（有关安全事项）。

（6）停工令（存在重大安全隐患时，总监下达停工令）。

（7）施工方案、施工组织设计审核资料（专家论证）。

（8）施工企业资质审核材料（安全生产许可证）。

（9）施工管理人员资质资格审核材料（B证、C证）。

（10）特殊工种资格、岗位证书审核材料。

（11）机械、设备的报验审核资料（起重机械、吊篮等）。

（12）总监带班生产检查记录。

（13）安全旁站记录。

（14）见证取样记录（钢管、扣件、塔吊基础试块等）。

（15）安全监理日记（安全专监记录、总监抽查）。

（16）安全联合周检记录。

（17）监理企业对各项目部的安全巡检（每月或每季度）。

（18）安全监理月报、监理月报（应有安全监理内容）。

（19）会议纪要（普通监理例会应有安全监理内容，还应定期和不定期地开安全施工专题会议）。

（20）安全监理影像资料。

（21）安全事故处理资料。

（五）建筑工程资料管理的要求

1. 分类有序

建设工程资料的收集、整理必须分类有序，最忌杂乱无序，眉毛胡子一把抓。

分类就是收集相同类型的文件存放在一起，至于工程资料的分类，前文已经有所讲述。日常监理工作中，通常按照"四控制、两管理、一协调"的监理工作内容来分类，结合不同的工程专业、不同的分部分项工程分类。

分类原则：尽量从简，减少分类的数量，能作为附件的就附在主件之后，不必专门作为一类。

竣工后归档监理资料的分类，则按照当地城建档案馆的要求分类，各地城建档案馆在《建设工程文件归档整理规范》（GB/T50328 — 2014）的基础上稍有添加。

有序通常按照时间顺序来排列，按照《建设工程文件归档整理规范》（GB/T50328 — 2014）的规定：

（1）文字材料按事项、专业顺序排列，同一事项的请示与批复、同一文件的印本与定稿、主件与附件不能分开，并按批复在前、请示在后，印本在前、定稿在后，主件在前、附件在后的顺序排列。

（2）图纸按专业排列、同专业图纸按图号顺序排列。

（3）既有文字材料又有图纸的案卷，文字材料排前、图纸排后。

2. 完整齐全

完整、齐全就是结构完整、内容齐全、数量不缺。

结构完整：资料框架目录体系结构完整，形成一个系统，没有较大缺项。

内容齐全：表格里应该填写的主要内容填写完整。

数量不缺：例如水泥、钢筋等原材料检验汇总的用量是否少于工程量清单的用量？在没有较大设计变更的情况下，如果钢筋总用量少于工程量清单，那么肯定有问题：不是施工单位偷工减料、少用了钢筋，就是施工单位的部分钢筋没有按规定进行见证取样复验，这两个问题都不是小问题。

3. 及时同步

及时性，就是工程资料与工程实际进度同步。工程资料滞后、不及时，通常都能暴露违反监理程序的严重问题。

（1）施工单位资料不及时的常见问题。

1）隐蔽工程验收记录和钢筋、模板检验批验收记录不及时，在完成混凝土浇捣以后再补；浇捣令签发在混凝土浇捣以后。

2）混凝土浇捣以前，不及时到试验室取得钢筋焊接试件、机械连接试件的试验报告，导致钢筋连接检验批无法签字验收。施工单位为赶工期，擅自浇捣砼。

3）原材料进厂后，见证取样复验不及时，却先投入使用。在装饰、安装阶段，这种现象更为明显。违反了材料先验收后使用的监理程序。

4）更多时候，见证取样送检是及时的，但施工单位资料员却迟迟不到试验室去取有关的试验报告、检测报告，等着检测机构、试验室一个星期送一次资料。

5）其他施工资料不及时。

（2）监理机构资料不及时的常见问题

1）不及时填写监理日记、旁站监理记录、见证取样记录。这三项是质监站检查监理工作的重点。

2）不及时签发工程款支付证书。

3）不及时处理联系单（工程索赔）：按照合同和惯例，施工单位提交索赔报告超过一定时限，如果监理工程师仍不处理等于默认施工单位的请求和主张。

4）不及时签发会议纪要。

5）不及时编制监理月报。

6）不及时编制监理实施细则。

7）不及时编写质量评估报告、监理总结报告。

8）其他监理资料不及时等。

4. 符合性

符合性主要包括符合法规要求、符合技术要求、符合程序要求、符合资格要求、符合合同要求、符合方案要求等六方面。

（1）符合法规要求

监理合同、施工合同、监理规划、监理方案和细则，以及所有施工方案、施工组织设计等工程资料都要符合现行的政策法规，这是最根本的要求。

（2）符合技术要求

勘察设计文件、监理规划、监理细则，以及所有施工方案、施工组织设计等技术资料都要符合设计图纸和规范要求。

（3）符合程序要求

监理规划、监理细则、施工组织设计、专项施工方案的审批程序是否符合规定？编制、审核、审批应按照有关规定各负其责，签名不能乱套。

（4）符合资格要求

该总监签字的，就应该由总监签字；该专业监理工程师签字的，就应该由专业监理工程师。总监和专监都应有相应的执业资格和岗位资格（即签字资格）。

不要错位签字。有些文件（例如监理规划审批、开工令、暂停令、工程款支付证书、施工组织设计审批、竣工验收报告）必须总监签字，总监代表不能代替。通常，安装专业监理工程师不要签土建的专业文件，人防的专业文件资料应该由人防专业监理工程师签字，其他人不能代签。施工单位的签字问题也是相同道理。

（5）符合合同要求

监理合同和施工合同是监理工作的主要依据之一，工程有关资料必须符合合同要求。

5. 一致性

一致性其实属于符合性的一种要求。

（1）内容一致性

内容一致性是指有关的工程资料的内容是否一致，是否相互矛盾、不能自圆其说。

（2）笔迹一致性

为了规范市场行为，检查总监和项目经理的到位率，检查是否存在代签问题，质监站有时检查项目经理、总监的签名笔迹在不同时间段是否一致，甚至让总监和项目经理现场签名，对比有关工程资料上的签名笔迹。

（3）人员一致性

焊工、起重指挥、塔吊司机等特殊工种的证书和实际操作人员是否一致，就是常说的"人证合一"问题。

（4）材料、设备、机械的一致性。

（5）方案和实际操作的一致性。

6. 时效性

工程资料的时效性，主要应注意以下四方面：

（1）资质证书的有效期

总分包单位、第三方试验室、检测机构，以及监理单位自身的资质等级证书是否在有效期内，尤其要审核总、分包单位的安全生产许可证书是否在有效期内。

（2）施工许可证书、安全生产许可证、各种授权委托书的有效期。施工许可证过期了，应该办理延期手续。安全生产许可证书过期了，也应该办理续期手续。

（3）各种型式检验报告的有效期。

原材料和设备的型式检验报告，有效期一般为 3 ~ 4 年，具体见行业规定。型式检验报告是生产厂家和供应商自行委托权威检测机构进行检验形成的报告。

（4）签字顺序和时间问题。

监理工程师签字顺序和时间应符合有关政策法规、技术规范、程序和工艺逻辑顺序。

签字顺序和时间应符合政策法规：例如法规规定：未取得施工许可证，不得批准开工。那么总监签发开工令和批准开工报告的时间必须在施工许可证的签发时间之后。

签字顺序和时间应符合程序：钢筋、水泥、防水材料等原材料必须经过见证取样，复验合格后监理工程师才能签认合格，准许使用。这次项目部工作考核，发现绝大部分监理项目部都存在未取得有关材料的复验报告就毫无根据地胡乱签字的现象。

监理工程师是在施工单位自检合格的基础上对检验批和分部分项工程进行验收。但在实际工作中，许多施工单位的项目经理、质检员、技术负责人还没签字，就报送监理单位签字，监理机构也不认真核查，施工单位送来资料、糊里糊涂胡乱就签。一旦出了质量安全事故，谁签字谁负责，如果施工单位没有签字，监理单位反而签字了，监理单位会非常被动。

7. 闭合性

监理日记、安全监理日记、旁站监理记录、监理月报、整改通知单中，监理发现的质量、安全问题和隐患应有处理结果和复查意见，整改落实，形成闭环。监理机构不能仅发现和指出问题，后来不了了之。

8. 真实性

工程资料要求真实，最起码要看起来真实，没有明显的漏洞，经得起推敲。

结　语

随着经济的高速发展，人民生活水平大大提高，居住环境不断改善，施工面积和竣工面积均呈现逐年增加的趋势，以施工面积增长尤为迅猛。大量建筑的竣工，一方面说明中国经济的高速发展、城市化进程推进的速度很快；另一方面也对环境造成了巨大的压力。随着城市规模的不断扩大，城市的生态环境的破坏日趋严重，给居住其中的人们造成更大地伤害。建筑能耗巨大，制约着我国经济的发展。建筑基本材料的价格也随着铁矿石、铜矿石等的全球金属价格的上涨而不断上涨，与运费价格的上涨相叠加，导致建筑成本有较大幅度的增加。

在建筑的全生命周期中，建成完工只是第一个步骤。如果建筑的设计、施工不合理，建成后仍会有大量的能耗。我国幅员辽阔，各种资源分配极为不均，总体上仍处于能源短缺的局面。传统的建筑物只考虑是否结实耐用，能耗如此巨大，对于需要保持经济持续稳步发展的中国而言，是个迫切需要解决的问题。一方面要不断开发新的能源，另一方面，更重要的是要有效利用现有资源。逐步改造现有建筑、降低能耗，在设计、建设新建筑时考虑节能和环保，是时不我待的重要任务。

除此之外，我国建筑工程和绿色监理工作也要进一步提高工作能力和水平，不断健全建筑工程质量和监理的管理体制，从根本上保证建筑工程的质量，推动我国建筑事业蓬勃健康地发展。